被子植物
原色图谱

马永红 杨彪 ◎主编

中国林业出版社
CFPH China Forestry Publishing House

图书在版编目（CIP）数据

被子植物原色图谱 / 马永红，杨彪主编. —北京：
中国林业出版社，2019.8
（四川卧龙国家级自然保护区系列丛书）
ISBN 978-7-5219-0153-5

Ⅰ.①被… Ⅱ.①马… ②杨… Ⅲ.①自然保护区—
被子植物—汶川县—图谱 Ⅳ.①Q949.708-64

中国版本图书馆CIP数据核字（2019）第137917号

中国林业出版社·自然保护分社（国家公园分社）
策划编辑：刘家玲
责任编辑：刘家玲 甄美子

出版 中国林业出版社（100009 北京市西城区德内大街刘海胡同 7 号）
http://www.forestry.gov.cn/lycb.html 电话：（010）83143519 83143616
发行 中国林业出版社
印刷 固安县京平诚乾印刷有限公司
版次 2019 年 8 月第 1 版
印次 2019 年 8 月第 1 次印刷
开本 787mm × 1092mm 1/16
印张 23.25
字数 581 千字
定价 350.00 元

四川卧龙国家级自然保护区本底资源调查编撰委员会成员

（按姓氏拼音排序）

陈林强	杜 军	段兆刚	甘小洪	葛德燕	何 可	何明武	何廷美
何小平	何晓安	胡 杰	柯仲辉	黎大勇	李 波	李建国	李林辉
李铁松	李艳红	廖文波	刘世才	罗安明	马永红	倪兴怀	任丽平
施小刚	石爱民	舒秋贵	舒渝民	谭迎春	王 超	王 华	王鹏彦
夏绪辉	鲜继泽	肖 平	谢元良	徐万苏	严贤春	杨 彪	杨晓军
杨志松	叶建飞	袁 莉	曾 燏	张和民	张建碧	周材权	

主 编

马永红（西华师范大学）

杨 彪（西华师范大学）

副 主 编

舒渝民（西华师范大学）

何廷美（四川卧龙国家级自然保护区管理局）

马锐锋（甘肃省镇原县屯子中学）

校 审

叶建飞 甘小洪 杨志松

编写人员

（按拼音排序）

成 杨 何 可 李 敏 黄雪梅 沈文涛

施小刚 张雪梅 曾 敏 朱洪民

图片主要拍摄者

（按提供图片的数量从多到少排序）

叶建飞 （中国科学院北京植物研究所）

朱淑霞 （西华师范大学生命科学学院）

朱大海 （四川龙溪虹口国家级自然保护区管理局）

谭静波 （四川大学博物馆）

马永红 （西华师范大学生命科学学院）

舒渝民 （西华师范大学生命科学学院）

陈薇薇 （贵州省安顺学院农学院）

张　铭

前 言
PREFACE

○○○ >

卧龙国家级自然保护区位于四川盆地西缘，邛崃山系东南麓，是四川盆地向青藏高原的过渡地带，保护区总面积约2000平方千米。保护区内多为相对海拔差异显著的高山峡谷，山体陡峭、河谷深切，地形十分复杂。由于地理位置和地形的影响，形成典型的亚热带内陆山地气候，冬季天气多晴朗干燥，夏季湿润山谷多雾。随着海拔的增高，从山谷至山顶具有由亚热带到极高山寒冻冰雪带等多种不同的气候垂直带谱。

卧龙自然保护区是一个较为完整的高山森林生态系统，是世界和中国生物圈保护区成员之一，并具有物种区系起源古老、生物地理成分复杂特点。保护区内植被类型多样，生态群落丰富，生物物种数量繁多。有已经调查的高等植物2000余种，脊椎动物500余种，其中珍稀濒危物种多，资源动植物比重大，生物多样性特征显著，具有极高的科研、保护价值。

在本书的编写中，从卧龙自然保护区境内拍摄的近万幅照片中，遴选了近400幅图片，并配以简要的文字说明，旨在通过图片的形式描述卧龙自然保护区被子植物基本概况，选取记述了345种保护区常见被子植物和部分珍稀濒危物种，并用"物种图片+中文名称+拉丁学名+形态描述+栖息环境"的形式向读者展示。由于时间仓促，书中还存在一些不尽人意的地方，如历史记载的个别科、种，在调查中没有观察到也没有影像记录，我们将在以后的工作中加以积累和补充。对本书中的遗漏和不当之处，欢迎批评指正。

在野外调查和本书的编写过程中，得到了四川省林业和草原局野生动植物保护管理处、卧龙国家级自然保护区管理局的大力支持和帮助，卧龙保护区各保护站工作人员协助野外调查，西华师范大学动物标本馆提供相关实物标本。谨此表示衷心的感谢！

编著者
2019年5月

目 录
CONTENTS

○ ○ ○ 〉

图1 高山流石滩

图2 高山草甸

图3　高山灌丛

图4　亚高山草甸

图5 针叶林

图6·针阔混交林

图8 巴朗山冬季雪景

图9　皮条河流域秋季生态景观

001 | 野核桃

Juglans cathayensis Dode

胡桃科 Juglandaceae

　　乔木或有时呈灌木状，高达12～25米。髓心薄片状分隔；顶芽裸露，密生毛。奇数羽状复叶，通常长40～50厘米，具9～17枚小叶；小叶近对生，无柄，硬纸质，卵状矩圆形或长卵形，长8～15厘米，宽3～7.5厘米，顶端渐尖，基部斜圆形或稍斜心形，边缘有细锯齿，两面均有星状毛。雄性柔荑花序生于去年生枝顶端叶痕腋内，长可达18～25厘米，雄花被腺毛，雄蕊约13，药隔稍伸出；雌性花序直立，生于当年生枝顶端，花序轴密生棕褐色毛，雌花排列成穗状，密生棕褐色腺毛，花柱短，柱头2深裂。果序常具6～13个果或因雌花不孕而仅有少数；果实卵形或卵圆状，长3～6厘米，外果皮密被腺毛，顶端尖，核卵状或阔卵状，顶端尖，内果皮坚硬，有6～8条纵向棱脊，棱脊之间有不规则排列的尖锐的刺状凸起和凹陷。花期4～5月，果期8～10月。

　　产于甘肃、陕西、山西、河南、湖北、湖南、四川、贵州、云南、广西。生于海拔800～2800米的杂木林中。保护区内在海拔2500米以下山区的沟谷坡地常见。

拍摄者：朱大海

002 | 大叶柳

Salix magnifica Hemsl.　　　　　　　　杨柳科　Salicaceae

　　灌木或小乔木。叶革质，椭圆形，宽椭圆形，长达20厘米，宽达11厘米，先端圆形、钝或突短渐尖，基部圆形或近心形，稀宽楔形，上面深绿色，下面苍白色，中脉粗壮，通常发紫红色，侧脉约15对，全缘或有不规则的细腺锯齿；叶柄幼时红色，粗壮，长达4厘米。花与叶同时开放，或稍叶后开放；花序长达10厘米，粗约1.5厘米，有花序梗，长达7厘米，具正常叶，轴粗壮，各部位都无毛；苞片宽倒卵形至长椭圆形，先端钝圆或截形，而有不规则的齿裂，长1.5～3毫米；雄蕊2，离生或部分合生，长约5毫米；腹腺大，通常2深裂，裂片近圆柱形，背腺较小，长圆形；子房卵状长圆形，先端渐尖，长5毫米，子房柄长达2毫米，花柱长不到1毫米，上端2裂，柱头2裂；仅有腹腺，宽卵形，顶端平截，或2裂。果序长达23厘米；蒴果卵状椭圆形，长5毫米，柄长达4毫米，越向果序上端，通常果柄越短。花期5～6月，果期6～7月。

　　产于四川西部。生于海拔2100～2800米的山地。保护区主要见于卧龙镇花红树沟的沟谷地带。

拍摄者：谭进波

003 | 桤木

Alnus cremastogyne Burk.

桦木科 Betulaceae

　　乔木，高可达30~40米。树皮灰色，平滑。枝条灰色或灰褐色，小枝褐色；芽具柄，有2枚芽鳞。叶倒卵形、倒卵状矩圆形、倒披针形或矩圆形，长4~14厘米，宽2.5~8厘米，顶端骤尖或锐尖，基部楔形或微圆，边缘具几不明显而稀疏的钝齿，上面疏生腺点，幼时疏被长柔毛，下面密生腺点，几无毛，很少于幼时密被淡黄色短柔毛，脉腋间有时具簇生的髯毛，侧脉8~10对；叶柄长1~2厘米。雄花序单生，长3~4厘米。果序单生于叶腋，矩圆形，长1~3.5厘米，直径5~20毫米；序梗细瘦，柔软，下垂，长4~8厘米，无毛，很少于幼时被短柔毛；果苞木质，长4~5毫米，顶端具5枚浅裂片；小坚果卵形，长约3毫米，膜质翅宽仅为果的1/2。

　　我国特有种，四川各地普遍分布，亦见于贵州、陕西和甘肃。生于海拔500~3000米的山坡或岸边的林中。

拍摄者：谭进波

004 | 鹅耳枥

Carpinus turczaninowii Hance　　　　桦木科　Betulaceae

乔木，高5～10米。树皮暗灰褐色，粗糙，浅纵裂。枝细瘦，灰棕色，无毛；小枝被短柔毛。叶卵形、宽卵形、卵状椭圆形或卵菱形，有时卵状披针形，长2.5～5厘米，宽1.5～3.5厘米，顶端锐尖或渐尖，基部近圆形或宽楔形，有时微心形或楔形，边缘具规则或不规则的重锯齿，上面无毛或沿中脉疏生长柔毛，下面沿脉通常疏被长柔毛，脉腋间具髯毛，侧脉8～12对；叶柄长4～10毫米，疏被短柔毛。果序长3～5厘米；序梗长10～15毫米，序梗、序轴均被短柔毛；果苞变异较大，半宽卵形、半卵形、半矩圆形至卵形，长6～20毫米，宽4～10毫米，疏被短柔毛，顶端钝尖或渐尖，有时钝，内侧的基部具一个内折的卵形小裂片，外侧的基部无裂片，中裂片内侧边缘全缘或疏生不明显的小齿，外侧边缘具不规则的缺刻状粗锯齿或具2～3个齿裂；小坚果宽卵形，长约3毫米，无毛，有时顶端疏生长柔毛，无或有时上部疏生树脂腺体。

拍摄者：叶建飞（摄于耿达）

　　分布于辽宁南部、山西、河北、河南、山东、陕西、甘肃、四川。生于海拔500～2000米的山坡或山谷林中，山顶及贫瘠山坡亦能生长。朝鲜、日本也有。保护区内见于正河、耿达和三江。

005 | 刺榛

Corylus ferox Wall.

桦木科　Betulaceae

　　乔木或小乔木，高5～12米。树皮灰黑色或灰色。枝条灰褐色或暗灰色；小枝褐色，基部密生黄色长柔毛，有时具刺状腺体。叶厚纸质，矩圆形或倒卵状矩圆形，很少宽倒卵形，长5～15厘米，宽3～9厘米，顶端尾状，基部近心形或近圆形，边缘具刺毛状重锯齿，下面沿脉密被淡黄色长柔毛，脉腋间有时具簇生的髯毛；叶柄较细瘦，长1～3.5厘米。雄花序1～5枚排成总状；苞鳞背面密被长柔毛；花药紫红色。果3～6枚簇生，极少单生；果苞钟状，成熟时褐色，背面密被短柔毛，偶有刺状腺体；上部具分叉而锐利的针刺状裂片；坚果扁球形，上部裸露，顶端密被短柔毛，长1～1.5厘米。

　　产于西藏、云南、四川西部和西南部。生于海拔2000～3500米的山坡林中。保护区内在海拔3000米以下的山区常见。

拍摄者：叶建飞（摄于三江周边山坡）

006 | 楮

Broussonetia kazinoki Sieb.

灌木，高2~4米。小枝斜上，幼时被毛，成长脱落。叶卵形至斜卵形，长3~7厘米，宽3~4.5厘米，先端渐尖至尾尖，基部近圆形或斜圆形，边缘具三角形锯齿，不裂或3裂，表面粗糙，背面近无毛；叶柄长约1厘米；托叶小，线状披针形，渐尖，长3~5毫米，宽0.5~1毫米。雌雄同株；雄花序球形头状，直径8~10毫米，雄花花被3~4裂，裂片三角形，外面被毛，雄蕊3~4，花药椭圆形；雌花序球形，被柔毛，花被管状，顶端齿裂，或近全缘，花柱单生，仅在近中部有小凸起。聚花果球形，直径8~10毫米；瘦果扁球形，外果皮壳质，表面具瘤体。花期4~5月，果期5~6月。

产于台湾及华中、华南、西南各地。多生于中海拔以下，低山地区山坡林缘、沟边、住宅近旁。日本、朝鲜也有分布。保护区内见于正河、耿达、三江等中低海拔山区。

拍摄者：谭进波

007 | 尖叶榕

Ficus henryi Warb. ex Diels

桑科　Moraceae

　　小乔木，高3~10米；幼枝黄褐色，无毛，具薄翅。叶倒卵状长圆形至长圆状披针形，长7~16厘米，宽2.5~5厘米，先端渐尖或尾尖，基部楔形，表面深绿色，背面色稍淡，两面均被点状钟乳体，侧脉5~7对，网脉在背面明显，全缘或从中部以上有疏锯齿；叶柄长1~1.5厘米。榕果单生叶腋，球形至椭圆形，直径1~2厘米，总梗长5~6毫米，顶生苞片脐状凸起，基生苞片3枚；雄花生于榕果内壁的口部或散生，具长梗，花被片4~5，白色，倒披针形，被微毛，雄蕊3~4，花药椭圆形；瘿花生于雌花下部，具柄，花被片5，卵状披针形；雌花生于另一植株榕果内壁，子房卵圆形，花柱侧生，柱头2裂。榕果成熟橙红色；瘦果卵圆形，光滑，背面龙骨状。花期5~6月，果期7~9月。

　　产于云南中部至东南部、四川西南部、贵州西南和东北部、广西、湖南、湖北西部。常生于海拔600~1600米地区，山地疏林中或溪沟潮湿地。越南北部也有。保护区内在三江偶见。

拍摄者：谭进波

008 | 葎草

Humulus scandens (Lour.) Merr.   桑科　Moraceae

　　缠绕草本，茎、枝、叶柄均具倒钩刺。叶纸质，肾状五角形，掌状5～7深裂稀为3裂，长宽约7～10厘米，基部心脏形，表面粗糙，疏生糙伏毛，背面有柔毛和黄色腺体，裂片卵状三角形，边缘具锯齿；叶柄长5～10厘米。雄花小，黄绿色，圆锥花序，长约15～25厘米；雌花序球果状，径约5毫米，苞片纸质，三角形，顶端渐尖，具白色绒毛；子房为苞片包围，柱头2，伸出苞片外。瘦果成熟时露出苞片外。花期春夏，果期秋季。

　　我国除新疆、青海外，南北各省区均有分布。常生于海拔200～2000米的沟边、荒地、废墟、林缘边。日本、越南也有。保护区内在海拔2000米以下山区常见。

　　本草可作药用，茎皮纤维可作造纸原料，种子油可制肥皂，果穗可代啤酒花用。

拍摄者：朱淑霞

009 | 水麻

Debregeasia orientalis C. J. Chen

荨麻科 Urticaceae

　　灌木，高1~4米。小枝暗红色。叶纸质或薄纸质，长圆状狭披针形或条状披针形，先端渐尖或短渐尖，基部圆形或宽楔形，长5~25厘米，宽1~3.5厘米，边缘有不等的细锯齿或细牙齿，上面常有泡状隆起，背面被白色或灰绿色毡毛；托叶披针形，长6~8毫米，顶端浅2裂。花序雌雄异株，稀同株，生上年生枝和老枝的叶腋，二回二歧分枝或二叉分枝，具短梗或无梗，长1~1.5厘米，每分枝的顶端各生一球状团伞花簇，直径3~6毫米；苞片宽倒卵形，长约2毫米。雄花花被片4，在下部合生，裂片三角状卵形；雄蕊4；退化雌蕊倒卵形，长约0.5毫米，在基部密生雪白色绵毛。雌花几无梗，倒卵形，长约0.7毫米；花被薄膜质紧贴于子房，倒卵形，顶端有4齿；柱头从一小圆锥体上生出1束柱头毛。瘦果小浆果状，倒卵形，长约1毫米，鲜时橙黄色，宿存花被肉质紧贴生于果实。花期3~4月，果期5~7月。

　　广布种。常生于海拔300~2800米的溪谷河流两岸潮湿地区。保护区内见于耿达、三江、卧龙镇等周边山区。

拍摄者：朱淑霞

010 | 粗齿冷水花

Pilea sinofasciata C. J. Chen

荨麻科　Urticaceae

　　草本，高25～100厘米。茎肉质，有时上部有短柔毛，几乎不分枝。单叶对生，同对近等大，椭圆形、卵形、椭圆状或长圆状披针形，稀卵形，先端常长尾状渐尖，基部楔形或钝圆形，边缘在基部以上有粗大的牙齿或牙齿状锯齿；下部的叶常渐变小，上面沿着中脉常有2条白斑带，基出脉3条；托叶小，膜质，三角形，长约2毫米，宿存。雌雄异株或同株；花序聚伞圆锥状，具短梗，长不过叶柄。雄花具短梗，芽时长1～1.5毫米；花被片4，合生至中下部，椭圆形，内凹，先端钝圆，其中2枚在外面近先端处有不明显的短角状凸起，有时（尤其在花芽时），有较明显的短角；雄蕊4；退化雌蕊小，圆锥状。雌花小，长约0.5毫米；花被片3，近等大，瘦果圆卵形，顶端歪斜，长约0.7毫米，熟时外面常有细疣点，宿存花被片在下部合生，宽卵形，先端钝圆，边缘膜质，长约为果的1/2；退化雄蕊长圆形，长约0.4毫米。花期6～7月，果期8～10月。

　　广布种。生于海拔700～2500米的山坡林下阴湿处。保护区内在海拔2300米以下山区常见。

拍摄者：马永红（摄于龙潭沟）

011 | 糯米团

Gonostegia hirta (Bl.) Miq.　　　　　荨麻科　Urticaceae

拍摄者：朱淑霞

多年生草本，有时茎基部变木质。茎蔓生、铺地或渐升，长50～160厘米，基部粗1～2.5毫米，不分枝或分枝，上部带四棱形，有短柔毛。叶对生，叶片草质或纸质，宽披针形至狭披针形、狭卵形、稀卵形或椭圆形，长3～10厘米，宽1.0～2.8厘米，顶端长渐尖至短渐尖，基部浅心形或圆形，边缘全缘，上面稍粗糙，有稀疏短伏毛或近无毛，下面沿脉有疏毛或近无毛，基出脉3～5条；叶柄长1～4毫米；托叶钻形，长约2.5毫米。团伞花序腋生，通常两性，有时单性，雌雄异株，直径2～9毫米；苞片三角形，长约2毫米。雄花：花梗长1～4毫米；花蕾直径约2毫米，在内折线上有稀疏长柔毛；花被片5，分生，倒披针形，长2～2.5毫米，顶端短骤尖；雄蕊5，花丝条形，长2～2.5毫米，花药长约1毫米；退化雌蕊极小，圆锥状。雌花：花被菱状狭卵形，长约1毫米，顶端有2小齿，有疏毛，果期呈卵形，长约1.6毫米，有10条纵肋；柱头长约3毫米，有密毛。瘦果卵球形，长约1.5毫米，白色或黑色，有光泽。花期5～9月。

广布种。生于海拔100～2700米的丘陵或中低山林中、灌丛中、沟边草地。保护区内在海拔1500米以下山区常见。

全草药用，治消化不良、食积胃痛等症，外用治血管神经性水肿、疔疮疖肿、乳腺炎、外伤出血等症。

012 | 筒鞘蛇菰

Balanophora involucrata Hook. f.　　　蛇菰科　Balanophoraceae

　　草本，高5~15厘米。根茎肥厚，干时脆壳质，近球形，不分枝或偶分枝，直径2.5~5.5厘米，黄褐色，很少呈红棕色，表面密集颗粒状小疣瘤和浅黄色或黄白色星芒状皮孔，顶端裂鞘2~4裂，裂片呈不规则三角形或短三角形，长1~2厘米；花茎长3~10厘米，直径0.6~1厘米，大部呈红色，很少呈黄红色；鳞苞片2~5，轮生，基部连合呈筒鞘状，顶端离生呈撕裂状，常包着花茎至中部。雌雄异株（序）；花序均呈卵球形，长1.4~2.4厘米，直径1.2~2厘米；雄花较大，直径约4毫米，3数；花被裂片卵形或短三角形，宽不到2毫米，开展；聚药雄蕊无柄，呈扁盘状，花药横裂；具短梗；雌花子房卵圆形，有细长的花柱和子房柄；附属体倒圆锥形，顶端截形或稍圆形，长0.7毫米。花期7~8月。

　　分布于西藏、四川、云南、贵州、湖南。生于海拔2300~3600米的云杉、铁杉和栎木林中。印度也有分布。保护区内见于卧龙关、白岩、五一棚等周边山区。

　　本种常寄生于杜鹃属植物的根上。全株入药，有止血、镇痛和消炎等功效，民间用以治疗痔疮和胃病等症。

拍摄者：马永红（摄于卧龙关沟）

013 | 疏花蛇菰

Balanophora laxiflora Hemsl.   蛇菰科   Balanophoraceae

　　草本，高10～20厘米，全株鲜红色至暗红色。根茎分枝，分枝近球形，长1～3厘米，宽1～2.5厘米，表面密被粗糙小斑点和明显淡黄白色星芒状皮孔；花茎长5～10厘米；鳞苞片椭圆状长圆形，顶端钝，互生，8～14枚，长2～2.5厘米，宽1～1.5厘米，基部几全包着花茎。雌雄异株；雄花序圆柱状，长3～18厘米，宽0.5～2厘米，顶端渐尖；雄花近辐射对称，疏生于雄花序上，花被裂片通常5，近圆形，长2～3毫米，顶端尖或稍钝圆；聚药雄蕊近圆盘状，有时向两侧稍延展，中部呈脐状凸起，直径4.5～6毫米，花药5，小药室10；无梗或近无梗；雌花序卵圆形至长圆状椭圆形，向顶端渐尖，长2～6厘米，宽0.8～2厘米；子房卵圆形，宽约0.5毫米，具细长的花柱和具短子房柄，聚生于附属体的基部附近；附属体棍棒状或倒圆锥尖状，顶端截平或顶端中部稍隆起，中部以下骤狭呈针尖状，长约1毫米。花期9～11月。

　　分布于云南、四川、湖北西部、广西、广东、福建。生于海拔600～1700米的密林中。模式标本采自四川巫溪县。保护区内见于英雄沟、三江、卧龙关等周边山区。

　　全株入药，治痔疮、虚劳出血和腰痛等症。

拍摄者：叶建飞（摄于英雄沟）

014 | 山蓼

Oxyria digyna (L.) Hill.

蓼科 Polygonaceae

多年生草本。根状茎粗壮，直径5~10毫米。茎直立，高15~20厘米，单生或数条自根状茎发出，无毛，具细纵沟。基生叶叶片肾形或圆肾形，长1.5~3厘米，宽2~5厘米，纸质，顶端圆钝，基部宽心形，边缘近全缘，上面无毛，下面沿叶脉具极稀疏短硬毛；叶柄无毛，长达12厘米；无茎生叶，极少具1~2小叶；托叶鞘短筒状，膜质，顶端偏斜。花序圆锥状，分枝极稀疏，无毛，花两性，苞片膜质，每苞内具花2~5；花梗细长，中下部具关节；花被片4，呈2轮，果时内轮2片增大，倒卵形，长2~2.5毫米，紧贴果实，外轮2个，反折；雄蕊6，花药长圆形，花丝钻状；子房扁平，花柱2，柱头画笔状。瘦果卵形，双凸镜状，长2.5~3毫米，两侧边缘具膜质翅，连翅外形近圆形，顶端凹陷，基部心形，直径4~5（~6）毫米；翅较宽，膜质，淡红色，边缘具小齿。花期6~7月，果期8~9月。

分布于吉林、陕西、新疆、四川、云南及西藏。生于海拔1700~4900米的高山山坡及山谷砾石滩。保护区内见于巴朗山周边山区。

拍摄者：叶建飞（摄于巴朗山）

015 | 圆穗蓼

Polygonum macrophyllum D. D.

蓼科 Polygonaceae

多年生草本。根状茎粗壮，弯曲，直径1~2厘米。茎直立，高8~30厘米，不分枝，2~3条自根状茎发出。基生叶长圆形或披针形，长3~11厘米，宽1~3厘米，顶端急尖，基部近心形，上面绿色，下面灰绿色，有时疏生柔毛，边缘叶脉增厚，外卷；叶柄长3~8厘米；茎生叶较小狭披针形或线形，叶柄短或近无柄；托叶鞘筒状，膜质，下部绿色，上部褐色，顶端偏斜，开裂，无缘毛。总状花序呈短穗状，顶生，长1.5~2.5厘米，直径1~1.5厘米；苞片膜质，卵形，顶端渐尖，长3~4毫米，每苞内具花2~3；花梗细弱，比苞片长；花被5深裂，淡红色或白色，花被片椭圆形，长2.5~3毫米；雄蕊8，比花被长，花药黑紫色；花柱3，基部合生，柱头头状。瘦果卵形，具3棱，长2.5~3毫米，黄褐色，有光泽，包于宿存花被内。花期7~8月，果期9~10月。

产于陕西、甘肃、青海、湖北、四川、云南、贵州和西藏。生于海拔2300~5000米的山坡草地、高山草甸。保护区内在海拔3000米以上山区常见。

拍摄者：朱淑霞（摄于巴朗山）

016 | 杠板归

Polygonum perfoliatum L.

蓼科　Polygonaceae

一年生草本。茎攀缘，多分枝，长1~2米，具纵棱，沿棱具稀疏的倒生皮刺。叶三角形，长3~7厘米，宽2~5厘米，顶端钝或微尖，基部截形或微心形，薄纸质，上面无毛，下面沿叶脉疏生皮刺；叶柄与叶片近等长，具倒生皮刺，盾状着生于叶片的近基部；托叶鞘叶状，草质，绿色，圆形或近圆形，穿叶，直径1.5~3厘米。总状花序呈短穗状，不分枝顶生或腋生，长1~3厘米；苞片卵圆形，每苞片内具花2~4朵；花被5深裂，白色或淡红色，花被片椭圆形，长约3毫米，果时增大，呈肉质，深蓝色；雄蕊8，略短于花被；花柱3，中上部合生；柱头头状。瘦果球形，直径3~4毫米，黑色，有光泽，包于宿存花被内。花期6~8月，果期7~10月。

广布种。生于海拔80~2300米的田边、路旁、山谷湿地。保护区内海拔2000米以下山区常见。

拍摄者：朱淑霞

017 | 珠芽蓼

Polygonum viviparum L.

蓼科 Polygonaceae

　　多年生草本。根状茎粗壮，弯曲，黑褐色，直径1～2厘米。茎直立，高15～60厘米，不分枝，通常2～4条自根状茎发出。基生叶长圆形或卵状披针形，长3～10厘米，宽0.5～3厘米，顶端尖或渐尖，基部圆形、近心形或楔形，两面无毛，边缘脉端增厚，外卷，具长叶柄；茎生叶较小披针形，近无柄；托叶鞘筒状，膜质，下部绿色，上部褐色，偏斜，开裂，无缘毛。总状花序呈穗状，顶生，紧密，下部生珠芽；苞片卵形，膜质，每苞内具1～2花；花梗细弱；花被5深裂，白色或淡红色，花被片椭圆形，长2～3毫米；雄蕊8，花丝不等长；花柱3，下部合生，柱头头状。瘦果卵形，具3棱，深褐色，有光泽，长约2毫米，包于宿存花被内。花期5～7月，果期7～9月。

　　分布于东北、华北、河南、西北及西南。生于海拔1200～5100米的山坡林下、高山或亚高山草甸。保护区内在海拔3000米以上常见。

　　根状茎入药，清热解毒，止血散瘀。

拍摄者：朱淑霞（摄于巴朗山）

018 | 多雄蕊商陆

***Phytolacca polyandra* Batalin**   商陆科 Phytolaccaceae

草本，高0.5~1.5米。叶片椭圆状披针形或椭圆形，长9~27厘米，宽5~10.5厘米，顶端急尖或渐尖，具腺体状的短尖头，基部楔形，渐狭，两面无毛；叶柄长1~2厘米。总状花序顶生或与叶对生，圆柱状，直立，长5~32厘米，直径1.8~4.5厘米，花序梗长1.5~6厘米；花梗长1~1.8厘米，基部有一线形苞片，花梗上着生2枚小苞片，线形；花两性；花被片5，开花时白色，以后变红，长圆形，长4~6毫米，宽2.5毫米；雄蕊12~16，2轮着生，花丝基部变宽，花药白色；子房通常由8心皮合生，有时6或9，花柱直立或顶端微弯，比子房长1.5倍，柱头不明显。浆果扁球形，直径约7毫米，干后果皮膜质，贴附种子；种子肾形，黑色，光亮。花期5~8月，果期6~9月。

分布于甘肃、广西、四川、贵州、云南。生于海拔1100~3000米的山坡林下、山沟、河边、路旁。保护区内见于2500米以下周边山区。

拍摄者：朱淑霞

019 | 雪灵芝

Arenaria brevipetala Y. W. Tsui et L. H. Zhou　　石竹科　Caryophyllaceae

多年生垫状草本，高5～8厘米。主根粗壮，木质化。茎下部密集枯叶，叶片针状线形，长1.5～2厘米，宽约1毫米，顶端渐尖，呈锋芒状，边缘狭膜质，内卷，基部较宽，膜质，抱茎，上面凹入，下面凸起；茎基部的叶较密集，上部2～3对。花1～2朵，生于枝端，花枝显然超出不育枝以上；苞片披针形，长约5毫米，宽1～1.5毫米，草质；花梗长0.5～1.5毫米，被腺柔毛，顶端弯垂；萼片5，卵状披针形，长6～7毫米，宽约2毫米，顶端尖，基部较宽，边缘具白色，膜质，3脉，中脉凸起，侧脉不甚明显；花瓣5，卵形，长3～4毫米，宽约2毫米，白色；花盘杯状，具5腺体；雄蕊10，花丝线状，花药黄色；子房球形，直径约2毫米，花柱3，长约3毫米。花期6～8月。

分布于四川西部和北部、青海东南部、西藏东北部。生于海拔3400～4600米的高山草甸和碎石带。保护区内见于巴朗山熊猫之巅至巴朗山垭口一带的高山草甸。

民间全草供药用，可治肺病并有滋补作用。

拍摄者：叶建飞（摄于巴朗山熊猫之巅）

020 | 毛萼无心菜

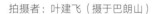

Arenaria leucasteria Mattf.   石竹科 Caryophyllaceae

多年生草本。茎稀疏分枝，被柔毛，下部的毛较上部短而稀疏。叶片椭圆形或倒卵状椭圆形，长4~14毫米，宽2~6毫米，下部的叶基部具短柄，上部的叶无柄，顶端急尖，两面疏被长柔毛。聚伞花序具数花；萼片卵状披针形或披针形，长5~6毫米，宽约2毫米，边缘膜质，具3脉，外面被长柔毛；花瓣白色，倒卵形或倒卵状扇形，长7~11毫米，宽5~7毫米，顶端具不整齐的齿裂，齿长0.2~0.8毫米；雄蕊10，与萼片对生者具背部微凹的球状腺体，花丝长6毫米，花药长椭圆形，长约1.5毫米，紫色；子房卵球形，长约2毫米，直径约1.5毫米，花柱2，顶部具乳头状凸起。花期7~8月。

产于四川西部。生于海拔3960~5335米的山地或高山草甸。保护区内见于巴朗山周边山区。

拍摄者：叶建飞〔摄于巴朗山〕

021 | 狗筋蔓

Silene baccifera (L.) Roth　　　石竹科　Caryophyllaceae

　　多年生蔓生草本，全株被逆向短绵毛。茎铺散，长50～150厘米，多分枝。叶片卵形、卵状披针形或长椭圆形，长1.5～5（～13）厘米，宽0.8～2（～4）厘米，基部渐狭成柄状，顶端急尖，边缘具短缘毛，两面沿脉被毛。圆锥花序疏松；花梗细，具1对叶状苞片；花萼宽钟形，长9～11毫米，草质，后期膨大呈半圆球形，沿纵脉多少被短毛，萼齿卵状三角形，与萼筒近等长，边缘膜质，果期反折；雌雄蕊柄长约1.5毫米，无毛；花瓣白色，轮廓倒披针形，长约15毫米，宽约2.5毫米，爪狭长，瓣片叉状浅2裂；副花冠片不明显微呈乳头状；雄蕊不外露，花丝无毛；花柱细长，不外露。蒴果圆球形，呈浆果状，直径6～8毫米，成熟时薄壳质，黑色，具光泽，不规则开裂；种子圆肾形，肥厚，长约1.5毫米，黑色，平滑，有光泽。2n=24。花期6～8月，果期7～9（～10）月。

　　广布种。生于林缘、灌丛或草地。保护区内在2500米以下山区常见。

　　根或全草入药，用于骨折、跌打损伤和风湿关节痛等。

拍摄者：叶建飞（摄于卧龙镇周边山坡）

022 | 瞿麦

***Dianthus superbus* L.**　　　　　　　　　　　石竹科　Caryophyllaceae

　　多年生草本,高50~60厘米,有时更高。茎丛生,直立,绿色,无毛,上部分枝。叶片线状披针形,长5~10厘米,宽3~5毫米,顶端锐尖,中脉特显,基部合生成鞘状,绿色,有时带粉绿色。花1或2朵生枝端,有时顶下腋生;苞片2~3对,倒卵形,长6~10毫米,约为花萼1/4,宽4~5毫米,顶端长尖;花萼圆筒形,长2.5~3厘米,直径3~6毫米,常染紫红色晕,萼齿披针形,长4~5毫米;花瓣长4~5厘米,爪长1.5~3厘米,包于萼筒内,瓣片宽倒卵形,边缘繸裂至中部或中部以上,通常淡红色或带紫色,稀白色,喉部具丝毛状鳞片;雄蕊和花柱微外露。蒴果圆筒形,与宿存萼等长或微长,顶端4裂;种子扁卵圆形,长约2毫米,黑色,有光泽。花期6~9月,果期8~10月。

　　广布种。生于海拔400~3700米的丘陵山地疏林下、林缘、草甸、沟谷溪边。北欧、中欧、西伯利亚、哈萨克斯坦、蒙古(西部和北部)、朝鲜、日本也有。保护区内见于英雄沟、梯子沟、牛尾沟、魏家沟、巴朗山邓生海拔2500米以上周边山区的林缘、草坡或草甸。

　　全草入药,有清热、利尿、破血通经功效。也可作农药,能杀虫。

拍摄者:朱淑霞

023 | 湖北蝇子草

***Silene hupehensis* C. L. Tang**　　　　石竹科　Caryophyllaceae

　　多年生草本，高10～30厘米，全株无毛。茎丛生，不分枝，基部常簇生不育茎。基生叶叶片线形，长5～8厘米，宽2～3.5毫米，基部微抱茎，顶端渐尖，边缘具缘毛；茎生叶少数，较小。聚伞花序常具2～5花，稀多数或单生；花直立，直径15～20毫米；花梗细，长2～5厘米；苞片线状披针形，具缘毛；花萼钟形，长12～15毫米，直径3.5～7毫米，无毛，基部圆形，纵脉紫色，连合在萼齿脉端，萼齿三角状卵形，长2～4毫米，顶端圆或钝头，边缘膜质，具短缘毛；雌雄蕊柄被柔毛，长3～4毫米；花瓣淡红色，长15～20毫米，爪倒披针形，长8～10毫米，不露或微露出花萼，无缘毛，耳不明显，瓣片轮廓倒心形或宽倒卵形，长7～9毫米，浅2裂，稀深达瓣片的中部，裂片近卵形，有时瓣片两侧基部各具一线形小裂片或钝齿；副花冠片近肾形或披针形，长1～3毫米，常具不规则裂齿；雄蕊微外露，花丝无毛；花柱微外露。蒴果卵形，长6～8毫米。花期7月，果期8月。

　　分布于湖北、河南、陕西、甘肃、四川。生于海拔1200～2700米的草坡或林间岩石缝中。保护区内见于英雄沟、银厂沟、邓生、七层楼沟、正河、三江等周边中低海拔山区。

拍摄者：朱淑霞（摄于梯子沟）

024 | 白花蝇子草

Silene pratensis (Rafin) Godron et Gren.　　石竹科　Caryophyllaceae

　　草本，高40～80厘米。茎直立，分枝，下部被柔毛，上部被腺柔毛。下部茎生叶叶片椭圆形，基部渐狭呈柄状，上部茎生叶叶片长圆状披针形或披针形，无柄，长6～8厘米，宽1～2.7厘米，顶端渐尖，两面和边缘密被短柔毛，具三基出脉。花单性，雌雄异株，呈二歧聚伞花序；花梗短，通常长不超过10毫米，被腺柔毛；苞片卵状披针形，被柔毛；花萼被短柔毛和腺毛，萼齿三角形，顶端渐尖，边缘具腺柔毛；雄花萼筒状钟形，长13～15毫米，具10条纵脉；雌花萼筒状卵形，果期中部膨大，上部收缩，长15～20毫米，具20条纵脉；雌雄蕊柄极短；花瓣白色，爪露出花萼，楔形，无毛，耳不明显，瓣片轮廓倒卵形，深2裂；副花冠片小或不明显；雄蕊不外露；雌花花柱5。蒴果卵形，长15～17毫米，10齿裂；种子肾形，长1～1.3毫米，灰褐色。2n=24。花期6～7月，果期7～8月。

　　外来逸生种，生于农田旁或沟渠边。保护区内见于耿达、卧龙镇等周边中低海拔山区。

拍摄者：朱淑霞（摄于花红树沟）

025 | 牛膝

Achyranthes bidentata Blume 　　　　　　　　苋科　Amaranthaceae

　　多年生草本，高70~120厘米。茎有棱角或四方形，绿色或带紫色，分枝对生。叶片椭圆形、卵形或披针形，少数倒披针形，长3~12厘米，宽1.5~7.5厘米，顶端尾尖，基部楔形，两面有柔毛；叶柄长5~30毫米。穗状花序顶生及腋生，长3~5厘米，花期后反折；总花梗长1~2厘米；花多数，密生，长5毫米；苞片宽卵形，长2~3毫米，顶端长渐尖；小苞片刺状，长2.5~3毫米，基部两侧各有1卵形膜质小裂片，长约1毫米；花被片披针形，长3~5毫米，光亮；雄蕊长2~2.5毫米；退化雄蕊顶端平圆，稍有缺刻状细锯齿。胞果矩圆形，长2~2.5毫米，黄褐色，光滑；种子矩圆形，长1毫米，黄褐色。花期7~9月，果期9~10月。

　　除东北外全国广布。生于海拔200~1750米的山坡林下。朝鲜、俄罗斯、印度、越南、菲律宾、马来西亚及非洲均有分布。保护区内的核桃坪、耿达、正河、三江等低海拔山区常见。

　　根入药，生用，活血通经；熟用，补肝肾，强腰膝；治腰膝酸痛，肝肾亏虚，跌打瘀痛。

拍摄者：朱淑霞

026 | 厚朴

Magnolia officinalis Rehd. et Wils.

木兰科　Magnoliaceae

野生种为国家二级重点保护野生植物。落叶高大乔木。树皮厚，褐色，不开裂。小枝粗壮，淡黄色或灰黄色，幼时有绢毛。叶大，近革质，7～9片聚生于枝端，长圆状倒卵形，长22～45厘米，宽10～24厘米，先端具短急尖或圆钝，基部楔形，全缘而微波状，上面绿色，无毛，下面灰绿色，被灰色柔毛，有白粉；叶柄粗壮，长2.5～4厘米，托叶痕长为叶柄的2/3。花大，单生枝顶，白色，径10～15厘米，芳香；花梗粗短，被长柔毛；花被片9～12，厚肉质，外轮3片淡绿色，稍大，长圆状倒卵形，盛开时常向外反卷，内2轮白色，稍小，倒卵状匙形，基部具爪，花盛开时中内轮直立；花丝长4～12毫米，红色。聚合果长圆状卵圆形，长9～15厘米；蓇葖具长3～4毫米的喙；种子三角状倒卵形。花期5～6月，果期8～10月。

产于陕西南部、甘肃东南部、河南东南部、湖北西部、湖南西南部、四川、贵州东北部。生于海拔300～1500米的山地林间。保护区内在耿达至卧龙镇周边有少量栽培。

树皮、根皮、花、种子及芽皆可入药，以树皮为主，为著名中药，有化湿导滞、行气平喘、化食消痰、驱风镇痛之效。

拍摄者：朱大海

027 | 圆叶玉兰

Magnolia sinensis (Rehd. et Wils.) Stapf

木兰科 Magnoliaceae

拍摄者：朱大海

国家二级重点保护野生植物。落叶灌木，高可达6米。幼枝淡灰黄色或灰白色，树皮淡褐色，初被灰黄毛平伏长毛。叶纸质，倒卵形、宽倒卵形或倒卵状椭圆形，稀近圆形，长8~26厘米，宽6~19厘米，先端宽圆，或具短急尖，基部圆平截或阔楔形，有时微心形，上面近无毛，下面被淡灰黄色长柔毛，中脉、侧脉及叶柄被淡黄色平伏长柔毛；叶柄长1.5~4厘米。花与叶同时开放，白色，芳香，花冠杯状，直径8~15厘米，花梗长3~5厘米，初密被淡黄色平伏长柔毛，向下弯，悬挂着下垂的花朵；花被片9，外轮3片，卵形或椭圆形，较短小，内2轮较大，宽倒卵形，长6~7.5厘米；雄蕊长9~13毫米，花药长7~10毫米，很少药隔稍凸尖，花丝紫红色；雌蕊狭倒卵状椭圆体形，长约1.5毫米。聚合蓇葖果红色，长圆状圆柱形，长3~7厘米，直径2~2.5厘米，蓇葖狭椭圆体形仅沿背缝开裂，具外弯的喙；种子外种皮鲜红色，内种皮黑色，近心形。花期5~6月，果期9~10月。

产于四川中部及北部（天全、芦山、汶川等地区）。生于海拔2500米左右的林间。

028 | 卵叶钓樟

Lindera limprichtii H. Winkl.　　　　　　　　樟科　Lauraceae

常绿乔木，高10米。小枝条褐色，初被白色柔毛，后毛被很快脱落。单叶叶互生全缘，近革质，通常宽椭圆形或宽卵形，有时为椭圆形或卵形；先端急尖，有时渐尖至尾尖，基部通常圆形，上面深绿色，下面淡灰白色。伞形花序6~8着生于叶腋短枝上，每花序约有花6朵。雄花花梗长3~4毫米，被白色柔毛；花被片外轮长3.2毫米，宽1.5毫米；内轮长2.2毫米，宽1.3毫米；雄蕊与外轮花被片近等长，第三轮的基部以上有2个椭圆形具柄腺体；退化雌蕊长3毫米，子房卵形，连同花柱密被白色柔毛。雌花的花被片6，长椭圆形，先端圆，外轮长2.7毫米，宽1毫米，内轮略短；退化雄蕊条形，被疏柔毛，第三轮基部以上有2个椭圆形具柄腺体。核果椭圆形，长0.9毫米，直径0.6毫米。花期4~5月，果期8~9月。

分布于四川、陕西、甘肃等地。生于海拔1000~2200米的丛林、路旁或山谷中。保护区内在2000米以下的中低海拔山区较为常见。

拍摄者：叶建飞（摄于卧龙镇）

029 | 三桠乌药

Lindera obtusiloba Bl. Mus. Bot.　　　　樟科　Lauraceae

落叶乔木或灌木。树皮黑棕色，小枝黄绿色。单叶叶互生，近圆形至扁圆形，先端常明显3裂，或急尖，全缘，上面深绿，下面绿苍白色，有时带红色，被棕黄色柔毛或近无毛；三出脉，偶有五出脉；叶柄被黄白色柔毛。花序腋生，具混合芽；雄花花被片6，长椭圆形，外被长柔毛；能育雄蕊9，第三轮的基部着生2个具长柄宽肾形具角突的腺体，第二轮的基部有时也有1个腺体；退化雌蕊长椭圆形，无毛，花柱、柱头不分，成一小凸尖。雌花花被片6，长椭圆形，长2.5毫米，宽1毫米，内轮略短，外面背脊部被长柔毛，内面无毛，退化雄蕊条片形，第一、二轮长1.7毫米，第三轮长1.5毫米，基部有2个具长柄腺体；子房椭圆形，无毛。核果广椭圆形，长0.8厘米，直径0.5~0.6厘米，成熟时红色，后变紫黑色。花期3~4月，果期8~9月。

广布种，分布于辽宁千山以南、山东昆箭山以南、安徽、江苏、河南、陕西渭南和宝鸡以南及甘肃南部、浙江、江西、福建、湖南、湖北、四川、西藏等地。生于海拔20~3000米的山谷、密林灌丛中。朝鲜、日本也有。保护区内见于三江、正河、耿达、五一棚、英雄沟的周边山区。

拍摄者：朱大海

030 | 水青树

Tetracentron sinense Oliv.   水青树科   Tetracentraceae

　　国家二级重点保护野生植物。乔木，高可达30米，全株无毛。树皮灰褐色或灰棕色而略带红色，片状脱落。长枝顶生，细长，幼时暗红褐色；短枝侧生，距状，基部有叠生环状的叶痕及芽鳞痕。叶片卵状心形，长7~15厘米，宽4~11厘米，顶端渐尖，基部心形，边缘具细锯齿，齿端具腺点，两面无毛，背面略被白霜，掌状脉5~7，近缘边形成不明显的网络；叶柄长2~3.5厘米。花小，呈穗状花序，花序下垂，着生于短枝顶端，多花；花直径1~2毫米，花被淡绿色或黄绿色；雄蕊与花被片对生，长为花被2.5倍，花药卵珠形，纵裂；心皮沿腹缝线合生。果长圆形，长3~5毫米，棕色，沿背缝线开裂；种子4~6个，条形，长2~3毫米。花期6~7月，果期9~10月。

　　分布于云南西北、东北及龙陵、凤庆、景东、文山、金平等地，生于海拔1700~3500米的沟谷林及溪边杂木林中；甘肃、陕西、湖北、湖南、四川、贵州等省亦有。尼泊尔、缅甸、越南亦有。保护区内见于西河、中河、皮条河、正河、三江、鹿耳坪等周边山区。

拍摄者：朱大海

031 | 领春木

Euptelea pleiospermum Hook. f. et Thoms.　　昆栏树科　Trochodendraceae

落叶灌木或小乔木，高2～15米。树皮紫黑色或棕灰色。小枝无毛，紫黑色或灰色；芽卵形，鳞片深褐色，光亮。叶纸质，卵形或近圆形，长5～14厘米，宽3～9厘米，先端渐尖，有一突生尾尖，长1～1.5厘米，基部楔形或宽楔形，边缘疏生顶端加厚的锯齿，下部或近基部全缘，脉腋具丛毛；叶柄长2～5厘米。花丛生；花梗长3～5毫米；苞片椭圆形，早落；雄蕊6～14，长8～15毫米，花药红色，比花丝长，药隔附属物长0.7～2毫米；心皮6～12，子房歪形，柱头面在腹面或远轴，斧形，具微小黏质凸起。翅果长5～10毫米，宽3～5毫米，棕色，果梗长8～10毫米；种子1～3个，卵形，长1.5～2.5毫米，黑色。花期4～5月，果期7～8月。

广布种。分布于河北（武安）、山西（阳城）、河南（伏牛山）、陕西（秦岭）、甘肃、浙江（天目山）、湖北、四川、贵州、云南、西藏。生于海拔900～3600米的溪边杂木林中。保护区内常见。

拍摄者：叶建飞（摄于三江）

032 | 伏毛铁棒锤

Aconitum flavum Hand.-Mazz.   毛茛科 Ranunculaceae

多年生草本。块根胡萝卜形，长约3~4.5厘米，粗约8毫米。茎高35~100厘米，中部以下无毛，中部或上部被紧贴的短柔毛，通常不分枝。中部茎生叶密集茎，具短柄或近无柄；叶3全裂，全裂片细裂，末回裂片线形，基部浅心形，边缘疏被短缘毛，长3.8~5.5厘米，宽3.6~4.5厘米。顶生总状花序狭长，有花12~25朵；轴及花梗密被紧贴的短柔毛；下部苞片似叶，中部以上的苞片线形；小苞片生花梗顶部，线形，长3~6毫米；萼片黄绿色、紫色或暗紫色，外面被短柔毛，上萼片盔状船形，具短爪，高1.5~1.6厘米，侧萼片长约1.5厘米，下萼片斜长圆状卵形；花瓣向后弯曲，疏被短毛，瓣片长约7毫米，唇长约3毫米，距长约1毫米；心皮5。蓇葖果无毛，长1.1~1.7厘米。花期8月。

分布于四川西北部、西藏北部、青海、甘肃、宁夏南部、内蒙古南部。生于海拔2000~3700米的山地草坡或疏林下。保护区内常见于巴朗山、野牛沟等周边山区。

块根有剧毒，供药用，治跌打损伤、风湿关节痛等症。

拍摄者：叶建飞（摄于巴朗山）

033 | 展毛大渡乌头

***Aconitum franchetii* Finet et Gagnep. var. *villosulum* W. T. Wang**

毛莨科　Ranunculaceae

　　多年生草本。块根胡萝卜形，长约6厘米，粗约1.2厘米。茎高达1.2米，疏被短柔毛。茎下部叶有长柄，开花时枯萎，茎中部叶有稍长柄；叶片心状五角形，长约7厘米，宽约8厘米，3深裂，中央深裂片菱形，侧深裂片斜扇形，不等2裂；叶柄长约为叶片之半，疏被短柔毛，几无鞘。顶生总状花序长10～35厘米，有花7～20朵；花序轴和花梗有开展的柔毛，并混生短腺毛；中部以下的苞片叶状，具短柄，上部的苞片极小，线形；下部花梗长1～10厘米；小苞片生花梗中部，下部花梗的小苞片常很大，长达1.5厘米，3裂，其他的不分裂，长圆形至线形，长4～10毫米，宽0.5～2毫米，几无毛；萼片蓝色，外面无毛，上萼片盔形，高1.8～2.4厘米，自基部至喙长1.9～2.3厘米，下缘稍向上斜展，近直或稍凹，外缘近直立，与下缘形成不明显的喙；花瓣无毛，爪在顶端膝状弯曲，距短；心皮3或5，无毛。花期7～9月。

　　产于四川西部康定、小金及宝兴一带。生于海拔3400～4000米的山地草坡或林中。保护区内常见于巴朗山高山草甸。

拍摄者：叶建飞（摄于巴朗山）

034 | 螺瓣乌头

Aconitum spiripetalum Hand.-Mazz.　　　　　毛茛科　Ranunculaceae

　　多年生草本。茎高18~70厘米，被紧贴的短柔毛。基生叶7~9，具长柄，叶片宽2~6厘米，叶柄长2~10厘米；茎生叶1~2，比基生叶小，通常具短柄。顶生总状花序有花2~5朵，轴密被反曲的短柔毛；基部苞片叶状或3裂，上部苞片线形；花梗长1~3.5厘米，被反曲的白色短柔毛及伸展的淡黄色短柔毛；小苞片生花梗上部或中部，线形，长2~7毫米；萼片淡蓝色或暗紫色，外缘及两侧常呈白色，外面疏被短柔毛，上萼片盔状船形，长1.7~2.1厘米，在中部以上最宽，侧萼片长1.4~1.8厘米；花瓣无毛，爪细，顶部向前螺旋状弯曲，瓣片极短，长约1.5毫米，唇不明显，距短，近球形；心皮5，疏被伸展的长柔毛。蓇葖果长约1.5厘米。花期7~9月。

　　产于四川西部康定、道孚至理县一带。生于海拔3600~4300米的山地草坡，常生多石砾处。保护区内常见于巴朗山高山草甸。

拍摄者：叶建飞（摄于巴朗山）

035 | 甘青乌头

Aconitum tanguticum (Maxim.) Stapf 毛茛科 Ranunculaceae

　　多年生草本。块根小，纺锤形或倒圆锥形，长约2厘米。茎高8～50厘米，疏被毛或几无毛。基生叶7～9枚，叶片圆形或圆肾形，3深裂，裂片互相稍覆压，裂片浅裂边缘有圆牙齿，两面无毛，叶柄长3.5～14厘米；茎生叶1～4，稀疏排列，较小，具短柄。顶生总状花序有花3～5，轴和花梗密被短柔毛；苞片线形，或有时最下部苞片3裂；下部花梗长1～6.5厘米，上部的变短；小苞片生花梗上部或与花近邻接，卵形至宽线形，长2～2.5毫米；萼片蓝紫色，偶尔淡绿色，外面被短柔毛，上萼片船形，宽6～8毫米，侧萼片长1.1～2.1厘米，下萼片宽椭圆形或椭圆状卵形；花瓣无毛，稍弯，瓣片极小，长0.6～1.5毫米，距短，直；花丝疏被毛，全缘或有2小齿；心皮5，无毛。蓇葖果长约1厘米。花期7～8月。

　　分布于西藏东部、云南西北部、四川西部、青海东部、甘肃南部及陕西秦岭。生于海拔3200～4800米的山地草坡或沼泽草地。保护区内常见于巴朗山高山草甸。

　　在四川若尔盖的藏医用甘青乌头的全草治疗发烧、肺炎等症。

拍摄者：叶建飞（摄于巴朗山）

036 | 类叶升麻

Actaea asiatica Hara   毛茛科 Ranunculaceae

草本。根状茎横走。茎高30～80厘米，圆柱形，微具纵棱，下部无毛，中部以上被白色短柔毛，不分枝。叶2～3枚，茎下部的叶为三回三出近羽状复叶，具长柄；叶片轮廓三角形，宽达27厘米；顶生小叶卵形至宽卵状菱形，长4～8.5厘米，宽3～8厘米，侧生小叶卵形至斜卵形，表面近无毛；叶柄长10～17厘米。茎上部叶形状与茎下部叶同形，但较小，具短柄。总状花序长2.5～6厘米，轴和花梗密被白色或灰色短柔毛；苞片线状披针形，长约2毫米；花梗长5～8毫米；萼片倒卵形，长约2.5毫米，花瓣匙形，长2～2.5毫米，下部渐狭成爪；心皮与花瓣近等长。果序长5～17厘米；果梗粗约1毫米；成熟果实紫黑色，直径约6毫米；种子深褐色。花期5～6月，果期7～9月。

广布种。生于海拔350～3100米的山地林下或沟边阴处、河边湿草地。朝鲜、俄罗斯远东地区、日本也有分布。保护区内见于英雄沟、正河、银厂沟等地。

根状茎在民间供药用；茎、叶可作土农药。

拍摄者：朱淑霞〔摄于英雄沟〕

037 | 野棉花

Anemone vitifolia Buch.-Ham.

毛茛科　Ranunculaceae

　　多年生草本，株高60～120厘米。根状茎斜。基生叶2～5，均为单叶，有长柄；叶片心状卵形或心状宽卵形，长10～20厘米，宽6～25厘米，顶端急尖3～5浅裂，边缘有小牙齿，表面疏被短糙毛，背面密被白色短绒毛；叶柄有柔毛。花葶粗壮，高60～100厘米，有密或疏的柔毛；聚伞花序长20～60厘米，二至四回分枝；苞片3，形状似基生叶，但较小，有柄；花梗长3～6厘米，密被短绒毛；萼片5，白色或带粉红色，倒卵形，长1.4～1.8厘米，宽8～13毫米，外面有白色绒毛；雄蕊长约为萼片的1/4；心皮约400，子房密被绵毛。聚合果球形，直径约1.5厘米；瘦果有细柄，长约3.5毫米，密被绵毛。花期7～10月。

　　广布种。生于海拔1200～2700米的山地草坡、沟边或疏林中。保护区内在海拔2500米以下山区常见。

　　根状茎供药用，治跌打损伤、风湿关节痛、肠炎、痢疾、蛔虫病等症，也可作土农药，灭蝇蛆等。

拍摄者：朱大海

038 | 裂叶星果草

Asteropyrum cavaleriei (Levl. et Vant.)
Drumm. et Hutch.

毛茛科　Ranunculaceae

　　多年生小草本。根状茎短，密生许多条黄褐色的细根。叶均基生，叶片轮廓五角形，宽4~14厘米，3~5浅裂或近深裂，顶端急尖，基部近截形，并常在中央具一浅圆缺，裂片三角形，边缘具不规则的浅波状圆缺，表面绿色，稀被贴伏的黄色短硬毛，背面淡绿色，无毛；叶柄长6~13厘米，无毛，基部具膜质鞘。花葶1~3条，通常高12~20厘米；苞片生于花下的5~8毫米处，卵形至宽卵形，长约3毫米，近互生或轮生；花直径1.3~1.5厘米；萼片5，白色，椭圆形至倒卵形，长7~8毫米，宽3~5毫米，顶端圆形；花瓣黄色，长约为萼片的1/2，瓣片近圆形，下部具细爪；雄蕊比花瓣稍长；心皮5~8。菁葖果卵形，长达8毫米。花期5~6月，果期6~7月。

　　分布于四川西南、贵州、湖南西部、广西北部、云南东南。生于海拔1000~2400米的山地林下、路旁及水旁的阴处。

拍摄者：朱大海

039 | 铁破锣

Beesia calthifolia (Maxim.) Ulbr.

毛茛科　Ranunculaceae

多年生草本。根状茎斜。叶片肾形、心形或心状卵形，顶端圆形，短渐尖或急尖，基部深心形，边缘密生圆锯齿（锯齿顶端具短尖），两面无毛，稀在背面沿脉被短柔毛；叶柄长，具纵沟，基部稍变宽，无毛。花葶高（14～）30～58厘米，有少数纵沟，下部无毛，上部花序处密被开展的短柔毛；花序聚伞状，长为花葶长度的1/6～1/4；苞片通常钻形，有时披针形，间或匙形，长1～5毫米，无毛；花梗长5～10毫米，密被伸展的短柔毛；萼片白色或带粉红色，狭卵形或椭圆形，长3～5（～6～8）毫米，宽1.8～2.5（～3）毫米，顶端急尖或钝，无毛；无花瓣；雄蕊比萼片稍短；心皮长2.5～3.5毫米，基部疏被短柔毛。蓇葖长1.1～1.7厘米，扁，披针状线形，中部稍弯曲，下部宽3～4毫米，在近基部处疏被短柔毛，其余无毛，约有8条斜横脉，喙长1～2毫米。花期5～8月，果期7～9月。

分布于云南西北部、四川、贵州、广西北部、湖南西部、湖北西部、陕西南部及甘肃南部。生于海拔1400～3500米的林下阴湿处。保护区内在海拔1900～2700米比较常见。

根状茎入药，治风湿感冒、风湿骨痛、目赤肿痛等症。

拍摄者：叶建飞（摄于三江）

040 | 星叶草

Circaeaster agrestis Maxim.　　　　毛茛科　Ranunculaceae

　　一年生小草本，高3～10厘米。2子叶宿存，线形或披针状线形，长4～11毫米。叶簇生，莲座状，菱状倒卵形、匙形或楔形，基部渐狭，边缘上部有小牙齿，齿顶端有刺状短尖，无毛，背面粉绿色。花小，萼片2～3，狭卵形，长约0.5毫米，无毛；雄蕊1～2（～3），花药椭圆球形；心皮1～3，子房长圆形，花柱不存在，柱头近椭圆球形。瘦果狭长圆形或近纺锤形，长2.5～3.8毫米，有密或疏的钩状毛，偶尔无毛。花期4～6月。

　　分布于西藏东部、云南西北部、四川西部、陕西南部、甘肃南部、青海东部、新疆西部。不丹、印度、尼泊尔也有分布。生于海拔2100～4000米的阴湿山坡草地、溪沟边或林下。保护区偶见于英雄沟、野牛沟、梯子沟等处。

拍摄者：朱淑霞

041 | 美花铁线莲

***Clematis potaninii* Maxim.**

毛茛科　Ranunculaceae

　　木质藤本。幼枝紫褐色，有短柔毛，老茎外皮剥落。一至二回羽状复叶对生，有5～15枚小叶，茎上部有时为三出叶，基部2对常2～3深裂、全裂至3小叶，顶生小叶片常不等3浅裂至深裂；小叶薄纸质，倒卵状椭圆形、卵形至宽卵形，长1～7厘米，宽0.8～5厘米，顶端渐尖，基部楔形、圆形或微心形，有时偏斜，边缘有缺刻状锯齿，两面有贴伏短柔毛。花单生或聚伞花序有花3朵，腋生，花直径3.5～5厘米；萼片5～7，开展，白色，楔状倒卵形或长圆状倒卵形，长1.8～3厘米，宽0.8～2.5厘米，外面有短柔毛，中间带褐色部分呈长椭圆状，内面无毛；雄蕊无毛。瘦果无毛，扁平，倒卵形或卵圆形，长4～5毫米，宿存花柱长达3厘米。花期6～8月，果期8～10月。

　　分布于西藏东部、云南、四川、甘肃南部及陕西南部。生于海拔1400～4000米的山坡或山谷林下、林缘或溪沟边。保护区内从卧龙镇至邓生（海拔1700～3000米）均有分布。

　　茎入药，有祛风湿、清肺热、止痢、消食等效。

拍摄者：马永红〔摄于邓生〕

042 | 川黔翠雀花

Delphinium bonvalotii Franch.　　　　　　　　　　毛茛科　Ranunculaceae

　　草本。茎高50~70厘米，与叶柄、花序轴及花梗均无毛。茎下部及中部叶有长柄；叶片五角形，长4.5~9厘米，宽7~12厘米，基部心形，3深裂，中央深裂片菱形，渐尖呈3裂，二回裂片有少数小裂片和牙齿，侧深裂片斜扇形，不等2深裂，两面疏被短糙毛或背面近无毛；叶柄与叶片近等长，无鞘。伞房状或短总状花序，有花5~11；苞片线形；花梗长2~4厘米；小苞片生花梗中部以上，狭线形，无毛或有短缘毛；萼片蓝紫色，椭圆状倒卵形，长1.4~2厘米，外面有黄色短腺毛和白色短伏毛，距钻形，长2~2.6厘米，向下螺旋状弯曲，有时向下只稍弧状弯曲；花瓣无毛；退化雄蕊与萼片同色，瓣片2裂至中部，有长缘毛，腹面有黄色髯毛；心皮3，子房有柔毛。蓇葖果长1~1.4厘米；种子密生鳞状横翅。花期6~8月。

　　分布于贵州、四川南部及西部（北达理县一带）。生于海拔1100~2600米的山地林边。保护区内见于英雄沟、银厂沟、正河、三江等地。

　　根药用，可镇痛、祛风除湿。

拍摄者：朱淑霞

043 | 翠雀

Delphinium grandiflorum L.　　　　　　　　毛茛科　Ranunculaceae

　　草本。茎高35～65厘米，与叶柄均被反曲而贴伏的短柔毛，等距生叶，分枝。基生叶和茎下部叶有长柄；叶片圆五角形，长2.2～6厘米，宽4～8.5厘米，3全裂，中央全裂片近菱形，一至二回3裂近中脉，末回裂片线状披针形至线形，宽0.5～3毫米，两面疏被短柔毛或近无毛；叶柄长为叶片的3～4倍，基部具短鞘。总状花序有花3～15；下部苞片叶状，其他苞片线形；花梗长1.5～3.8厘米，与轴密被贴伏的白色短柔毛；小苞片生花梗中部或上部，线形或丝形；萼片紫蓝色，椭圆形或宽椭圆形，长1.2～1.8厘米，外面有短柔毛，距钻形，长1.7～2（～2.3）厘米，直或末端稍向下弯曲；花瓣蓝色，无毛，顶端圆形；退化雄蕊蓝色，瓣片近圆形或宽倒卵形，腹面中央有黄色髯毛；心皮3。蓇葖果直，长1.4～1.9厘米。花期5～10月。

　　分布于云南（昆明以北）、四川西北部、山西、河北、内蒙古、辽宁和吉林西部、黑龙江。生于海拔500～2800米的山地草坡或丘陵沙地。俄罗斯西伯利亚地区、蒙古也有分布。保护区内从耿达至邓胜、三江等地均有分布。

　　全草煎水含漱（有毒勿咽），可治风热牙痛；全草煎浓汁，可以灭虱。

拍摄者：朱大海

044 | 宝兴翠雀花

Delphinium smithianum Hand.-Mazz.

毛茛科 Ranunculaceae

草本。茎高10~15厘米，被反曲的短柔毛，不分枝或有1枝，等距地生叶。叶少，约5，有长柄；叶片圆肾形或五角形，长1.2~2.3厘米，宽2.8~4.8厘米，3深裂，裂片互相通常分离，中央裂片浅裂，有疏牙齿，表面沿脉有短柔毛，背面近无毛；叶柄长2.1~8.8厘米。伞房花序有花2~4朵；花梗长3~8厘米，中部以上密被向下弯曲的短柔毛；小苞片生花梗中部或下部，3裂或不裂而为披针形，长9~13毫米；萼片宿存，堇蓝色，长2.3~2.5厘米，外面有短柔毛，上萼片宽椭圆形，距与萼片近等长，长2~2.3厘米，圆筒形，粗约4毫米，末端稍向下弯，侧萼片和下萼片卵形；花瓣无毛，顶端微凹；退化雄蕊瓣片2浅裂，腹面中央有黄色髯毛，爪与瓣片近等长；心皮3，子房密被短柔毛。花期7~8月。

产于四川西部和云南西北部。生于海拔3500~4600米的山地多石砾山坡。保护区内见于巴朗山贝母坪以上的高山草甸。

拍摄者：叶建飞（摄于巴朗山高山草甸）

045 | 独叶草

Kingdonia uniflora Balf.f. et W. W. Sm　　毛茛科　Ranunculaceae

国家一级重点保护野生植物。多年生小草本，无毛。根状茎细长，自顶端芽中生出1叶和1条花葶；芽鳞约3个，膜质，卵形，长4～7毫米。叶基生，有长柄，叶片心状圆形，宽3.5～7厘米，5全裂，中、侧全裂片3浅裂，最下面的全裂片不等2深裂，顶部边缘有小牙齿，背面粉绿色；叶柄长5～11厘米，花葶高7～12厘米，花直径约8毫米；萼片（4～）5～6（～7），淡绿色，卵形，长5～7.5毫米，顶端渐尖；退化雄蕊长1.6～2.1毫米；雄蕊长2～3毫米，花药长约0.3毫米，心皮长约1.4毫米，花柱与子房近等长。瘦果扁，狭倒披针形，长1～1.3厘米，宽约2.2毫米，宿存花柱长3.5～4毫米，向下反曲；种子狭椭圆球形，长约3毫米。5～6月开花。

拍摄者：朱大海

分布于云南西北部（德钦）、四川西部、甘肃南部（舟曲）、陕西南部（太白山）。生于海拔2750～3900米的山地冷杉林下或杜鹃灌丛下。保护区内仅偶见于野牛沟。

046 | 川赤芍

Paeonia veitchii Lynch　　　毛茛科　Ranunculaceae

多年生草本。根圆柱形，直径1.5~2厘米。茎高30~80厘米，少有1米以上，无毛。叶为二回三出复叶，叶片轮廓宽卵形，长7.5~20厘米；小叶羽状分裂，裂片窄披针形至披针形，宽4~16毫米，顶端渐尖，全缘，表面深绿色，沿叶脉疏生短柔毛，背面淡绿色，无毛；叶柄长3~9厘米。花2~4，生茎顶端及叶腋，有时仅顶端1朵开放，而叶腋有发育不好的花芽，直径4.2~10厘米；苞片2~3，分裂或不裂，披针形，大小不等；萼片4，宽卵形，长1.7厘米，宽1~1.4厘米；花瓣6~9，倒卵形，长3~4厘米，宽1.5~3厘米，紫红色或粉红色；花丝长5~10毫米；花盘肉质，仅包裹心皮基部；心皮2~3（~5），密生黄色绒毛。蓇葖长1~2厘米，密生黄色绒毛。花期5~6月，果期7月。

分布于西藏东部、四川西部、青海东部、甘肃及陕西南部。生于海拔1800~3700米的山坡林下草丛。保护区内见于英雄沟、梯子沟、魏家沟、牛尾沟等周边山区。

根供药用，称"赤芍"，能活血通经、凉血散瘀、清热解毒。

拍摄者：朱大海

047 | 云南金莲花

Trollius yunnanensis (Franch.) Ulbr.　　　毛茛科　Ranunculaceae

多年生草本。植株全部无毛。茎高20～80厘米，茎上疏生1～2枚叶，不分枝或在中部以上分枝。基生叶2～3，有长柄；叶片五角形，长2～6厘米，宽5～10厘米，基部深心形，3深裂，中央裂片菱状卵形或菱形且3裂，二回裂片具少数缺刻状小裂片和三角形锐牙齿，侧裂片斜扇形，不等2深裂；叶柄长7～20厘米，基部具狭鞘。下部茎生叶似基生叶，但叶柄稍短，上部茎生叶较小，几无柄。花单生茎顶端或2～3朵组成顶生聚伞花序，直径3～5厘米；萼片黄色，常5片，完全展开，宽倒卵形或倒卵形，偶而宽椭圆形，顶端圆形或截形，长1.7～2.5（～3）厘米，宽1.2～2.5（～2.8）厘米；花瓣线形，比雄蕊稍短，长7～8毫米；心皮7～25。聚合果近球形，直径约1厘米；蓇葖果长9～11毫米，光滑，喙长约1毫米。花期6～9月，果期9～10月。

分布于云南西部及西北部和四川西部。生于海拔2700～3600米的山地草坡或溪边草地，偶尔生于林下。保护区内见于巴朗山贝母坪以上的高山草甸、野牛沟、梯子沟等山顶草甸。

拍摄者：叶建飞

048 | 豪猪刺

Berberis julianae Schneid.

常绿灌木，高1~3米。老枝黄褐色或灰褐色，幼枝淡黄色，具条棱和稀疏黑色疣点；茎刺粗壮，3分叉，腹面具槽，与枝同色，长1~4厘米。叶革质，椭圆形，披针形或倒披针形，长3~10厘米，宽1~3厘米，先端渐尖，基部楔形，上面深绿色，中脉凹陷，侧脉微显，背面淡绿色，中脉隆起，侧脉微隆起或不显，两面网脉不显，不被白粉，叶缘平展，每边具10~20刺齿；叶柄长1~4毫米。花10~25朵簇生，花黄色。花梗长8~15毫米；小苞片卵形，长约2.5毫米，宽约1.5毫米，先端急尖；萼片2轮，外萼片卵形，长约5毫米，宽约3毫米，先端急尖，内萼片长圆状椭圆形，长约7毫米，宽约4毫米，先端圆钝；花瓣长圆状椭圆形，长约6毫米，宽约3毫米，先端缺裂，基部缢缩呈爪，具2枚长圆形腺体；胚珠单生。浆果长圆形，蓝黑色，长7~8毫米，直径3.5~4毫米，顶端具明显宿存花柱，被白粉。花期3月，果期5~11月。

分布于湖北、四川、贵州、湖南、广西。生于海拔1100~2100米的山坡、林中、林缘、灌丛中。

根可做黄色染料，也可供药用，有清热解毒、消炎抗菌的功效。

拍摄者：叶建飞

049 | 红毛七

Caulophyllum robustum Maxim.

小檗科　Berberidaceae

多年生草本，高达80厘米。根状茎粗短。茎生2叶，互生，二至三回三出复叶，下部叶具长柄；小叶卵形，长圆形或阔披针形，长4～8厘米，宽1.5～5厘米，先端渐尖，基部宽楔形，全缘，有时2～3裂，上面绿色，背面淡绿色或带灰白色，两面无毛；顶生小叶具柄，侧生小叶近无柄。圆锥花序顶生，花淡黄色，直径7～8毫米；苞片3～6；萼片6，倒卵形，花瓣状，长5～6毫米，宽2.5～3毫米，先端圆形；花瓣6，远较萼片小，蜜腺状，扇形，基部缢缩呈爪；雄蕊6，长约2毫米，花丝稍长于花药；雌蕊单一，子房1室，具2枚基生胚珠，花后子房开裂，露出2枚球形种子。果熟时柄增粗，长7～8毫米；种子浆果状，直径6～8毫米，微被白粉，熟后蓝黑色，外被肉质假种皮。花期5～6月，果期7～9月。

广布种。生于海拔950～3500米的林下、山沟阴湿处或竹林下。保护区内见于三江潘达尔景区。

根及根茎入药，有活血散瘀、祛风止痛、清热解毒、降压止血的功能。主治月经不调，产后瘀血、腹痛，跌打损伤，关节炎，扁桃腺炎，高血压，胃痛，外痔等症。

拍摄者：叶建飞（摄于三江）

050 | 南方山荷叶

Diphylleia sinensis H. L. Li

多年生草本，高40~80厘米。下部叶柄长7~20厘米，上部叶柄长2.5~13厘米；叶片盾状着生，肾形或肾状圆形至横向长圆形，下部叶片长19~40厘米，宽20~46厘米，上部叶片长6.5~31厘米，宽19~42厘米，呈二半裂，每半裂具3~6浅裂或波状，边缘具不规则锯齿，齿端具尖头，上面疏被柔毛或近无毛，背面被柔毛。聚伞花序顶生，具花10~20朵，分枝或不分枝，花序轴和花梗被短柔毛；花梗长0.4~3.7厘米；外轮萼片披针形至线状披针形，长2.3~3.5毫米，宽0.7~1.2毫米，内轮萼片宽椭圆形至近圆形，长4~4.5毫米，宽3.8~4毫米；外轮花瓣狭倒卵形至阔倒卵形，长5~8毫米，宽2.5~5毫米，内轮花瓣狭椭圆形至狭倒卵形，长5.5~8毫米，宽2.5~3.5毫米；雄蕊长约4毫米，花丝扁平，长1.7~2毫米，花药长约2毫米；子房椭圆形，长3~4毫米，胚珠5~11枚，花柱极短，柱头盘状。浆果球形或阔椭圆形，长10~15毫米，直径6~10毫米，熟后蓝黑色，微被白粉，果梗淡红色；种子4枚，通常三角形或肾形，红褐色。花期5~6月，果期7~8月。

产于湖北、陕西、甘肃、云南、四川。生于海拔1880~3700米的落叶阔叶林或针叶林下、竹丛或灌丛下。保护区内偶见于英雄沟、野牛沟等周边山区。

根茎能消热、凉血、活血、止痛以及有泻下作用。主治腰腿疼痛、风湿性关节炎、跌打损伤、月经不调等症。

拍摄者：谭进波

051 | 猫儿屎

Decaisnea insignis (Griff.) Hook.
f. et Thoms.

木通科　Lardizabalaceae

　　直立灌木，高可达5米。羽状复叶长50～80厘米，有小叶13～25片；叶柄长10～20厘米；小叶膜质，卵形至卵状长圆形，长6～14厘米，宽3～7厘米，先端渐尖或尾状渐尖，基部圆或阔楔形。总状花序腋生，或数个再复合为圆锥花序；花梗长1～2厘米；小苞片狭线形，长约6毫米；萼片卵状披针形至狭披针形，先端长渐尖，具脉纹；花单性，雄花为单体雄蕊，花丝合生呈细长管状，长3～4.5毫米，药隔伸出于花药之上成阔而扁平、长2～2.5毫米的角状附属体；雌花的退化雄蕊花丝短，合生呈盘状，顶具长1～1.8毫米的角状附属状，心皮3，圆锥形，长5～7毫米，柱头马蹄形，偏斜。果圆柱形，下垂，蓝色，长5～10厘米，直径约2厘米，顶端截平但腹缝先端延伸为圆锥形凸头，具小疣凸；种子倒卵形，黑色，扁平，长约1厘米。花期4～6月，果期7～8月。

　　产于我国西南部至中部地区。生于海拔900～3600米的山坡灌丛或沟谷杂木林下阴湿处。保护区内在英雄沟、银厂沟、正河、三江等地有少量分布。

　　根和果药用，有清热解毒之效，并可治疝气。

拍摄者：朱大海

052 | 蕺菜

***Houttuynia cordata* Thunb.**   三白草科 Saururaceae

腥臭草本，高30～60厘米。茎下部伏地，节上轮生小根，上部直立，无毛或节上被毛，有时带紫红色。叶薄纸质，有腺点，背面尤甚，卵形或阔卵形，长4～10厘米，宽2.5～6厘米，顶端短渐尖，基部心形，两面有时除叶脉被毛外余均无毛，背面常呈紫红色；叶脉5～7条，全部基出或最内1对离基约5毫米从中脉发出，如为7脉时，则最外1对很纤细或不明显；叶柄长1～3.5厘米，无毛；托叶膜质，长1～2.5厘米，顶端钝，下部与叶柄合生而成长8～20毫米的鞘，且常有缘毛，基部扩大，略抱茎。花序长约2厘米，宽5～6毫米；总花梗长1.5～3厘米，无毛；总苞片长圆形或倒卵形，长10～15毫米，宽5～7毫米，顶端钝圆；雄蕊长于子房，花丝长为花药的3倍。蒴果长2～3毫米，顶端有宿存的花柱。花期4～7月。

广布种。生于沟边、溪边或林下湿地上。保护区内在海拔2500米以下常见。

全株入药，有清热、解毒、利水之效，治肠炎、痢疾、肾炎水肿及乳腺炎、中耳炎等。嫩根茎可食。

拍摄者：朱大海

053 | 豆瓣绿

Peperomia tetraphylla (Forst. f.) Hook. et Arn.　　胡椒科　Piperaceae

　　肉质、丛生草本；茎匍匐，多分枝，长10～30厘米，下部节上生根，节间有粗纵棱。叶密集，大小近相等，4或3片轮生，带肉质，有透明腺点，干时变淡黄色，常有皱纹，略背卷，阔椭圆形或近圆形，长9～12毫米，宽5～9毫米，两端钝或圆，无毛或稀被疏毛；叶脉3条，细弱，通常不明显；叶柄短，长1～2毫米，无毛或被短柔毛。穗状花序单生，顶生和腋生，长2～4.5厘米；总花梗被疏毛或近无毛，花序轴密被毛；苞片近圆形，有短柄，盾状；花药近椭圆形，花丝短；子房卵形，着生于花序轴的凹陷处，柱头顶生，近头状，被短柔毛。浆果近卵形，长近1毫米，顶端尖。花期2～4月及9～12月。

　　产于台湾、福建、广东、广西、贵州、云南、四川及甘肃南部和西藏南部。生于潮湿的石上或枯树上。保护区内偶见于三江、龙潭沟等地。

　　全草药用。内服治风湿性关节炎、支气管炎；外敷治扭伤、骨折、痈疮疖肿等。

拍摄者：朱大海

054 | 宽叶金粟兰

Chloranthus henryi Hemsl.　　　　　　　　金粟兰科　Chloranthaceae

　　多年生草本，高40~65厘米。根状茎粗壮；茎直立，单生或数个丛生，有6~7个明显的节。叶对生，通常4片生于茎上部，纸质，宽椭圆形、卵状椭圆形或倒卵形，长9~18厘米，宽5~9厘米，顶端渐尖，基部楔形，边缘具锯齿，齿端有1腺体；叶柄长0.5~1.2厘米；托叶小，钻形。穗状花序顶生，通常二歧或总状分枝，连总花梗长10~16厘米，总花梗长5~8厘米；苞片通常宽卵状三角形或近半圆形；花白色；雄蕊3枚，基部几分离，中央药隔长3毫米，有1个2室的花药，两侧药隔稍短，各有1个1室的花药；子房卵形，无花柱，柱头近头状。核果球形，长约3毫米，具短柄。花期4~6月，果期7~8月。

　　广布种。生于海拔750~1900米的山坡林下阴湿地或路边灌丛中。保护区内见于英雄沟和西河。

　　根、根状茎或全草供药用，能舒筋活血、消肿止痛、杀虫。主治跌打损伤、痛经。外敷治癞痢头、疔疮、毒蛇咬伤。有毒。

拍摄者：叶建飞（摄于西河）

055 | 宝兴马兜铃

Aristolochia moupinensis Franch. 马兜铃科 Aristolochiaceae

　　木质藤本，长3~4米或更长。茎有纵棱，老茎基部有纵裂。叶膜质或纸质，卵形或卵状心形，长6~16厘米，宽5~12厘米，顶端短尖或短渐尖，基部深心形，两侧裂片下垂或稍内弯，边全缘；基出脉5~7条，侧脉每边3~4条；叶柄长3~8厘米，密被毛。花单生或2朵聚生于叶腋；花梗长3~8厘米，近基部向下弯垂；小苞片卵形，长1~1.5厘米，无柄；花被管中部急遽弯曲而略扁，下部长2~3厘米，直径8~10毫米，弯曲处至檐部与下部近等长而稍狭，具纵脉纹；檐部盘状，近圆形，直径3~3.5厘米，内面黄色，有紫红色斑点，边缘绿色，具网状脉纹，边缘浅3裂；裂片常稍外翻；喉部圆形，稍具领状环；花药长圆形，成对贴生于合蕊柱近基部，并与其裂片对生；子房圆柱形，具6棱，密被长柔毛；合蕊柱顶端3裂。蒴果长圆形，有6棱，棱通常波状弯曲，成熟时自顶端向下6瓣开裂；种子长卵形，背面平凸状，腹面凹入，中间具膜质种脊。花期5~6月，果期8~10月。

　　分布于四川、云南、贵州、湖南、湖北、浙江、江西和福建。生于海拔2000~3200米的林中、沟边、灌丛中。保护区内见于三江。

　　本种药用。茎叶称天仙藤，有行气治血、止痛、利尿之效；果称马兜铃，有清热降气、止咳平喘之效；根称青木香，有小毒，具健胃、理气止痛之效，并有降血压作用。

拍摄者：叶建飞（摄于三江）

056 | 刚毛藤山柳

Clematoclethra scandens Maxim.　　　　狝猴桃科　Actinidiaceae

灌木。老枝黑褐色，无毛；小枝褐色，被刚毛，基本无绒毛。叶纸质，卵形、长圆形、披针形或倒卵形，长9～15厘米，宽3～7厘米，顶端渐尖至长渐尖，基部钝形或圆形，边缘有胼胝质睫状小锯齿，腹面叶脉上有刚毛，背面全部被或厚或薄的细绒毛，叶脉上又兼被刚毛；叶柄长2～7厘米，被刚毛，基本无绒毛。花序被细绒毛或兼被刚毛，总柄长15～20毫米，具花3～6；花柄长7～10毫米；小苞片被细绒毛，披针形，长3～5毫米；花白色；萼片矩卵形，长3～4毫米，无毛或略被细绒毛；花瓣瓢状倒矩卵形，长约7毫米。果干后直径6～8毫米。花期6月，果期7～8月。

四川特有，产于西部。生于海拔1800～2500米的山林中。保护区内在海拔2500米以下山区比较常见。

拍摄者：叶建飞

057 | 猕猴桃藤山柳

Clematoclethra scandens* subsp. *actinidioides
(Maximowicz) Y. C. Tang & Q. Y. Xiang

猕猴桃科　Actinidiaceae

　　藤本。老枝灰褐色或紫褐色，无毛；小枝褐色，无毛或被微柔毛。叶卵形或椭圆形，长3.5～9厘米，宽1.5～7厘米，顶端渐尖，基部阔楔形、圆形或微心形，叶缘具纤毛状齿，很少全缘，腹面无毛，深绿色，背面粉绿色，无毛或仅在脉腋上有髯毛，叶干后腹面枯褐色；叶柄长2～8厘米，无毛或略被微柔毛。花序柄长1～2厘米，被微柔毛，具1～3花；小苞片披针形，长3毫米，或边缘具细纤毛。花白色；萼片倒卵形，长3～4毫米，宽3毫米，无毛或略被柔毛；花瓣长6～8毫米，宽4毫米。果近球形，熟时紫红色或黑色。

　　分布于四川、甘肃、陕西。生于海拔2300～3000米的山地沟谷林缘或灌丛中。保护区内在海拔2700米以下中低海拔山区比较常见。

拍摄者：叶建飞

058 | 葛枣猕猴桃

Actinidia polygama (Sieb. et Zucc.) Maxim.　　猕猴桃科　Actinidiaceae

大型落叶藤本。小枝细长，基本无毛，皮孔不很显著；髓白色，实心。叶膜质至薄纸质，卵形或椭圆卵形，顶端急渐尖至渐尖，基部圆形或阔楔形，边缘有细锯齿，沿中脉和侧脉多少有一些卷曲的微柔毛，有时中脉上着生少数小刺毛，叶脉比较发达，在背面呈圆线形，侧脉约7对，其上段常分叉，横脉颇显著，网状小脉不明显；叶柄近无毛，长1.5～3.5厘米。花序有花1～3，花序柄长2～3毫米，花柄长6～8毫米，均薄被微绒毛；苞片小，长约1毫米；花白色，芳香，直径2～2.5厘米；萼片5，卵形至长方卵形，长5～7毫米，两面薄被微茸毛或近无毛；花瓣5，倒卵形至长方倒卵形，长8～13毫米，最外2～3枚的背面有时略被微茸毛；

拍摄者：叶建飞（摄于西河）

花丝线形，长5～6毫米，花药黄色，卵形箭头状，长1～1.5毫米；子房瓶状，长4～6毫米，洁净无毛，花柱长3～4毫米。果成熟时淡橘色，卵珠形或柱状卵珠形，长2.5～3厘米，无毛，无斑点，顶端有喙，基部有宿存萼片；种子长1.5～2毫米。花期6月中旬至7月上旬，果熟期9～10月。

广布种。生于海拔500～1900米的山林中。保护区见于耿达、三江等周边低海拔山区。

果实除作水果利用之外，虫瘿可入药，治庙气及腰痛。

059 | 软枣猕猴桃

Actinidia arguta (Sieb. & Zucc.) Planch. ex Miq.

猕猴桃科　Actinidiaceae

　　大型落叶藤本。小枝基本无毛或幼嫩时星散地薄被柔软绒毛或茸毛，隔年枝灰褐色，洁净无毛；髓白色至淡褐色，片层状。叶膜质或纸质，卵形、长圆形、阔卵形至近圆形，长6~12厘米，宽5~10厘米，顶端急短尖，基部圆形至浅心形，边缘具繁密的锐锯齿，腹面深绿色，无毛，背面绿色，侧脉腋上有髯毛；叶柄长3~10厘米，无毛或略被微弱的卷曲柔毛。花序腋生或腋外生，为一至二回分枝，有花1~7，被淡褐色短绒毛；苞片线形，长1~4毫米；花绿白色或黄绿色，芳香；萼片4~6，卵圆形至长圆形，两面薄被粉末状短茸毛；花瓣4~6，楔状倒卵形或瓢状倒阔卵形，长7~9毫米，1花4瓣的其中有1片2裂至半；花丝丝状，长1.5~3毫米，花药黑色或暗紫色，长圆形箭头状，长1.5~2毫米；子房瓶状，长6~7毫米，洁净无毛，花柱长3.5~4毫米。果圆球形至柱状长圆形，长2~3厘米，有喙或喙不显著，无毛，无斑点，不具宿存萼片，成熟时绿黄色或紫红色。

　　广布种。保护区较为常见。

拍摄者：叶建飞

060 | 中华猕猴桃

Actinidia chinensis Planch.

猕猴桃科　Actinidiaceae

　　大型落叶藤本。幼枝被有灰白色茸毛或褐色长硬毛或铁锈色硬毛状刺毛；隔年枝完全秃净无毛；髓白色至淡褐色，片层状。叶纸质，倒阔卵形至倒卵形或阔卵形至近圆形，顶端截平形并中间凹入或具凸尖、急尖至短渐尖，基部钝圆形、截平形至浅心形，边缘具脉出的直伸的睫状小齿，叶背面密被灰白色或淡褐色星状绒毛，侧脉5～8对，常在中部以上分歧呈叉状。聚伞花序有花1～3；苞片小，卵形或钻形，长约1毫米，均被灰白色丝状绒毛或黄褐色茸毛；花初放时白色，放后变淡黄色，直径1.8～3.5厘米；萼片3～7，通常5，阔卵形至卵状长圆形，长6～10毫米，两面密被压紧的黄褐色绒毛；花瓣5，阔倒卵形，有短距，长10～20毫米，宽6～17毫米；雄蕊极多，花药黄色；子房球形，径约5毫米，密被金黄色交织绒毛或刷毛状糙毛。果黄褐色，近球形、圆柱形、倒卵形或椭圆形，长4～6厘米，被茸毛、长硬毛或刺毛状长硬毛，成熟时秃净或不秃净，具小而多的淡褐色斑点；宿存萼片反折。

　　广布种。生于海拔200～2600米的中低山区的山林中，一般多出现于高草灌丛、灌木林或次生疏林中。保护区内见于耿达、三江等周边山区。

拍摄者：叶建飞

061 | 糙果紫堇

Corydalis trachycarpa Maxim.

罂粟科　Papaveraceae

　　粗壮直立草本。茎1~5，具少数分枝，上部粗壮。基生叶少数，二至三回羽状分裂，第一回全裂片通常3~4对，具长短柄，第二回深裂片无柄，深裂，小裂片狭倒卵形至狭倒披针形或狭椭圆形，先端具小尖头，背面具白粉；茎生叶1~4，下部叶具柄，上部叶近无柄，其他与基生叶相同。总状花序生于茎和分枝顶端，多花密集；苞片下部者扇状羽状全裂，上部者扇状掌状全裂，裂片均为线形；花梗明显短于苞片。萼片鳞片状，边缘具缺刻状流苏；花瓣紫色、蓝紫色或紫红色，上花瓣舟状卵形，先端钝，背部鸡冠状凸起，距圆锥形，锐尖，长为花瓣片的2倍以上，平伸或弯曲，下花瓣鸡冠状凸起同上瓣，下部稍呈囊状，内花瓣片倒卵形，具1侧生囊，爪与花瓣片近等长；花药黄色，花丝披针形，白色；子房绿色，具肋，肋上有密集排列的小瘤，花柱比子房长，柱头双卵形，上端具2乳突。蒴果狭倒卵形，具多数淡黄色的小瘤密集排列成6条纵棱。

　　分布于甘肃、青海东部、四川西北部至西南部和西藏东北部，生于海拔3600~4800米的高山草甸、灌丛、流石滩或山坡石缝中。保护区内见于巴朗山，生于海拔4000米以上的高山草甸。

拍摄者：叶建飞（摄于巴朗山）

062 | 穆坪紫堇

Corydalis flexuosa Franch.

罂粟科　Papaveraceae

草本，高40～50厘米。须根多数，细长，具纤细状分枝；根茎匍匐，盖以宿存增厚的叶柄基，叶基卵状披针形，长达2厘米，干时黑褐色。茎3～4，通常不分枝或稀分枝，下部裸露。基生叶数枚，叶柄长4～12厘米，具叶鞘，叶片轮廓三角形、卵形至近圆形，长3.5～8厘米，三回三出分裂，第一回全裂片具柄，中裂片的柄远长于侧裂片的柄，第二回全裂片顶生者具柄，侧生者具极短柄至无柄，3～9深裂或浅裂，末回裂片倒披针形，先端圆，表面绿色，干时变黑色，背面具白粉，纵脉在背面明显；茎生叶3～4，疏离互生于茎上部，最下部叶具较长的柄，上部叶具短柄至无柄，叶片轮廓近圆形或宽卵形，最下部叶长和宽5～6厘米，向上渐小，二至三回三出全裂，其他与基生叶相同。总状花序生于茎和分枝顶端，长6～13厘米，多花（15朵以上），下部疏离，上部密集；苞片最下部者3全裂，再次3浅裂，下部者3浅裂，中部以上者长圆形全缘；花梗纤细，劲直，下部者短于或等长于苞片，上部者等长于或长于苞片。萼片鳞片状，卵形或近圆形，直径约1毫米，边缘为不规则的齿缺；花瓣天蓝色或蓝紫色，上花瓣长2～2.5厘米，花瓣片舟状狭卵形，先端渐尖，背部无鸡冠状凸起，距圆筒形，略渐狭，末端圆，与花瓣片近等长，下花瓣匙形，长1.1～1.3厘米，爪略长于花瓣片，内花瓣提琴形，长0.9～1.1厘米；花瓣片长圆状卵形，具1侧生囊，爪条形，略长于花瓣片；雄蕊束长0.9～1.1厘米，花药极小，花丝条形，蜜腺体贯穿距的1/2；子房线形，长0.6～0.7厘米，胚珠多数，1行排列，花柱短于子房，柱头双卵形，具8个乳突。蒴果线形，长1.5～2.2厘米，粗1～1.5毫米，有多数种子，排成1列。种子近圆形，直径约1毫米，黑色，具光泽。花果期5～8月。

分布于四川西部，生于海拔1300～2700米的山坡水边或岩石边。保护区内见于英雄沟、野牛沟、巴朗山等中低海拔山区。

拍摄者：叶建飞（摄于巴朗山）

063 | 曲花紫堇

Corydalis curviflora Maxim. ex Hemsl.

罂粟科 Papaveraceae

拍摄者：叶建飞（摄于巴朗山）

草本，高7～50厘米，全株光滑无毛。茎1～4条，不分枝。基生叶少数，叶片3全裂，全裂片2～3深裂至全裂，裂片长圆形、线状长圆形或倒卵形；茎生叶1～4，疏离，互生，掌状全裂，裂片宽线形或狭倒披针形，背面具白粉。总状花序常顶生，有花10～15或更多；苞片狭卵形、狭披针形至宽线形，全缘。萼片小，不规则的撕裂至中部，常早落；花瓣淡蓝色、淡紫色或紫红色，上花瓣长1.2～1.4厘米，花瓣片舟状宽卵形，先端具短尖，背部鸡冠状凸起高0.5～1.5毫米，距圆筒形，粗壮，长5～6毫米，末端略渐狭并向上弯曲，下花瓣宽倒卵形，长0.7～0.9厘米，先端圆，具短尖，背部鸡冠状凸起较矮，内花瓣提琴形，长0.6～0.8厘米，具1侧生囊，爪宽线形，与花瓣片近等长；花药黄色，花丝淡绿色；花柱略长于子房，柱头2裂，具6个乳突。蒴果线状长圆形，成熟时自果梗先端反折，有种子4～7。花果期5～8月。

分布于四川、宁夏、甘肃西南部和青海东部至南部，生于海拔2400～4600米的山坡云杉林下、灌丛下或草丛中。保护区内见于巴朗山3200米以上的高山草甸。

064 | 多刺绿绒蒿

Meconopsis horridula Hook. f. et Thoms.　　　　　　罂粟科　Papaveraceae

　　一年生草本，全体被黄褐色或淡黄色坚硬而平展的刺。叶全部基生，叶片披针形，长5～12厘米，宽约1厘米，先端钝或急尖，基部渐狭而入叶柄，边缘全缘或波状，两面被黄褐色或淡黄色平展的刺；叶柄长0.5～3厘米。花葶5～12或更多，长10～20厘米，坚硬，绿色或蓝灰色，密被黄褐色平展的刺，有时花葶基部合生；花单生于花葶上，半下垂，直径2.5～4厘米；花芽近球形，直径约1厘米或更大；萼片外面被刺；花瓣5～8，有时4，宽倒卵形，长1.2～2厘米，宽约1厘米，蓝紫色；花丝丝状，长约1厘米，色比花瓣深，花药长圆形，稍旋扭；子房圆锥状，被黄褐色平伸或斜展的刺，花柱长6～7毫米，柱头圆锥状。蒴果倒卵形或椭圆状长圆形，稀宽卵形，长1.2～2.5厘米，被锈色或黄褐色、平展或反曲的刺，刺基部增粗，通常3～5瓣自顶端开裂至全长的1/4～1/3。花果期6～9月。

　　分布于甘肃西部、青海东部至南部、四川西部、西藏（广泛分布）。生于海拔3600～5100米的草坡。保护区内见于巴朗山海拔3800米以上的高山草甸及流石滩。

拍摄者：叶建飞（摄于巴朗山）

065 | 红花绿绒蒿

***Meconopsis punicea* Maxim.**

罂粟科　Papaveraceae

　　国家二级重点保护野生植物。多年生草本，高30～75厘米。叶全部基生，莲座状，叶片倒披针形或狭倒卵形，长3～18厘米，宽1～4厘米，先端急尖，基部渐狭，下延入叶柄，边缘全缘，两面密被淡黄色或棕褐色、具多短分枝的刚毛，纵脉明显；叶柄长6～34厘米，基部略扩大成鞘。花葶1～6，从莲座叶丛中生出，通常具肋，被棕黄色、具分枝且反折的刚毛；花单生于基生花葶上，下垂；花芽卵形；萼片卵形，长1.5～4厘米，外面密被淡黄色或棕褐色、具分枝的刚毛；花瓣4，有时6，椭圆形，长3～10厘米，宽1.5～5厘米，先端急尖或圆，深红色；花丝条形，长1～3厘米，宽2～2.5毫米，扁平，粉红色，花药长圆形，长3～4毫米，黄色；子房宽长圆形或卵形，长1～3厘米，密被淡黄色、具分枝的刚毛，花柱极短，柱头4～6圆裂。蒴果椭圆状长圆形，长1.8～2.5厘米，宽1～1.3厘米，无毛或密被淡黄色、具分枝的刚毛，4～6瓣自顶端微裂。花果期6～9月。

　　分布于四川西北部、西藏东北部、青海东南部和甘肃西南部。生于海拔2800～4300米的山坡草地和草甸。保护区内见于巴朗山海拔3600米以上的高山草甸及流石滩。

　　花、茎及果入药，有镇痛止咳、固涩、抗菌的功效，治遗精、白带、肝硬化。

拍摄者：叶建飞（摄于巴朗山）

066 | 荠

Capsella bursa-pastoris (L.) Medic.　　　　　十字花科　Cruciferae

　　草本，高7~50厘米。茎直立，单一或从下部分枝。基生叶丛生呈莲座状，大头羽状分裂，长可达12厘米，宽可达2.5厘米，顶裂片卵形至长圆形，长5~30毫米，宽2~20毫米，侧裂片3~8对，长圆形至卵形，长5~15毫米，顶端渐尖，浅裂，或有不规则粗锯齿或近全缘，叶柄长5~40毫米；茎生叶窄披针形或披针形，长5~6.5毫米，宽2~15毫米，基部箭形，抱茎，边缘有缺刻或锯齿。总状花序顶生及腋生，果期延长达20厘米；花梗长3~8毫米；萼片长圆形，长1.5~2毫米；花瓣白色，卵形，长2~3毫米，有短爪；花柱长约0.5毫米。短角果倒三角形或倒心状三角形，长5~8毫米，宽4~7毫米，扁平，顶端微凹，裂瓣具网脉，果梗长5~15毫米；种子2行，长椭圆形，长约1毫米。花果期4~6月。

　　分布几遍全国。生于海拔300~2000米的山坡、田边及路旁。保护区内在海拔1500米以下山区常见。

　　全草入药，有利尿、止血、清热、明目、消积功效；茎叶作蔬菜食用。

拍摄者：叶建飞（摄于卧龙镇周边田埂）

067 | 碎米荠

Cardamine hirsuta L.

十字花科　Cruciferae

　　一年生草本，高15～35厘米。茎直立或斜升，下部有时淡紫色，被较密柔毛，上部毛渐少。基生叶具叶柄，有小叶2～5对，顶生小叶肾形或肾圆形，长4～10毫米，宽5～13毫米，边缘有3～5圆齿，侧生小叶卵形或圆形，较顶生的形小，基部楔形而两侧稍歪斜，边缘有2～3圆齿；茎生叶具短柄，有小叶3～6对，生于茎下部的与基生叶相似，生于茎上部的顶生小叶菱状长卵形，顶端3齿裂，侧生小叶长卵形至线形，多数全缘；全部小叶两面稍有毛。总状花序生于枝顶，花小，直径约3毫米，花梗纤细，长2.5～4毫米；萼片绿色或淡紫色，长椭圆形，长约2毫米，边缘膜质，外面有疏毛；花瓣白色，倒卵形，长3～5毫米，顶端钝，向基部渐狭；花丝稍扩大；雌蕊柱状，花柱极短，柱头扁球形。长角果线形，稍扁，无毛，长达30毫米，果梗纤细，直立开展，长4～12毫米；种子椭圆形，宽约1毫米，顶端有的具明显的翅。花期2～4月，果期4～6月。

　　分布几遍全国。多生于海拔1000米以下的山坡、路旁、荒地及耕地的草丛中。保护区内见于耿达和三江等低海拔山区。

　　全草可作野菜食用；也供药用，能清热祛湿。

拍摄者：叶建飞（摄于卧龙镇周边田埂）

068 | 紫花碎米荠

***Cardamine tangutorum* O. E. Schulz.**　　　十字花科　Cruciferae

多年生草本，高15~50厘米。茎单一，不分枝，表面具沟棱，下部无毛，上部有少数柔毛。基生叶有长叶柄，小叶3~5对，顶生小叶与侧生小叶的形态和大小相似，长椭圆形，长1.5~5厘米，宽5~20毫米，顶端短尖，边缘具钝齿，基部呈楔形或阔楔形，无小叶柄，两面与边缘有少数短毛；茎生叶通常只有3枚，着生于茎的中、上部，有叶柄，长1~4厘米，小叶3~5对，与基生叶相似，但较狭小。总状花序有十几朵花，花梗长10~15毫米；外轮萼片长圆形，内轮萼片长椭圆形，基部囊状，长5~7毫米，边缘白色膜质，外面带紫红色，有少数柔毛；花瓣紫红色或淡紫色，倒卵状楔形，长8~15毫米，顶端截形，基部渐狭成爪；花丝扁而扩大、花药狭卵形；雌蕊柱状，无毛，花柱与子房近于等粗，柱头不显著。长角果线形，扁平，长3~3.5厘米，宽约2毫米，基部具长约1毫米的子房柄，果梗直立，长15~20毫米；种子长椭圆，长2.5~3毫米，宽约1毫米，褐色。花期5~7月，果期6~8月。

拍摄者：叶建飞、朱大海（摄于巴朗山）

分布于河北、山西、陕西、甘肃、青海、四川、云南及西藏东部。生于海拔2100~4400米的高山草地及林下阴湿处。保护区内见于巴朗山、牛尾沟、梯子沟等中高海拔山区。

全草食用；也供药用，清热利湿，并可治黄水疮；花治筋骨疼痛。

069 | 高河菜

Megacarpaea delavayi Franch.

十字花科 Cruciferae

多年生草本，高30～70厘米。茎直立，分枝，有短柔毛。羽状复叶，基生叶及茎下部叶具柄，长2～5厘米，中部叶及上部叶抱茎，外形长圆状披针形，长6～10厘米，两面有极短糙毛，小叶5～7对，远离或接近，卵形或卵状披针形，长1.5～2厘米，宽5～10毫米，无柄，顶端急尖，基部圆形，边缘有不整齐锯齿或羽状深裂，下面和叶轴有长柔毛。总状花序顶生，呈圆锥花序状，总花梗及花梗均有柔毛；花粉红色或紫色，直径6～10毫米；萼片卵形，长3～4毫米，深紫色，顶端圆形，无毛或稍有柔毛；花瓣倒卵形，长6～8毫米，顶端圆形，常有3齿，基部渐窄成爪；雄蕊6，近等长，几不外伸，花丝下部稍扩展。短角果顶端2深裂，裂瓣歪倒卵形，长10～14毫米，宽7～10毫米，黄绿带紫色，偏平，翅宽1～2毫米，果梗粗，长7～10毫米，下弯或伸展，有长柔毛；种子卵形，长约5毫米，棕色。花期6～7月，果期8～9月。

分布于甘肃、四川、云南。生于海拔3400～3800米的高山草原。保护区内见于巴朗山贝母坪以上高海拔山区。

全草药用，有清热作用。

拍摄者：叶建飞（摄于巴朗山）

070 | 小丛红景天

Rhodiola dumulosa (Franch.) S. H. Fu   景天科 Crassulaceae

多年生草本。根颈粗壮，分枝，地上部分常被有残留的老枝。叶互生，线形至宽线形，长7～10毫米，宽1～2毫米，先端稍急尖，基部无柄，全缘。花茎聚生主轴顶端，长5～28厘米，直立或弯曲，不分枝；花序聚伞状，有花4～7；萼片5，线状披针形，长4毫米，宽0.7～0.9毫米，先端渐尖，基部宽；花瓣5，白或红色，披针状长圆形，直立，长8～11毫米，宽2.3～2.8毫米，先端渐尖，有较长的短尖，边缘平直，或多少呈流苏状；雄蕊10，较花瓣短，对萼片的长7毫米，对花瓣的长3毫米，着生花瓣基部上3毫米处；鳞片5，横长方形，长0.4毫米，宽0.8～1毫米，先端微缺；心皮5，卵状长圆形，直立，长6～9毫米，基部1～1.5毫米合生。种子长圆形，长1.2毫米，有微乳头状凸起，有狭翅。花期6～7月，果期8月。

产于四川西北部、青海、甘肃、陕西、湖北、山西、河北、内蒙古、吉林。生于海拔1600～3900米的山坡石上。保护区内主要分布于巴朗山。

根颈药用，有补肾、养心安神、调经活血、明目之效。

拍摄者：叶建飞（摄于巴朗山高山流石滩）

071 | 长鞭红景天

Rhodiola fastigiata (H. K. f. et Thoms.) S. H. Fu

景天科 Crassulaceae

多年生草本。根颈长达50厘米以上，不分枝或少分枝，每年伸出达1.5厘米，直径1~1.5厘米，老的花茎脱落，或有少数宿存的，基部鳞片三角形。花茎4~10，着生主轴顶端，长8~20厘米，粗1.2~2毫米，叶密生。叶互生，线状长圆形、线状披针形、椭圆形至倒披针形，长8~12毫米，宽1~4毫米，先端钝，基部无柄，全缘，或有微乳头状凸起。花序伞房状，长1厘米，宽2厘米；雌雄异株；花密生；萼片5，线形或长三角形，长3毫米，钝；花瓣5，红色，长圆状披针形，长5毫米，宽1.3毫米，钝；雄蕊10，长达5毫米，对瓣的着生基部上1毫米处；鳞片5，横长方形，长0.5毫米，宽1毫米，先端有微缺；心皮5，披针形，直立，花柱长。蓇葖长7~8毫米，直立，先端稍向外弯。花期6~8月，果期9月。

产于西藏、云南、四川。生于海拔2500~5400米的山坡石上。保护区内见于巴朗山海拔3800米以上的高山草甸和流石滩。

拍摄者：叶建飞（摄于巴朗山高山流石滩）

072 | 垂盆草

Sedum sarmentosum Bunge　　　　景天科　Crassulaceae

多年生草本。不育枝及花茎细，匍匐而节上生根，直到花序之下，长10～25厘米。3叶轮生，叶倒披针形至长圆形，长15～28毫米，宽3～7毫米，先端近急尖，基部急狭，有距。聚伞花序，有3～5分枝，花少，宽5～6厘米；花无梗；萼片5，披针形至长圆形，长3.5～5毫米，先端钝，基部无距；花瓣5，黄色，披针形至长圆形，长5～8毫米，先端有稍长的短尖；雄蕊10，较花瓣短；鳞片10，楔状四方形，长0.5毫米，先端稍有微缺；心皮5，长圆形，长5～6毫米，略叉开，有长花柱。种子卵形，长0.5毫米。花期5～7月，果期8月。

产于福建、贵州、四川、湖北、湖南、江西、安徽、浙江、江苏、甘肃、陕西、河南、山东、山西、河北、辽宁、吉林、北京。生于海拔1600米以下的山坡阳处或石上。保护区内见于英雄沟沟口及耿达镇周边中低海拔山区。

全草药用，能清热解毒。

拍摄者：朱淑霞（摄于花红树沟沟口）

073 | 肾叶金腰

Chrysosplenium griffithii Hook. f.
et Thoms.

虎耳草科　Saxifragaceae

　　多年生草本，高8.5～32.7厘米，丛生。无基生叶，或仅具1枚，叶片肾形，长0.7～3厘米，宽1.2～4.6厘米，7～19浅裂，叶柄长7.3～8.7厘米；茎生叶互生，叶片肾形，长2.3～5厘米，宽3.2～6.5厘米，11～15浅裂，叶柄长3～5厘米，叶腋具褐色乳头凸起和柔毛。聚伞花序长3.8～10厘米，具多花；苞片肾形、扇形、阔卵形至近圆形，长0.3～3厘米，宽0.36～4.3厘米，3～12浅裂，柄长0.8～1.5厘米；花梗长0.25～1.1厘米；花黄色，直径4.2～4.6毫米；萼片在花期开展，近圆形至菱状阔卵形，长1.3～2.6毫米，宽1.5～3毫米，通常全缘，稀具不规则齿；雄蕊8，花丝极短；子房半下位，花盘8裂。蒴果长约3毫米，先端近平截而微凹，2果瓣近等大，近水平状叉开；种子黑褐色，卵球形。花果期5～9月。

　　产于陕西、甘肃、四川、云南和西藏。生于海拔2500～4800米的林下、林缘、高山草甸和高山碎石隙。保护区内主要见于巴朗山高山草甸。

拍摄者：叶建飞（摄于巴朗山高山流石滩）

074 | 长叶溲疏

Deutzia longifolia Franch.

虎耳草科　Saxifragaceae

　　灌木。老枝圆柱形，褐色，无毛，表皮常片状脱落。叶近革质或厚纸质，披针形、椭圆状披针形，长5～11厘米，宽1.5～4厘米，先端渐尖或短渐尖，基部楔形或阔楔形，边缘具细锯齿，上面绿色，疏被4～7辐线星状毛，下面灰白色，密被8～12辐线星状毛，侧脉每边4～6条。聚伞花序长3～8厘米，直径4.5～6厘米，展开，具花9～20；花梗长3～12毫米；萼筒杯状，高约4.5毫米，密被灰白色12～14辐线星状毛，裂片革质，披针形或长圆状披针形，约与萼筒等长或稍长，具1～3脉，被毛较稀疏；花瓣紫红色或粉红色，椭圆形或倒卵状椭圆形，长10～13毫米，宽6～8毫米，外面疏被星状毛，花蕾时内向镊合状排列；外轮雄蕊长5～9毫米，花丝先端2齿，齿长达花药或超过，花药长圆形，具短柄，内轮雄蕊长4～7毫米，先端钝或具2～3不等浅裂，花药从花丝内侧近中部伸出；花柱3～6，与雄蕊近等长。蒴果近球形，直径约5毫米，褐色，具宿存萼裂片外弯。花期6～8月，果期9～11月。

　　分布于甘肃（武都）、四川、贵州和云南东北部。生于海拔1800～3200米的山坡林下灌丛中。保护区内在海拔3000米以下周边山区常见。

拍摄者：马永红（摄于卧龙镇喇嘛庙周边山坡）

075 | 蜡莲绣球

***Hydrangea strigosa* Rehd.**　　　　　　　虎耳草科　Saxifragaceae

　　灌木，高1~3米。小枝圆柱形或微具四钝棱，密被糙伏毛，无皮孔，树皮常呈薄片状剥落。叶纸质，长圆形、卵状披针形，长8~28厘米，宽2~10厘米，先端渐尖，基部楔形或圆形，边缘有具硬尖头的小齿或小锯齿；叶柄长1~7厘米，被糙伏毛。伞房状聚伞花序大，直径达28厘米，顶端稍拱，分枝扩展，密被灰白色糙伏毛；不育花萼片4~5，阔卵形、阔椭圆形或近圆形，结果时长1.3~2.7厘米，宽1.1~2.5厘米，先端钝头渐尖或近截平，基部具爪，边全缘或具数齿，白色或淡紫红色；孕性花淡紫红色，萼筒钟状，长约2毫米，萼齿三角形，长约0.5毫米；花瓣长卵形，长2~2.5毫米，早落；子房下位，花柱2。蒴果坛状，不连花柱长和宽3~3.5毫米，顶端截平，基部圆；种子具纵脉纹，两端具翅，先端的翅宽而扁平，基部的收狭呈短柄状。花期7~8月，果期11~12月。

　　产于陕西、四川、云南、贵州、湖北和湖南。生于海拔500~1800米的山谷密林或山坡路旁疏林或灌丛中。保护区内在海拔1800米以下山区常见。

拍摄者：叶建飞（摄于卧龙镇瞭望台周边山坡）

076 | 短柱梅花草

Parnassia brevistyla (Brieg.) Hand.-Mazz.　　虎耳草科　Saxifragaceae

多年生草本，高11~23厘米。基生叶2~4，具长柄；叶片卵状心形或卵形，长1.8~2.5厘米，宽1.5~3.5厘米，先端急尖，基部弯缺甚深呈深心形，全缘；叶柄长3~9厘米，扁平。茎生叶1，与基生叶同形，通常较小，无柄半抱茎。花单生于茎顶，直径1.8~3（~5）厘米；萼筒浅，萼片长圆形、卵形或倒卵形，长4~6毫米，宽3~4毫米；花瓣白色，宽倒卵形或长圆倒卵形，长1~1.5（~2.5）厘米，宽5~10毫米，先端圆，基部渐窄，具长约1.8~4毫米之爪，边缘呈浅而不规则啮蚀状，或具短流苏；雄蕊5，花丝长约5毫米，花药顶生，药隔连合并伸长呈匕首状；退化雄蕊5，长2.5~4毫米，具长约2毫米、宽约1.5毫米之柄，头部宽约4.5毫米，先端浅3裂，中间裂片常窄；子房卵球形，柱头3裂，裂片短。蒴果倒卵球形，各角略加厚。花期7~8月，果期9月开始。

产于四川西部和北部、西藏东北部、云南西北部和甘肃、陕西南部。生于海拔2800~4400米的山坡阴湿的林下和林缘、云杉林间空地、山顶草坡下或河滩草地。保护区内主要分布于巴朗山。

拍摄者：舒渝民、叶建飞（摄于巴朗山）

077 | 突隔梅花草

***Parnassia delavayi* Franch.**

虎耳草科　Saxifragaceae

　　多年生草本，高12～35厘米。根状茎形状多样。基生叶3～7，叶片肾形或近圆形，长2～4厘米，宽2.5～4.5厘米，先端圆，带凸起圆头或急尖头，全缘；叶柄长3～16厘米，扁平，两侧有窄膜。茎不分枝，具1茎生叶，与基生叶同形，常在其基部有2～3条铁锈色附属物，无柄半抱茎。花单生于茎顶，直径3～3.5厘米；萼筒倒圆锥形，萼片长圆形、卵形或倒卵形，长6～8毫米，宽4～6毫米，全缘；花瓣白色，长圆倒卵形，长1～2.5厘米，宽6～9毫米，先端圆或急尖，基部渐窄成长约5毫米之爪，爪上半部有短而疏流苏状毛；雄蕊5，药隔连合伸长，呈匕首状，长可达5毫米；退化雄蕊5，长3.5～4毫米，先端3裂，裂片长1.5～1.8毫米，偶达中裂，中间裂片比两侧裂片窄，偶有顶端带球状趋势者；子房上位，柱头3裂。蒴果3裂；种子多数，褐色，有光泽。花期7～8月，果期9月开始。

　　产于湖北、陕西、甘肃、四川和云南。生于海拔1800～3800米的溪边疏林中、冷杉林和杂木林下，以及草滩湿处和碎石坡上。保护区内主要分布于巴朗山。

拍摄者：朱淑霞〔摄于巴朗山〕

078 | 三脉梅花草

Parnassia trinervis Drude

虎耳草科　Saxifragaceae

多年生草本，高7~20厘米。根状茎不规则。基生叶3~9，具柄；叶片长圆形、长圆状披针形或卵状长圆形，长8~15毫米，宽5~12毫米，先端急尖，基部微心形、截形或下延而连于叶柄；叶柄长8~15毫米，稀达4厘米。茎1至多条，近基部具单个茎生叶，茎生叶与基生叶同形，但较小，无柄半抱茎。花单生于茎顶，直径约1厘米；萼筒管漏斗状；萼片披针形或长圆披针形，长约4毫米，宽约1.5毫米，全缘；花瓣白色，倒披针形，长约7.8毫米，宽约2毫米，先端圆，基部楔形下延成长约1.5毫米之爪，边全缘，有明显3条脉；雄蕊5，花药较大，椭圆形，顶生；退化雄蕊5，长约2.5毫米，具长约1毫米、宽约0.7毫米之柄，头部宽约1.3毫米，先端1/3浅裂，裂片短棒状；子房半下位，花柱极短，柱头3裂。蒴果3裂。花期7~8月，果期9月开始。

产于甘肃、青海、云南、陕西、四川和西藏。生于海拔3100~4500米的山谷潮湿地、沼泽草甸或河滩上。

拍摄者：叶建飞（摄于巴朗山高山草甸）

079 | 山梅花

Philadelphus incanus Koehne   虎耳草科　Saxifragaceae

拍摄者：马永红（摄于卧龙镇周边山坡）

灌木，高1.5～3.5米。二年生小枝灰褐色，表皮呈片状脱落；当年生小枝浅褐色或紫红色，被微柔毛或有时无毛。叶卵形或阔卵形，长6～12.5厘米，宽8～10厘米，先端急尖，基部圆形，花枝上叶较小，卵形、椭圆形至卵状披针形，长4～8.5厘米，宽3.5～6厘米，先端渐尖，基部阔楔形或近圆形，边缘具疏锯齿，上面被刚毛，下面密被白色长粗毛，叶脉离基出3～5条；叶柄长5～10毫米。总状花序有花5～7（～11），下部的分枝有时具叶；花序轴长5～7厘米，疏被长柔毛或无毛；花梗长5～10毫米，上部密被白色长柔毛；花萼外面密被紧贴糙伏毛，萼筒钟形，裂片卵形，长约5毫米，宽约3.5毫米，先端骤渐尖；花冠盘状，直径2.5～3厘米；花瓣白色，卵形或近圆形，基部急收狭，长13～15毫米，宽8～13毫米；雄蕊30～35，最长的长达10毫米；花盘无毛；花柱长约5毫米，无毛，近先端稍分裂，柱头棒形，长约1.5毫米，较花药小。蒴果倒卵形，长7～9毫米，直径4～7毫米；种子长1.5～2.5毫米，具短尾。花期5～6月，果期7～8月。

分布于山西、陕西、甘肃、河南、湖北、安徽和四川。生于海拔1200～1700米的林缘灌丛中。欧美各地的一些植物园有引种栽培。模式标本采自湖北宜昌。保护区内见于卧龙镇、正河、三江等周边中低海拔山区。

080 | 冰川茶藨子

Ribes glaciale Wall.

虎耳草科　Saxifragaceae

　　落叶灌木，高2~5米。小枝深褐灰色或棕灰色，皮长条状剥落，嫩枝红褐色。叶长卵圆形，稀近圆形，长3~5厘米，宽2~4厘米，基部圆形或近截形，掌状3~5裂，顶生裂片三角状长卵圆形，比侧生裂片长2~3倍，侧生裂片卵圆形，边缘具粗大单锯齿，有时混生少数重锯齿；叶柄长1~2厘米。花单性，雌雄异株，组成直立总状花序；雄花序长2~5厘米，具花10~30；雌花序短，长1~3厘米，具花4~10；花序轴和花梗具短柔毛和短腺毛；花梗长2~4毫米；苞片卵状披针形或长圆状披针形，长3~5毫米，宽1~1.5毫米；花萼近辐状，褐红色；萼筒浅杯形，长1~2毫米，宽大于长；萼片卵圆形或舌形，长1~2.5毫米，宽0.7~1.3毫米，直立；花瓣近扇形或楔状匙形，短于萼片，先端圆钝；雄蕊花丝红色，花药紫红色或紫褐色；雌花的雄蕊退化，长约0.4毫米；子房倒卵状长圆形，雄花中子房退化；花柱先端2裂。果实近球形或倒卵状球形，红色。花期4~6月，果期7~9月。

　　产于陕西、甘肃、河南、湖北、四川、贵州、云南、西藏。生于海拔900~3000米的山坡或山谷丛林及林缘或岩石缝隙中。保护区内在海拔3000米以下山区较为常见。

拍摄者：朱淑霞

081 | 宝兴茶藨子

***Ribes moupinense* Franch.**

虎耳草科 Saxifragaceae

　　落叶灌木，高2～5米。小枝暗紫褐色，皮稍呈长条状纵裂或不裂。叶卵圆形或宽三角状卵圆形，长5～9厘米，宽几与长相似，基部心形，稀近截形，常3～5裂，裂片三角状长卵圆形或长三角形，边缘具不规则的尖锐单锯齿和重锯齿；叶柄长5～10厘米。花两性，开花时直径4～6毫米；总状花序长5～12厘米，下垂，具9～25朵疏松排列的花；花序轴具短柔毛；花梗极短，稀稍长；苞片宽卵圆形或近圆形，长1.5～2毫米，宽几与长相似，全缘或稍具小齿；花萼绿色而有红晕；萼筒钟形，长2.5～4毫米，宽稍大于长；萼片卵圆形或舌形，长2～3.5毫米，宽1.5～2.2毫米，直立；花瓣倒三角状扇形，长1～1.8毫米，宽短于长，下部无突出体；雄蕊几与花瓣等长；子房无毛；花柱先端2裂。果实球形，几无梗，直径5～7毫米，黑色。花期5～6月，果期7～8月。

　　产于陕西、甘肃、安徽、湖北、四川、贵州、云南。生于海拔1400～3100米的山坡路边杂木林下、岩石坡地及山谷林下。保护区内在海拔3000米以下山区较为常见。

拍摄者：朱淑霞

082 | 七叶鬼灯檠

Rodgersia aesculifolia Batalin

虎耳草科 Saxifragaceae

多年生草本，高0.8～1.2米。根状茎横生。茎具棱，近无毛。掌状复叶具长柄，柄长15～40厘米，基部扩大呈鞘状，具长柔毛；小叶片5～7，草质，倒卵形至倒披针形，长7.5～30厘米，宽2.7～12厘米，边缘具重锯齿，背面沿脉具长柔毛。多歧聚伞花序圆锥状，长约26厘米，花序轴和花梗均被白色膜片状毛；花梗长0.5～1毫米；萼片5，开展，近三角形，长1.5～2毫米，宽约1.8毫米，先端短渐尖；雄蕊长1.2～2.6毫米；子房近上位，花柱2，长0.8～1毫米。蒴果卵形，具喙；种子多数，褐色，纺锤形，微扁，长1.8～2毫米。花果期5～10月。

产于陕西、宁夏、甘肃、河南、湖北、四川和云南。生于海拔1100～3400米的林下、灌丛、草甸和石隙。保护区内在海拔3000米以下的山区较为常见。

拍摄者：叶建飞（摄于英雄沟）

083 | 黑蕊虎耳草

***Saxifraga melanocentra* Franch.**

虎耳草科 Saxifragaceae

多年生草本，高3.5～22厘米。叶均基生，具柄，叶片卵形、菱状卵形、阔卵形、狭卵形至长圆形，长0.8～4厘米，宽0.7～1.9厘米，先端急尖或稍钝，边缘具圆齿状锯齿和腺睫毛，或无毛，基部楔形，两面疏生柔毛或无毛；叶柄长0.7～3.6厘米，疏生柔毛。花葶被卷曲腺柔毛；苞叶卵形、椭圆形至长圆形，长5～15毫米，宽1.1～11毫米，先端急尖，全缘或具齿，基部楔形，两面无毛或疏生柔毛。聚伞花序伞房状，长1.5～8.5厘米，具2～17花；稀单花；萼片三角状卵形至狭卵形，先端钝或渐尖，无毛或疏生柔毛，具3～8脉于先端汇合成一疣点；花瓣白色，稀红色至紫红色，基部具2黄色斑点，或基部红色至紫红色，阔卵形、卵形至椭圆形，长3～6毫米，宽2～5毫米，先端钝或微凹，基部狭缩成长0.5～1毫米之爪，3～14脉；雄蕊长2.2～5.5毫米，花药黑色，花丝钻形；花盘环形；2心皮黑紫色，中下部合生；子房阔卵球形，长2.8～4毫米，花柱2，长0.5～3毫米。花果期7～9月。

产于陕西（太白山）、甘肃南部、青海、四川西部、云南西北部。生于海拔3000～5300米的高山灌丛、高山草甸和高山碎石隙。保护区内见于巴朗山高山流石滩。

花和枝叶入药，无毒。补血、散瘀、治眼病。

摄者：叶建飞（摄于巴朗山高山流石滩）

084 | 山地虎耳草

Saxifraga montana H. Smith   虎耳草科 Saxifragaceae

多年生草本，丛生，高4.5~35厘米。茎疏被褐色卷曲柔毛。基生叶发达，具柄，叶片椭圆形、长圆形至线状长圆形，长0.5~3.4厘米，宽1.5~5.5毫米，先端钝或急尖，无毛，叶柄长0.7~4.5厘米，基部扩大，边缘具褐色卷曲长柔毛；茎生叶披针形至线形，长0.9~2.5厘米，宽1.5~5.5毫米，两面无毛或背面和边缘疏生褐色长柔毛，下部者具短柄，上部者变无柄。聚伞花序，具花2~8，稀单花；花梗长0.4~1.8厘米，被褐色卷曲柔毛；萼片在花期直立，近卵形至近椭圆形，先端钝圆，腹面无毛，背面有时疏生柔毛，边缘具卷曲长柔毛，5~8脉于先端不汇合；花瓣黄色，倒卵形、椭圆形、长圆形、提琴形至狭倒卵形，长8~12.5毫米，宽3.3~6.9毫米，先端钝圆或急尖，基部具0.2~0.9毫米之爪，5~15脉，基部侧脉旁具2痂体；雄蕊长4~6毫米，花丝钻形；子房近上位，长3.3~5毫米，花柱2，长1.1~2.5毫米。花果期5~10月。

产于陕西（太白山）、甘肃南部、青海、四川西部、云南西北部及西藏东部和南部。生于海拔2700~5300米的灌丛、高山草甸、高山沼泽化草甸和高山碎石隙。保护区内见于巴朗山高山草甸。

花入药，治头痛、神经痛等。

拍摄者：叶建飞（摄于巴朗山高山草甸）

085 | 顶峰虎耳草

Saxifraga cacuminum H. Smith   虎耳草科 Saxifragaceae

　　多年生草本，密丛生。茎被黑褐色腺毛。基生叶密集，具柄，叶片狭长圆状线形，长5～10毫米，宽0.9～1.1毫米，先端具芒，腹面和边缘具硬毛，背面无毛，叶柄长4～5毫米，基部扩大，边缘具长腺毛；茎生叶，下部者具柄，上部者变无柄，狭长圆状线形，长8～12毫米，宽1～1.2毫米，先端具芒，两面和边缘均生腺毛。花单生于茎顶；花梗长18～20毫米，被黑褐色腺毛；萼片在花期开展，三角状卵形，长3.3～3.7毫米，宽1.8～2毫米，腹面和边缘无毛，背面被腺毛，3脉于先端不汇合；花瓣黄色，长圆形，长6.1～6.2毫米，宽2～2.7毫米，先端急尖或稍钝，基部具长约0.5毫米之爪，3脉，具2痂体；雄蕊长约4.9毫米，花丝钻形；子房半下位，卵球形，花柱叉开。花期7～8月。

　　分布于四川西部。生于海拔4700～5200米的高山草甸。保护区内见于巴朗山海拔4300米以上的高山草甸和流石滩。

拍摄者：朱淑霞

086 | 垂头虎耳草

***Saxifraga nigroglandulifera* Balakr.**　　　　虎耳草科　Saxifragaceae

多年生草本，高5～36厘米。茎不分枝，被黑褐色短腺毛。基生叶具柄，叶片阔椭圆形、椭圆形、卵形至近长圆形，长1.5～4厘米，宽1～1.65厘米，先端钝或急尖，边缘疏生褐色卷曲长腺毛，叶柄长1.8～6厘米；茎生叶，下部者具长柄，向上渐变无柄，叶片披针形至长圆形，长1.3～7.5厘米，宽0.3～2.2厘米。聚伞花序总状，长2～12.5厘米，具花2～14；花通常垂头，多偏向一侧；花梗长5～6毫米，密被黑褐色腺毛；萼片三角状卵形、卵形至披针形，长3.5～5.4毫米，宽1.4～3毫米；花瓣黄色，近匙形至狭倒卵形，长7.4～9.6毫米，宽2.5～3毫米；雄蕊长4～7毫米，花丝钻形；子房半下位，长2～4.8毫米，花柱长1.2～1.4毫米。花果期7～10月。

产于四川西部、云南西北部和西藏南部。生于海拔2700～5350米的林下、林缘、高山灌丛、高山灌丛草甸、高山草甸和高山湖畔。保护区内主要分布于巴朗山。

拍摄者：叶建飞（摄于巴朗山）

087 | 繁缕虎耳草

***Saxifraga stellariifolia* Franch.**　　　　　　虎耳草科　Saxifragaceae

　　多年生草本，丛生，高7~34.5厘米。茎被褐色卷曲长腺毛。基生叶和下部茎生叶在花期枯凋；中上部茎生叶具柄，卵形，长3~12毫米，宽1.9~7毫米，先端急尖或稍钝，基部通常圆形，叶柄长0.2~1厘米，基部边缘具褐色长腺毛。花单生于茎顶，或聚伞花序伞房状，长1~2.5厘米，具2~6花；花梗长0.2~1.2厘米，被褐色腺柔毛；萼片在花期开展至反曲，近椭圆形至卵形，长2.9~4.5毫米，宽2~2.5毫米，3~5脉于先端不汇合；花瓣黄色，卵形至椭圆形，长5~8毫米，宽3~3.6毫米，先端急尖或钝圆，基部狭缩成长0.6~1.1毫米之爪，侧脉旁具4~6痂体；雄蕊花丝钻形；子房近上位，卵球形，花柱2。种子卵球形，长约1毫米。花果期7~9月。

　　产于四川西部和云南西北部。生于海拔3000~4300米的林下和高山草甸。保护区内主要分布于巴朗山高山草甸。

拍摄者：朱淑霞（摄于巴朗山）

088 | 唐古特虎耳草

***Saxifraga tangutica* Engl.**　　　　　虎耳草科　Saxifragaceae

多年生草本，高3.5～31厘米，丛生。茎被褐色卷曲长柔毛。基生叶具柄，叶片卵形、披针形至长圆形，长6～33毫米，宽3～8毫米，先端钝或急尖，叶柄长1.7～2.5厘米；茎生叶，下部者具长2～5.2毫米之柄，上部者变无柄，叶片披针形、长圆形至狭长圆形，长7～17毫米，宽2.3～6.5毫米。多歧聚伞花序长1～7.5厘米，有花（2～)8～24；花梗密被褐色卷曲长柔毛；萼片在花期由直立变开展至反曲，卵形、椭圆形至狭卵形，长1.7～3.3毫米，宽1～2.2毫米，3～5脉于先端不汇合；花瓣黄色，或腹面黄色而背面紫红色，卵形、椭圆形至狭卵形，长2.5～4.5毫米，宽1.1～2.5毫米，先端钝，基部具爪，具2痂体；雄蕊长约2毫米，花丝钻形；子房近下位，周围具环状花盘，花柱长约1毫米。花果期6～10月。

产于甘肃、青海、四川及西藏。生于海拔2900～5600米的林下、灌丛、高山草甸和高山碎石隙。保护区内主要分布于巴朗山高山草甸。

全草入药，清热退烧，治食欲不振、肝病及胆病等。

拍摄者：朱淑霞（摄于巴朗山）

089 | 钻地风

Schizophragma integrifolium Oliv.　　　　虎耳草科　Saxifragaceae

　　木质藤本或藤状灌木。小枝具细条纹。叶纸质，椭圆形或长椭圆形或阔卵形，长8~20厘米，宽3.5~12.5厘米，先端渐尖或急尖，具狭长或阔短尖头，基部阔楔形、圆形至浅心形，边全缘或上部具小齿，下面脉腋间常具髯毛；叶柄长2~9厘米。伞房状聚伞花序密被褐色紧贴短柔毛，结果时毛渐稀少；不育花萼片单生或偶有2~3片聚生于花柄上，卵状披针形、披针形或阔椭圆形，结果时长3~7厘米，宽2~5厘米，黄白色；孕性花萼筒陀螺状，长1.5~2毫米，宽1~1.5毫米，萼齿三角形，长约0.5毫米；花瓣长卵形，长2~3毫米，先端钝；子房近下位。蒴果钟状或陀螺状，较小；种子连翅轮廓纺锤形或近纺锤形，扁，两端翅近相等。花期6~7月，果期10~11月。

　　产于四川、云南、贵州、广西、广东、海南、湖南、湖北、江西、福建、江苏、浙江、安徽等地。生于海拔200~2000米的山谷、山坡密林或疏林中，常攀缘于岩石或乔木上。保护区内见于卧龙镇至耿达及三江周边中低海拔山区。

拍摄者：朱大海

090 | 黄水枝

Tiarella polyphylla D. Don
虎耳草科　Saxifragaceae

多年生草本，高20～45厘米。根状茎横走。茎不分枝，密被腺毛。基生叶具长柄，叶片心形，长2～8厘米，宽2.5～10厘米，先端急尖，基部心形，掌状3～5浅裂，边缘具不规则浅齿，两面密被腺毛，叶柄长2～12厘米，基部扩大呈鞘状，托叶褐色；茎生叶通常2～3，与基生叶同型，叶柄较短。总状花序长8～25厘米，密被腺毛；花梗长达1厘米；萼片在花期直立，卵形，长约1.5毫米，宽约0.8毫米，先端稍渐尖，背面和边缘具短腺毛；无花瓣；雄蕊长约2.5毫米，花丝钻形；心皮2，不等大，下部合生，子房近上位，花柱2。蒴果长7～12毫米；种子黑褐色，椭圆球形。花果期4～11月。

广布种。生于海拔900～3800米的林下、灌丛和阴湿地。保护区内常见。

全草入药，清热解毒，活血祛瘀，消肿止痛；主治痈疖肿毒、跌打损伤及咳嗽气喘等。

拍摄者：朱淑霞

091 | 龙芽草

Agrimonia pilosa Ldb.

蔷薇科　Rosaceae

　　多年生草本。根多呈块茎状。茎高30～120厘米，被疏柔毛及短柔毛。叶为间断奇数羽状复叶，通常有小叶3～4对，向上减少至3小叶；小叶片常无柄，倒卵形或倒卵披针形，上面被疏柔毛，下面通常脉上伏生疏柔毛，有显著腺点；托叶镰形，边缘有尖锐锯齿或裂片，茎下部托叶有时卵状披针形，常全缘。总状花序顶生，轴和花梗被柔毛；苞片通常深3裂，裂片带形，小苞片对生，卵形，全缘或边缘分裂；花直径6～9毫米；萼片5，三角卵形；花瓣黄色，长圆形；雄蕊5～8（～15）；花柱2。果实倒卵圆锥形，外面有10条肋，被疏柔毛，顶端有数层钩刺，幼时直立，成熟时靠合，连钩刺长7～8毫米，最宽处直径3～4毫米。花果期5～12月。

　　产于河北、山西、陕西、甘肃、河南、山东、江苏、安徽、浙江、江西、湖北、湖南、广东、广西、贵州、四川、云南、西藏。常生于海拔100～3800米的溪边、路旁、草地、灌丛、林缘及疏林下。保护区内海拔3200米以下广泛分布。

拍摄者：马永红、朱淑霞（摄于卧龙镇周边山坡）

092 | 泡叶栒子

Cotoneaster bullatus Bois

蔷薇科　Rosaceae

落叶灌木。小枝粗壮，圆柱形，灰黑色，幼嫩时被糙伏毛。叶片长圆卵形或椭圆卵形，长3.5~7厘米，宽2~4厘米，先端渐尖，有时急尖，基部楔形或圆形，全缘，上面有明显皱纹并呈泡状隆起，无毛或微具柔毛，下面具疏生柔毛，沿叶脉毛较密，有时近无毛；叶柄长3~6毫米，具柔毛；托叶披针形，有柔毛，早落。聚伞花序，有花5~13，总花梗和花梗均具柔毛；花梗长1~3毫米；花直径7~8毫米；萼筒钟状，外面无毛或具稀疏柔毛，内面无毛；萼片三角形，先端急尖，外面无毛或有稀疏柔毛，内面仅先端具柔毛；花瓣直立，倒卵形，长约4.5毫米，先端圆钝，浅红色；雄蕊20~22，比花瓣短；花柱4~5，离生，甚短；子房顶端具柔毛。果实球形或倒卵形，长6~8毫米，直径6~8毫米，红色，具4~5小核。花期5~6月，果期8~9月。

产于湖北、四川、云南、西藏。生于海拔2000~3200米的坡地疏林内、河岸旁或山沟边。保护区内从卧龙镇至英雄沟、梯子沟、牛尾沟之间的周边山区有分布。

拍摄者：叶建飞（摄于英雄沟）

093 | 木帬枸子

Cotoneaster dielsianus Pritz.

蔷薇科　Rosaceae

　　落叶灌木，高1～2米。枝条开展下垂；小枝通常细瘦，圆柱形，灰黑色或黑褐色，幼时密被长柔毛。叶片椭圆形至卵形，长1～2.5厘米，宽0.8～1.5厘米，先端多数急尖，稀圆钝或缺凹，基部宽楔形或圆形，全缘，上面微具稀疏柔毛，下面密被带黄色或灰色绒毛；叶柄长1～2毫米，被绒毛；托叶线状披针形，幼时有毛，至果期部分宿存。聚伞花序，有花3～7，总花梗和花梗具柔毛；花梗长1～3毫米；花直径6～7毫米；萼筒钟状，外面被柔毛；萼片三角形，先端急尖，外面被柔毛，内面先端有少数柔毛；花瓣直立，几圆形或宽倒卵形，长与宽各约3～4毫米，先端圆钝，浅红色；雄蕊15～20，比花瓣短；花柱通常3，甚短，离生；子房顶部有柔毛。果实近球形或倒卵形，直径5～6毫米，红色，具3～5小核。花期6～7月，果期9～10月。

　　分布于湖北、四川、云南、西藏。生于海拔1000～3600米的荒坡、沟谷、草地或灌木丛中。保护区内见于耿达、核桃坪、七层楼沟、卧龙镇、英雄沟、银厂沟等周边山区。

拍摄者：叶建飞（摄于英雄沟）

094 | 平枝栒子

Cotoneaster horizontalis Dcne.

蔷薇科　Rosaceae

　　落叶或半常绿匍匐灌木，高不超过0.5米。枝水平开张呈整齐两列状；小枝圆柱形，幼时外被糙伏毛，老时脱落，黑褐色。叶片近圆形或宽椭圆形，稀倒卵形，长5～14毫米，宽4～9毫米，先端多数急尖，基部楔形，全缘，上面无毛，下面有稀疏平贴柔毛；叶柄长1～3毫米，被柔毛；托叶钻形，早落。花1～2朵，近无梗，直径5～7毫米；萼筒钟状，外面有稀疏短柔毛，内面无毛；萼片三角形，先端急尖，外面微具短柔毛，内面边缘有柔毛；花瓣直立，倒卵形，先端圆钝，长约4毫米，宽3毫米，粉红色；雄蕊约12，短于花瓣；花柱常为3，有时为2，离生，短于雄蕊；子房顶端有柔毛。果实近球形，直径4～6毫米，鲜红色，常具3小核，稀2小核。花期5～6月，果期9～10月。

　　分布于陕西、甘肃、湖北、湖南、四川、贵州、云南。生于海拔2000～3500米的灌木丛中或岩石坡上。保护区内见于英雄沟至巴朗山贝母坪一带的周边山区。

拍摄者：马永红

095 | 宝兴栒子

***Cotoneaster moupinensis* Franch.**

蔷薇科　Rosaceae

　　落叶灌木，高达5米。小枝圆柱形，灰黑色，幼时被糙伏毛，以后逐渐脱落。叶片椭圆卵形或菱状卵形，长4~12厘米，宽2~4.5厘米，先端渐尖，基部宽楔形或近圆形，全缘，上面微被稀疏柔毛，具皱纹和泡状隆起，下面沿显明网状脉上被短柔毛；叶柄长2~3毫米，具短柔毛；托叶早落。聚伞花序，通常有花9~25，总花梗和花梗被短柔毛；苞片披针形，有稀疏短柔毛；花梗长2~3毫米；花直径8~10毫米；萼筒钟状，外面具短柔毛，内面无毛；萼片三角形，先端急尖，外面微具短柔毛，内面近无毛；花瓣直立，卵形或近圆形，长3~4毫米，宽2~3毫米，先端圆钝，粉红色；雄蕊约20，短于花瓣；花柱4~5，离生，比雄蕊短；子房顶部有短柔毛。果实近球形或倒卵形，直径6~8毫米，黑色，内具4~5小核。花期6~7月，果期9~10月。

　　产于陕西、甘肃、四川、贵州、云南。生于海拔1700~3200米的疏林边或松林下。保护区内见于三江、正河、七层楼沟、卧龙镇、英雄沟、野牛沟、梯子沟、银厂沟等周边山区。

拍摄者：谭进波

096 | 蛇莓

Duchesnea indica (Andr.) Focke　　　　　　蔷薇科　Rosaceae

多年生草本。根茎短，粗壮；匍匐茎多数，长30~100厘米，有柔毛。小叶片倒卵形至菱状长圆形，长2~3.5（~5）厘米，宽1~3厘米，先端圆钝，边缘有钝锯齿，两面皆有柔毛，或上面无毛，具小叶柄；叶柄长1~5厘米，有柔毛；托叶窄卵形至宽披针形，长5~8毫米。花单生于叶腋，直径1.5~2.5厘米；花梗长3~6厘米，有柔毛；萼片卵形，长4~6毫米，先端锐尖，外面有散生柔毛，副萼片倒卵形，长5~8毫米，比萼片长，先端常具3~5锯齿；花瓣倒卵形，长5~10毫米，黄色，先端圆钝；雄蕊20~30；心皮多数，离生；花托在果期膨大，海绵质，鲜红色，有光泽，直径10~20毫米，外面有长柔毛。瘦果卵形，长约1.5毫米，光滑或具不显明凸起，鲜时有光泽。花期6~8月，果期8~10月。

产于辽宁以南各省区。生于海拔1800米以下的山坡、河岸、草地、潮湿的地方。保护区内在海拔1800米以下山区比较常见。

全草药用，能散瘀消肿、收敛止血、清热解毒。茎叶捣敷治疔疮有特效，亦可敷蛇咬伤、烫伤、烧伤。果实煎服能治支气管炎。

拍摄者：朱淑霞

097 | 黄毛草莓

Fragaria nilgerrensis Schlecht. ex Gay

蔷薇科　Rosaceae

多年生草本。茎密被黄棕色绢状柔毛，几与叶等长；叶三出，小叶具短柄，质地较厚，小叶片倒卵形或椭圆形，长1～4.5厘米，宽0.8～3厘米，顶端圆钝，顶生小叶基部楔形，侧生小叶基部偏斜，边缘具缺刻状锯齿，锯齿顶端急尖或圆钝，上面深绿色，被疏柔毛，下面淡绿色，被黄棕色绢状柔毛，沿叶脉上毛长而密；叶柄长4～18厘米，密被黄棕色绢状柔毛。聚伞花序，有花（1～）2～5（～6），花序下部具一或三出有柄的小叶；花两性，直径1～2厘米；萼片卵状披针形，比副萼片宽或近相等，副萼片披针形，全缘或2裂，果时增大；花瓣白色，圆形，基部有短爪；雄蕊20，不等长。聚合果圆形，白色、淡白黄色或红色，宿存萼片直立，紧贴果实；瘦果卵形，光滑。花期4～7月，果期6～8月。

产于陕西、湖北、四川、云南、湖南、贵州、台湾。生于海拔700～3000米的山坡草地或沟边林下。保护区内在海拔3000米以下山区较为常见。

拍摄者：朱淑霞

098 | 路边青

Geum aleppicum Jacq.　　　　　　　　　蔷薇科　Rosaceae

　　多年生草本。茎直立，高30～100厘米，被开展粗硬毛。基生叶为大头羽状复叶，通常有小叶2～6对，叶柄被粗硬毛；小叶大小极不相等，顶生小叶最大，菱状广卵形或宽扁圆形，有不规则粗大锯齿，锯齿急尖或圆钝，两面绿色，疏生粗硬毛；茎生叶羽状复叶，有时重复分裂，向上小叶逐渐减少，顶生小叶披针形或倒卵披针形；茎生叶托叶大，叶状，卵形，边缘有不规则粗大锯齿。花序顶生，疏散排列，花梗被短柔毛或微硬毛；花直径1～1.7厘米；花瓣黄色，几圆形，比萼片长；萼片卵状三角形，顶端渐尖，副萼片狭小，披针形，顶端渐尖，长约萼片的1/2，外面被短柔毛及长柔毛；花柱顶生，在上部1/4处扭曲，成熟后自扭曲处脱落。聚合果倒卵球形，瘦果被长硬毛，花柱宿存部分无毛，顶端有小钩；果托被短硬毛，长约1毫米。花果期7～10月。

　　广布种。生于海拔200～3500米的山坡草地、沟边、地边、河滩、林间隙地及林缘。保护区内海拔3000米以下山区常见。

拍摄者：朱淑霞

099 | 裂叶毛果委陵菜

Potentilla eriocarpa Wall. ex Lehm. var. _tsarongensis_ W. E. Evans

蔷薇科 Rosaceae

拍摄者：叶建飞（摄于巴朗山）

亚灌木。根粗壮，圆柱形，根茎粗大延长，密被多年托叶残余，木质。花茎直立或上升，高4～12厘米，疏被白色长柔毛，有时脱落几无毛。小叶有短柄或几无柄，前端2～5深裂达叶片1/2以上，裂片宽带形或披针形，顶端渐尖或急尖，上下两面初时密被白色长柔毛，以后脱落减少。花顶生1～3，花梗长2～2.5厘米，被疏柔毛；花直径2～2.5厘米；萼片三角卵形，顶端渐尖，副萼片长椭圆形或椭圆披针形，顶端急尖稀2齿裂，与萼片近等长，外面被稀疏柔毛或几无毛；花瓣黄色，宽倒卵形，顶端下凹，比萼片长约1倍；花柱近顶生，线状，柱头扩大，心皮密被扭曲长柔毛。瘦果外被长柔毛，表面光滑。花果期7～10月。

产于四川、云南、西藏。生于海拔2800～4300米的高山岩石缝中或砾石坡上。保护区见于巴朗山海拔3200米以上的高山草甸。

100 | 西南委陵菜

Potentilla fulgens Wall. ex Hook.

蔷薇科　Rosaceae

　　多年生草本。根粗壮，圆柱形。花茎直立或上升，高10~60厘米，密被开展长柔毛及短柔毛。基生叶为间断羽状复叶，有小叶6~15对，连叶柄长6~30厘米，叶柄密被开展长柔毛及短柔毛，小叶片无柄或有时顶生小叶片有柄，倒卵长圆形或倒卵椭圆形，顶端圆钝，基部楔形或宽楔形，边缘有多数尖锐锯齿，上面绿色或暗绿色，伏生疏柔毛，下面密被白色绢毛及绒毛，托叶膜质，褐色，外被长柔毛；茎生叶上部小叶对数逐渐减少，托叶草质，下面被白色绢毛，上面绿色，被长柔毛，边缘有锐锯齿。伞房状聚伞花序顶生；花直径1.2~1.5厘米；萼片三角卵圆形，顶端急尖，外面绿色，被长柔毛，副萼片椭圆形，顶端急尖，全缘，稀有齿，外面密生白色绢毛，与萼片近等长；花瓣黄色，顶端圆钝，比萼片稍长；花柱近基生，两端渐狭，中间粗，子房无毛。瘦果光滑。花果期6~10月。

　　分布于湖北、四川、贵州、云南、广西。生于海拔1100~3600米的坡草地、灌丛、林缘及林中。保护区内在阳坡灌丛、草地、草甸等生境中广泛分布。

拍摄者：朱淑霞

101 | 银露梅

Potentilla glabra Lodd.

蔷薇科 Rosaceae

　　灌木，高0.3~2米。树皮纵向剥落。小枝灰褐色或紫褐色，被稀疏柔毛。羽状复叶，有小叶2对，稀3小叶，上面1对小叶基部下延与轴汇合，叶柄被疏柔毛；小叶片椭圆形、倒卵椭圆形或卵状椭圆形，长0.5~1.2厘米，宽0.4~0.8厘米，顶端圆钝或急尖，基部楔形或几圆形，边缘平坦或微向下反卷，全缘，两面绿色，被疏柔毛或几无毛；托叶薄膜质，外被疏柔毛或脱落几无毛。顶生单花或数朵，花梗细长，被疏柔毛；花直径1.5~2.5厘米；萼片卵形，急尖或短渐尖，副萼片披针形、倒卵披针形或卵形，比萼片短或近等长，外面被疏柔毛；花瓣白色，倒卵形，顶端圆钝；花柱近基生，棒状，基部较细，在柱头下缢缩，柱头扩大。瘦果表面被毛。花果期6~11月。

　　分布于内蒙古、河北、山西、陕西、甘肃、青海、安徽、湖北、四川、云南。生于海拔1400~4200米的山坡草地、高山草甸、河谷岩石缝中、灌丛及林中。保护区内偶见于巴朗山、耿达周边山区。

拍摄者：朱淑霞〔摄于巴朗山〕

102 | 银叶委陵菜

Potentilla leuconota D. Don
蔷薇科 Rosaceae

多年生草本。茎粗壮，被伏生或稍微开展长柔毛。基生叶为间断羽状复叶，有小叶10～17对，连叶柄长10～25厘米，叶柄被伏生或稍微开展长柔毛，小叶无柄，叶片长圆形、椭圆形或椭圆卵形，长0.5～3厘米，宽0.3～1.5厘米，向下逐渐缩小，边缘有多数急尖或渐尖锯齿，上面疏被伏生长柔毛，稀脱落几无毛，下面密被银白色绢毛，托叶膜质，褐色，外面被白色绢毛；茎生叶与基生叶相似，唯小叶对数较少。假伞形花序集生在花茎顶端，密被白色伏生长柔毛，基部有叶状总苞；花直径通常0.8厘米，稀达1厘米；萼片三角卵形，顶端急尖或渐尖，副萼片披针形或长圆披针形，与萼片近等长，外面密被白色长柔毛；花瓣黄色，倒卵形，顶端圆钝，稍长于萼片；花柱侧生。瘦果光滑无毛。花果期5～10月。

分布于甘肃、湖北、四川、云南、贵州、台湾。生于海拔1300～4600米的山坡草地及林下。保护区内见于耿达、巴朗山的高山草甸。

拍摄者：朱淑霞

103 | 西南樱桃

Cerasus duclouxii (Koehne) Yu et Li

蔷薇科　Rosaceae

乔木或灌木，高约4米。小枝灰色或灰褐色，被稀疏柔毛或无毛。叶片倒卵椭圆形或椭圆形，长3~5厘米，宽2~4厘米，先端骤尖，基部圆形或楔形，边有尖锐锯齿，齿端有小腺体，上面绿色，下面淡绿色，疏被柔毛或仅脉腋有簇毛；叶柄长0.8~1厘米，疏被短毛或无毛；托叶线形，边有腺齿。花序近伞形，有花3~5，先叶开放，下部有褐色革质鳞片包被，果时脱落；总苞椭圆形，长3.5~4毫米，宽2~3毫米，外面无毛，内面密被柔毛；总梗长0~3毫米，密被柔毛；苞片很小，长约1毫米，边有腺齿；花梗长3~4毫米，从总苞中伸出，密被短柔毛；萼筒钟状，长3~4毫米，宽2~3毫米，被短柔毛，萼片卵状三角形，先端圆钝，外被柔毛，边缘有稀疏腺点；花瓣白色，卵形，先端下凹，稀不明显；雄蕊约33；花柱与雄蕊近等长，基部有稀疏柔毛。核果卵球形或椭球形，纵径长7~8毫米，横径长5~6毫米。花期3月，果期5月。

产于四川、云南。生于海拔2300米的山谷林中或有栽培。保护区内在海拔2000米以下山区偶见。

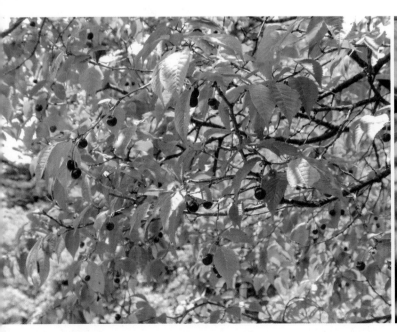

拍摄者：叶建飞（摄于黄草坪）

104 | 李

Prunus salicina Lindl.　　　　　　　　　蔷薇科　Rosaceae

　　落叶乔木。老枝紫褐色或红褐色，无毛；小枝黄红色，无毛。叶片长圆倒卵形、长椭圆形，稀长圆卵形，先端渐尖、急尖或短尾尖，基部楔形，边缘有圆钝重锯齿，两面均无毛，有时下面沿主脉有稀疏柔毛或脉腋有髯毛；托叶膜质，线形，先端渐尖，边缘有腺，早落。花通常3朵并生；花直径1.5～2.2厘米；萼筒钟状，萼片长圆卵形，边有疏齿，与萼筒近等长，萼筒基部被疏柔毛；花瓣白色，基部楔形，有明显带紫色脉纹，具短爪，着生在萼筒边缘；雄蕊多数，花丝长短不等，排成不规则2轮，比花瓣短；雌蕊1，柱头盘状，花柱比雄蕊稍长。核果球形、卵球形或近圆锥形，直径3.5～5厘米，栽培品种可达7厘米，黄色或红色，有时为绿色或紫色，梗凹陷入，顶端微尖，基部有纵沟，外被蜡粉；核卵圆形或长圆形，有皱纹。花期4月，果期7～8月。

　　分布于陕西、甘肃、四川、云南、贵州、湖南、湖北、江苏、浙江、江西、福建、广东、广西和台湾。生于海拔400～2600米的山坡灌丛中、山谷疏林中或水边、沟底、路旁等处。世界各地均有栽培，为重要温带果树之一。保护区内海拔2500米以下农耕区有大量栽培。

拍摄者：马永红（摄于卧龙镇）

105 | 峨眉蔷薇

***Rosa omeiensis* Rolfe**

蔷薇科　Rosaceae

　　直立灌木，高3~4米。小枝细弱，老枝疏被扁而基部膨大皮刺，幼嫩时常密被针刺或无针刺。奇数羽状复叶互生，连叶柄长3~6厘米；小叶9~17，小叶片长圆形或椭圆状长圆形，长8~30毫米，宽4~10毫米，先端急尖或圆钝，基部圆钝或宽楔形，边缘有锐锯齿，上面无毛，中脉有疏柔毛；叶轴和叶柄有散生小皮刺；托叶大部贴生于叶柄，顶端离生部分呈三角状卵形，边缘有齿或全缘。花单生于叶腋，无苞片；花梗长6~20毫米，无毛；花直径2.5~3.5厘米；萼片4，披针形，全缘，先端渐尖或长尾尖，外面近无毛，内面有稀疏柔毛；花瓣4，白色，倒三角状卵形，先端微凹，基部宽楔形；花柱离生，被长柔毛，比雄蕊短很多。蔷薇果倒卵球形或梨形，直径8~15毫米，亮红色，果成熟时果梗肥大，萼片直立宿存。花期5~6月，果期7~9月。

　　分布于云南、四川、湖北、陕西、宁夏、甘肃、青海、西藏。多生于海拔750~4000米的山坡、山脚下或灌丛中。保护区内常见于海拔2000米以上的山区。

　　根皮含鞣质16%，可提制栲胶。果实味甜可食也可酿酒，晒干磨粉掺入面粉可作食品，又可入药，有止血、止痢、涩精之效。

拍摄者：叶建飞

106 | 川莓

Rubus setchuenensis Bureau et Franch.　　　　蔷薇科　Rosaceae

　　落叶灌木，高2~3米。幼茎密被淡黄色绒毛状柔毛，无刺。单叶互生，叶片5~7浅裂，基部心形，裂片圆钝或急尖并再浅裂，有不整齐浅钝锯齿，常具掌状5出脉，上面粗糙，无毛或仅沿叶脉稍具柔毛，下面密被灰白色绒毛；托叶离生，卵状披针形，顶端条裂，早落。狭圆锥花序顶生或腋生；总花梗和花梗均密被浅黄色绒毛状柔毛；苞片与托叶相似；花直径1~1.5厘米；花萼外密被浅黄色绒毛和柔毛；萼片卵状披针形，顶端尾尖，全缘或外萼片顶端浅条裂，在果期直立；花瓣倒卵形或近圆形，紫红色，基部具爪，比萼片短；花柱比雄蕊长。果实半球形，直径约1厘米，成熟后黑色，无毛，常包藏在宿萼内；核较光滑。花期7~8月，果期9~10月。

　　分布于湖北、湖南、广西、四川、云南、贵州。生于海拔500~3000米的山坡、路旁、林缘或灌丛中。保护区内在海拔2800米以下山区常见。

　　果可生食；根供药用，有祛风、除湿、止呕、活血之效，又可提制栲胶；茎皮作造纸原料；种子可榨油。

拍摄者：马永红（摄于卧龙镇周边山坡）

107 | 紫花山莓草

Sibbaldia purpurea Royle

蔷薇科　Rosaceae

多年生草本。根稍木质化，根茎多分枝，仰卧。花茎上升，高4～10厘米，伏生疏柔毛。基生叶掌状五出复叶，连叶柄长1.5～4厘米，叶柄伏生疏柔毛，小叶无柄或几无柄，倒卵形或倒卵长圆形，长0.5～1厘米，宽0.3～0.6厘米，顶端圆钝，通常有2～3齿，基部楔形或宽楔形，上下两面伏生白色柔毛或绢状长柔毛；基生叶托叶膜质，深棕褐色，外面疏生绢状柔毛或近无毛。单花1朵，腋生；花直径0.4～0.6厘米；萼片三角状卵形，先端急尖，副萼片披针形，顶端尖，稍短于萼片，外面疏生白毛；花瓣5，紫色，倒卵长圆形，顶端微凹；雄蕊5，与花瓣互生；花盘显著，紫色；花柱侧生。瘦果卵球形，紫褐色，光滑。花果期6～7月。

分布于西藏和四川西南部。生于海拔4400～4700米的山坡岩石缝中。尼泊尔也有分布。保护区内见于巴朗山垭口周边的高山流石滩。

拍摄者：叶建飞（摄于巴朗山）

108 | 高丛珍珠梅

Sorbaria arborea Schneid.　　　　　　　蔷薇科　Rosaceae

落叶灌木，高达6米。枝条开展；小枝圆柱形，幼时黄绿色，微被星状毛或柔毛，老时暗红褐色，无毛。羽状复叶；小叶13～17，对生，披针形至长圆披针形，长4～9厘米，宽1～3厘米，先端渐尖，基部宽楔形或圆形，边缘有重锯齿，羽状网脉，侧脉20～25对，下面显著；小叶柄短或几无柄；托叶三角卵形，长8～10毫米，宽4～5毫米，先端渐尖，基部宽楔形。顶生大型圆锥花序，总花梗与花梗微具星状柔毛；苞片线状披针形至披针形，长4～5毫米，微被短柔毛；花直径6～7毫米；萼筒浅钟状，内外两面无毛，萼片长圆形至卵形，先端钝，稍短于萼筒；花瓣白色，近圆形；雄蕊20～30，着生在花盘边缘，约长于花瓣1.5倍；心皮5，无毛，花柱长不及雄蕊的1/2。蓇葖果圆柱形，无毛，长约3毫米，花柱在顶端稍下方向外弯曲；萼片宿存，反折，果梗弯曲，果实下垂。花期6～7月，果期9～10月。

产于陕西、甘肃、新疆、湖北、江西、四川、云南、贵州、西藏。生于海拔2000～3500米的山坡林边、山溪沟边。保护区内在海拔2000～3000米之间的周边山区广泛分布。

拍摄者：马永红（摄于喇嘛寺周边山坡）

109 | 陕甘花楸

***Sorbus koehneana* Schneid.**

蔷薇科　Rosaceae

落叶灌木或小乔木，高达4米。茎暗灰色或黑灰色，无毛。奇数羽状复叶；小叶8～12对，长圆形至长圆披针形，长1.5～3厘米，宽0.5～1厘米，先端圆钝或急尖，基部偏斜圆形，边缘每侧有尖锐锯齿10～14，全部有锯齿或仅基部全缘，上面无毛，下面灰绿色，仅在中脉上有稀疏柔毛或近无毛；叶轴两面微具窄翅，有极稀疏柔毛或近无毛，上面有浅沟；托叶草质，少数近于膜质，披针形，有锯齿，早落。复伞房花序多生在侧生短枝上，具多数花朵，总花梗和花梗有稀疏白色柔毛；花梗长1～2毫米；萼筒钟状，内外两面均无毛，萼片三角形，先端圆钝，外面无毛，内面微具柔毛；花瓣宽卵形，长约4～6毫米，宽3～4毫米，先端圆钝，白色，内面微具柔毛或近无毛；雄蕊20，长约为花瓣的1/3；花柱5，几与雄蕊等长，基部微具柔毛或无毛。果实球形，直径6～8毫米，白色，先端具宿存闭合萼片。花期6月，果期9月。

分布于山西、河南、陕西、甘肃、青海、湖北、四川。生于海拔2300～4000米的山区杂木林内。保护区内在海拔2100～3200米的山区常见。

拍摄者：叶建飞（摄于英雄沟）

110 | 中华绣线菊

Spiraea chinensis Maxim.

蔷薇科　Rosaceae

灌木，高1.5～3米。小枝呈拱形弯曲，红褐色，幼时被黄色绒毛，有时无毛。叶片菱状卵形至倒卵形，长2.5～6厘米，宽1.5～3厘米，先端急尖或圆钝，基部宽楔形或圆形，边缘有缺刻状粗锯齿，或具不明显3裂，上面暗绿色，被短柔毛，脉纹深陷，下面密被黄色绒毛，脉纹凸起；叶柄长4～10毫米，被短绒毛。伞形花序具花16～25；花梗长5～10毫米，具短绒毛；苞片线形，被短柔毛；花直径3～4毫米；萼筒钟状，外面有稀疏柔毛，内面密被柔毛，萼片卵状披针形，先端长渐尖，内面有短柔毛；花瓣近圆形，先端微凹或圆钝，长与宽约2～3毫米，白色；雄蕊22～25，短于花瓣或与花瓣等长；

拍摄者：朱淑霞

花盘波状圆环形或具不整齐的裂片；子房具短柔毛，花柱短于雄蕊。蓇葖果开张，全体被短柔毛，花柱顶生，直立或稍倾斜，具直立，稀反折萼片。花期3～6月，果期6～10月。

分布于内蒙古、河北、河南、陕西、湖北、湖南、安徽、江西、江苏、浙江、贵州、四川、云南、福建、广东、广西。生于海拔500～2000米的山坡灌木丛中、山谷溪边、田野路旁。保护区内见于耿达周边山区。

111 | 粉花绣线菊

Spiraea japonica L. f.

蔷薇科 Rosaceae

　　直立灌木，高达1.5米。枝条细长，开展，小枝近圆柱形，无毛或幼时被短柔毛。叶片卵形至卵状椭圆形，长2~8厘米，宽1~3厘米，先端急尖至短渐尖，基部楔形，边缘有缺刻状重锯齿或单锯齿，上面暗绿色，无毛或沿叶脉微具短柔毛，下面色浅或有白霜，通常沿叶脉有短柔毛；叶柄长1~3毫米，具短柔毛。复伞房花序生于当年生的直立新枝顶端，花朵密集，密被短柔毛；花梗长4~6毫米；苞片披针形至线状披针形，下面微被柔毛；花直径4~7毫米；花萼外面有稀疏短柔毛，萼筒钟状，内面有短柔毛，萼片三角形，先端急尖，内面近先端有短柔毛；花瓣卵形至圆形，先端通常圆钝，长2.5~3.5毫米，宽2~3毫米，粉红色；雄蕊25~30，远较花瓣长；花盘圆环形，约有10个不整齐的裂片。蓇葖果半开张，无毛或沿腹缝有稀疏柔毛，花柱顶生，稍倾斜开展，萼片常直立。花期6~7月，果期8~9月。

　　广布种。生于海拔950~4000米的山坡旷地、疏密杂木林中、山谷或河沟旁。保护区内在海拔1500~3600米的周边山区广泛分布。

拍摄者：马永红〔摄于卧龙镇〕

112 | 地八角

Astragalus bhotanensis Baker

豆科　Leguminosae

　　多年生草本。茎直立，匍匐或斜上，长30～100厘米，疏被白色毛或无毛。羽状复叶有19～29小叶，长8～26厘米；叶轴疏被白色毛；叶柄短；托叶卵状披针形，离生，基部与叶柄贴生，长4～5毫米；小叶对生，倒卵形或倒卵状椭圆形，长6～23毫米，宽4～11毫米，先端钝，有小尖头，基部楔形，上面无毛，下面被白色伏贴毛。总状花序头状，生多数花；花梗粗壮，长不及叶的1/2，疏被白毛；苞片宽披针形；小苞片较苞片短，被白色短柔毛；花萼管状，长约10毫米，萼齿与萼筒等长，疏被白色长柔毛；花冠红紫色、紫色、灰蓝色、白色或淡黄色，旗瓣倒披针形，长11毫米，宽3.5毫米，先端微凹，有时钝圆，瓣柄不明显，翼瓣长约9毫米，瓣片狭椭圆形，较瓣柄长，龙骨瓣长约8～9毫米，瓣片宽2～2.5毫米，瓣柄较瓣片短；子房无柄。荚果圆筒形，长20～25毫米，宽5～7毫米，无毛，直立，背腹两面稍扁，黑色或褐色，无果颈，假2室；种子多数，棕褐色。花期3～8月，果期8～10月。

　　分布于贵州、云南、西藏、四川、陕西、甘肃。生于海拔600～2800米间的山坡、山沟、河漫滩、田边、阴湿处及灌丛下。不丹、印度也有分布。保护区内见于巴朗山贝母坪以下山区。

　　全草药用，有清热解毒、利尿的功效。

拍摄者：朱淑霞（摄于巴朗山）

113 | 东俄洛黄耆

Astragalus tongolensis Ulbr.

豆科　Leguminosae

　　多年生草本。根粗壮，直伸。茎直立，高30～70厘米。羽状复叶有9～13片小叶，长10～15厘米，下部叶柄长2～3厘米，向上逐渐变短；托叶离生，卵形或卵状长圆形，长1.5～4厘米，具缘毛，宿存；小叶卵形或长圆状卵形，长1.5～4厘米，宽0.5～2厘米，先端钝或微凹，基部近圆形，上面散生白色柔毛或近无毛，下面和边缘被白色柔毛。总状花序腋生，生花10～20，稍密集；总花梗远较叶为长；苞片线形或线状披针形，长4～6毫米，被白毛或混生黑色缘毛；花梗长约2毫米，连同花序轴密被黑色柔毛；花萼钟状，长约7毫米，外面疏生黑色柔毛或近无毛，内面中部以上被黑色伏贴柔毛，萼齿三角形或三角状披针形，长1～2毫米；花冠黄色，旗瓣匙形，长约18毫米，宽约7毫米，先端微凹，中部以下渐狭，翼瓣、龙骨瓣与旗瓣近等长，具短耳，瓣柄较瓣片约长1倍；子房密被黑色绒毛，具长柄。荚果披针形，长约2.5厘米，表面密被黑色柔毛，果颈较萼筒长；种子5～6，肾形，暗褐色，长3～4毫米。花期7～8月，果期8～9月。

　　产于四川西部。生于海拔3000米以上的山坡草地。保护区内见于巴朗山高山草甸。

拍摄者：叶建飞（摄于巴朗山高山草甸）

114 | 截叶铁扫帚

Lespedeza cuneata G. Don　　　　　　　　　豆科　Leguminosae

　　小灌木，高达1米。茎直立或斜升，被毛，上部分枝；分枝斜上举。叶密集，柄短；小叶楔形或线状楔形，长1~3厘米，宽2~5（~7）毫米，先端截形成近截形，具小刺尖，基部楔形，上面近无毛，下面密被伏毛。总状花序腋生，具花2~4；总花梗极短；小苞片卵形或狭卵形，长1~1.5毫米，先端渐尖，背面被白色伏毛，边具缘毛；花萼狭钟形，密被伏毛，5深裂，裂片披针形；花冠淡黄色或白色，旗瓣基部有紫斑，有时龙骨瓣先端带紫色，冀瓣与旗瓣近等长，龙骨瓣稍长；闭锁花簇生于叶腋。荚果宽卵形或近球形，被伏毛，长2.5~3.5毫米，宽约2.5毫米。花期7~8月，果期9~10月。

　　分布于陕西、甘肃、山东、台湾、河南、湖北、湖南、广东、四川、云南、西藏等地。生于海拔2500米以下的山坡路旁。朝鲜、日本、印度、巴基斯坦、阿富汗及澳大利亚也有分布。保护区内见于卧龙镇、耿达等周边低海拔山区的阳坡草地或路边。

拍摄者：朱淑霞（摄于花红树沟周边山坡草地）

115 | 百脉根

Lotus corniculatus L.

豆科　Leguminosae

　　多年生草本，高15～50厘米。全株散生稀疏白色柔毛或秃净。具主根。茎丛生，平卧或上升，实心，近四棱形。羽状复叶，小叶5枚；叶轴长4～8毫米，疏被柔毛，顶端3小叶，基部2小叶呈托叶状，纸质，斜卵形至倒披针状卵形，长5～15毫米，宽4～8毫米，中脉不清晰；小叶柄甚短，长约1毫米，密被黄色长柔毛。伞形花序；总花梗长3～10厘米；花3～7朵集生于总花梗顶端，长7～15毫米，花梗短，基部有苞片3枚；苞片叶状，与萼等长，宿存；萼钟形，长5～7毫米，宽2～3毫米，无毛或稀被柔毛，萼齿近等长，狭三角形，渐尖，与萼筒等长；花冠黄色或金黄色，干后常变蓝色，旗瓣扁圆形，瓣片和瓣柄几等长，长10～15毫米，宽6～8毫米，翼瓣和龙骨瓣等长，均略短于旗瓣，龙骨瓣呈直角三角形弯曲，喙部狭尖；雄蕊二体，花丝分离部略短于雄蕊筒；花柱直，等长于子房成直角上指，柱头点状，子房线形，无毛，胚珠35～40。荚果直，线状圆柱形，长20～25毫米，径2～4毫米，褐色，二瓣裂，扭曲。花期5～9月，果期7～10月。

　　分布于西北、西南和长江中上游各地。生于湿润而呈弱碱性的山坡、草地、田野或河滩地。亚洲、欧洲、北美洲和大洋洲均有分布。保护区内在海拔2200米以下的山区较为常见。

　　本种是良好的饲料，又是优良的蜜源植物之一。

拍摄者：朱淑霞（摄于花红树沟沟口）

116 | 白花草木犀

Melilotus albus Medic. ex Desr.

豆科　Leguminosae

一年生或二年生草本，高70～200厘米。茎直立，圆柱形，中空，多分枝，几无毛。羽状三出复叶；托叶尖刺状锥形，长6～10毫米，全缘；叶柄比小叶短，纤细；小叶长圆形或倒披针状长圆形，长15～30厘米，宽（4～）6～12毫米，先端钝圆，基部楔形，边缘疏生浅锯齿，上面无毛，下面被细柔毛，侧脉12～15对，平行直达叶缘齿尖，两面均不隆起，顶生小叶稍大，具较长小叶柄，侧小叶小叶柄短。总状花序长9～20厘米，腋生，具花40～100，排列疏松；苞片线形，长1.5～2毫米；花长4～5毫米；花梗短，长约1～1.5毫米；萼钟形，长约2.5毫米，微被柔毛，萼齿三角状披针形，短于萼筒；花冠白色，旗瓣椭圆形，稍长于翼瓣，龙骨瓣与翼瓣等长或稍短；子房卵状披针形，上部渐窄至花柱，无毛，胚珠3～4。荚果椭圆形至长圆形，长3～3.5毫米，先端锐尖，具尖喙表面脉纹细，网状，棕褐色，老熟后变黑褐色；种子1～2粒，卵形，棕色，表面具细瘤点。花期5～7月，果期7～9月。

分布于东北、华北、西北及西南各地。生于田边、路旁荒地及湿润的沙地。欧洲地中海沿岸、中东、西南亚、中亚及西伯利亚均有分布。保护区内在卧龙镇海拔2000米以下山区的山坡草地常见。

拍摄者：马永红（摄于博物馆附近草地）

117 | 天蓝苜蓿

Medicago lupulina L.

豆科 Leguminosae

一年生、二年生或多年生草本，高15～60厘米。全株被柔毛或有腺毛。主根浅，须根发达。茎平卧或上升，多分枝，叶茂盛。羽状三出复叶；托叶卵状披针形，长可达1厘米，先端渐尖，基部圆或戟状，常齿裂；下部叶柄较长，长1～2厘米，上部叶柄比小叶短；小叶倒卵形、阔倒卵形或倒心形，长5～20毫米，宽4～16毫米，纸质，先端多少截平或微凹，具细尖，基部楔形，边缘在上半部具不明显尖齿，两面均被毛，侧脉近10对，平行达叶边，几不分叉，上下均平坦；顶生小叶较大，小叶柄长2～6毫米，侧生小叶柄甚短。花序小头状，具花10～20；总花梗细，挺直，比叶长，密被贴伏柔毛；苞片刺毛状，甚小；花长2～2.2毫米；花梗短，长不到1毫米；萼钟形，长约2毫米，密被毛，萼齿线状披针形，稍不等长，比萼筒略长或等长；花冠黄色，旗瓣近圆形，顶端微凹，翼瓣和龙骨瓣近等长，均比旗瓣短；子房阔卵形，被毛，花柱弯曲，胚珠1。荚果肾形，长3毫米，宽2毫米，表面具同心弧形脉纹，被稀疏毛，熟时变黑；种子1粒，卵形，褐色，平滑。花期7～9月，果期8～10月。

分布于我国南北各地，以及青藏高原。适于凉爽气候及水分良好土壤，但在各种条件下都有野生，常见于河岸、路边、田野及林缘。欧亚大陆广布。保护区内在海拔2000米以下的山区广布。

拍摄者：朱淑霞（摄于卧龙镇路边草地）

118 | 紫苜蓿

Medicago sativa L.

豆科　Leguminosae

　　多年生草本，高30～100厘米。茎直立、丛生以至平卧，四棱形，无毛或微被柔毛。羽状三出复叶；托叶大，卵状披针形，先端锐尖，基部全缘或具1～2齿裂，脉纹清晰；叶柄比小叶短；小叶长卵形、倒长卵形至线状卵形，等大，或顶生小叶稍大，长10～25毫米，宽3～10毫米，纸质，先端钝圆，具由中脉伸出的长齿尖，基部狭窄，楔形，边缘1/3以上具锯齿，上面无毛，深绿色，下面被贴伏柔毛，侧脉8～10对，与中脉成锐角，在近叶边处略有分叉；顶生小叶柄比侧生小叶柄略长。花序总状或头状，长1～2.5厘米，具花5～30；总花梗挺直，比叶长；苞片线状锥形，比花梗长或等长；花长6～12毫米；花梗短，长约2毫米；萼钟形，长3～5毫米，萼齿线状锥形，比萼筒长，被贴伏柔毛；花冠各色：淡黄、深蓝至暗紫色，花瓣均具长瓣柄，旗瓣长圆形，先端微凹，明显较翼瓣和龙骨瓣长，翼瓣较龙骨瓣稍长；子房线形，具柔毛，花柱短阔，上端细尖，柱头点状，胚珠多数。荚果螺旋状紧卷2～4（～6）圈，中央无孔或近无孔，径5～9毫米，被柔毛或渐脱落，脉纹细，不清晰，熟时棕色；种子10～20粒，卵形，长1～2.5毫米，平滑，黄色或棕色。花期5～7月，果期6～8月。

　　全国各地都有栽培或呈半野生状态。生于田边、路旁、旷野、草原、河岸及沟谷等地。欧亚大陆和世界各国广泛种植为饲料与牧草。保护区内见于卧龙镇、耿达、三江等阳坡草地或弃耕地。

拍摄者：朱淑霞（摄于卧龙镇路边草地）

119 | 尖叶长柄山蚂蝗

Podocarpium podocarpum (DC.)
Yang et Huang

豆科 Leguminosae

直立草本，高50～100厘米。根茎稍木质；茎具条纹，疏被伸展短柔毛。叶为羽状三出复叶，小叶3；托叶钻形，长约7毫米，基部宽0.5～1毫米，外面与边缘被毛；叶柄长2～12厘米，着生茎上部的叶柄较短，茎下部的叶柄较长，疏被伸展短柔毛；小叶纸质，顶生小叶宽倒卵形，长4～7厘米，宽3.5～6厘米，先端凸尖，基部楔形或宽楔形，全缘，两面疏被短柔毛或几无毛，侧脉每边约4条，直达叶缘，侧生小叶斜卵形，较小，偏斜，小托叶丝状，长1～4毫米；小叶柄长1～2厘米，被伸展短柔毛。总状花序或圆锥花序，顶生或顶生和腋生，长20～30厘米，结果时延长至40厘米；总花梗被柔毛和钩状毛；通常每节生2花；苞片早落，窄卵形，被柔毛；花萼钟形，长约2毫米，裂片极短，较萼筒短，被小钩状毛；花冠紫红色，长约4毫米，旗瓣宽倒卵形，翼瓣窄椭圆形，龙骨瓣与翼瓣相似；单体雄蕊；雌蕊长约3毫米，子房具子房柄。荚果长约1.6厘米，通常有荚节2，节间深凹入达腹缝线；果梗长约6毫米；果颈长3～5毫米。花果期8～9月。

分布于河北、江苏、浙江、安徽、江西、山东、河南、湖北、湖南、广东、广西、四川、贵州、云南、西藏、陕西、甘肃等地。生于海拔120～2100米的山坡路旁、草坡、次生阔叶林下或高山草甸处。保护区内见于三江、正河、耿达等周边中低海拔山区。

拍摄者：叶建飞（摄于西河流域）

120 | 广布野豌豆

***Vicia cracca* L.**

多年生草本，高40～150厘米。根细长，多分支。茎攀缘或蔓生，有棱，被柔毛。偶数羽状复叶，叶轴顶端卷须有2～3分支；托叶半箭头形或戟形，上部2深裂；小叶5～12对互生，线形、长圆形或披针状线形，长1.1～3厘米，宽0.2～0.4厘米，先端锐尖或圆形，具短尖头，基部近圆或近楔形，全缘；叶脉稀疏，呈三出脉状，不甚清晰。总状花序与叶轴近等长，花多数，10～40朵密集一面向着生于总花序轴上部；花萼钟状，萼齿5，近三角状披针形；花冠紫色、蓝紫色或紫红色，长约0.8～1.5厘米，旗瓣长圆形，中部缢缩呈提琴形，先端微缺，瓣柄与瓣片近等长，翼瓣与旗瓣近等长，明显长于龙骨瓣先端钝；子房有柄，胚珠4～7，花柱弯与子房连接处呈大于90°夹角，上部四周被毛。荚果长圆形或长圆菱形，长2～2.5厘米，宽约0.5厘米，先端有喙，果梗长约0.3厘米；种子3～6，扁圆球形，直径约0.2厘米，种皮黑褐色，种脐长相当于种子周长1/3。花果期5～9月。$2n=14$，28。

广布于我国各省区的草甸、林缘、山坡、河滩草地及灌丛。欧亚、北美也有分布。保护区内广布。

本种为水土保持绿肥作物。嫩时为牛、羊等牲畜喜食饲料，花期早春为蜜源植物之一。

拍摄者：叶建飞（摄于耿达镇）

121 | 救荒野豌豆

Vicia sativa L.   豆科 Leguminosae

　　一年生或二年生草本，高15～90（～105）厘米。茎斜升或攀缘，单一或多分枝，具棱，被微柔毛。偶数羽状复叶长2～10厘米，叶轴顶端卷须有2～3分支；托叶戟形，通常2～4裂齿，长0.3～0.4厘米，宽0.15～0.35厘米；小叶2～7对，长椭圆形或近心形，长0.9～2.5厘米，宽0.3～1厘米，先端圆或平截有凹，具短尖头，基部楔形，侧脉不甚明显，两面被贴伏黄柔毛。花1～2（～4）腋生，近无梗；萼钟形，外面被柔毛，萼齿披针形或锥形；花冠紫红色或红色，旗瓣长倒卵圆形，先端圆，微凹，中部缢缩，翼瓣短于旗瓣，长于龙骨瓣；子房线形，微被柔毛，胚珠4～8，子房具柄短，花柱上部被淡黄白色髯毛。荚果线长圆形，长约4～6厘米，宽0.5～0.8厘米，表皮土黄色种间缢缩，有毛，成熟时背腹开裂，果瓣扭曲；种子4～8，圆球形，棕色或黑褐色，种脐长相当于种子圆周1/5。花期4～7月，果期7～9月。

　　全国各地均产。生于海拔50～3000米的荒山、田边草丛及林中。保护区内在海拔3000米以下的山区常见。

　　为绿肥及优良牧草。全草药用。花果期及种子有毒，国外曾有用其提取物作抗肿瘤的报道。

拍摄者：叶建飞（摄于耿达镇周边山坡）

122 | 歪头菜

Vicia unijuga A. Br.　　　　　　　　　　　　豆科　Leguminosae

多年生草本，高15～100厘米。根茎粗壮近木质。通常数茎丛生，具棱，疏被柔毛，老时渐脱落，茎基部表皮红褐色或紫褐红色。叶轴末端为细刺尖头；偶见卷须，托叶戟形或近披针形，长0.8～2厘米，宽3～5毫米，边缘有不规则齿蚀状；小叶1对，卵状披针形或近菱形，长1.5～11厘米，宽1.5～5厘米，先端渐尖，边缘具小齿状，基部楔形，两面均疏被微柔毛。总状花序单一，稀有分支呈圆锥状复总状花序；花8～20朵密集一面向着生于花序轴上部；花萼紫色，斜钟状或钟状，无毛或近无毛，萼齿明显短于萼筒；花冠蓝紫色、紫红色或淡蓝色，旗瓣倒提琴形，中部缢缩，先端圆有凹，长1.1～1.5厘米，宽0.8～1厘米，翼瓣先端钝圆，长1.3～1.4厘米，宽0.4厘米，龙骨瓣短于翼瓣，子房线形，无毛，胚珠2～8，具子房柄，花柱上部四周被毛。荚果扁、长圆形，长2～3.5厘米，宽0.5～0.7厘米，无毛，表皮棕黄色，近革质，两端渐尖，先端具喙，成熟时腹背开裂，果瓣扭曲。花期6～7月，果期8～9月。2n=12。

分布于东北、华北、华东、西南地区。生于低海拔至4000米山地、林缘、草地、沟边及灌丛。朝鲜、日本、蒙古、俄罗斯西伯利亚及远东均有分布。保护区内在海拔3800米以下的山区较为常见。

本种为优良牧草；嫩时亦可作蔬菜。全草药用，有补虚、调肝、理气、止痛等功效。

拍摄者：朱淑霞（摄于卧龙镇周边山坡）

123 | 小连翘

Hypericum erectum Thunb. ex Murray

藤黄科　Guttiferae

　　多年生草本，高0.3～0.7米。茎单一，圆柱形。叶无柄，叶片长椭圆形至长卵形，长1.5～5厘米，宽0.8～1.3厘米，先端钝，基部心形抱茎，边缘全缘，内卷，坚纸质，有或多或少的小黑腺点，上面绿色，下面淡绿色。花序顶生，多花，伞房状聚伞花序，常具腋生花枝；苞片和小苞片与叶同形，长达0.5厘米。花直径1.5厘米，近平展；花梗长1.5～3毫米；萼片卵状披针形，长约2.5毫米，宽不及1毫米，先端锐尖，全缘，边缘及全面具黑腺点；花瓣黄色，倒卵状长圆形，长约7毫米，宽2.5毫米，上半部有黑色点线；雄蕊3束，宿存，每束有雄蕊8～10，花药具黑色腺点；子房卵珠形，长约3毫米，宽1毫米；花柱3，自基部离生，与子房等长。蒴果卵珠形，长约10毫米，宽4毫米，具纵向条纹。花期7～8月，果期8～9月。

　　分布于江苏、安徽、浙江、福建、台湾、湖北、湖南、四川。生于海拔1300～2500米的山地草丛、路边灌草丛、针阔混交林下、河谷边林下草丛、阴湿山坡下。保护区内见于卧龙关、耿达、龙潭沟乡、三江等周边中低海拔山区。

拍摄者：朱淑霞

124 | 金丝桃

Hypericum monogynum L.

藤黄科 Guttiferae

灌木，高0.5~1.3米。茎红色，幼时具2~4纵线棱及两侧压扁；皮层橙褐色。叶对生，无柄或具短柄，柄长达1.5毫米；叶片倒披针形或椭圆形至长圆形，长2~11厘米，宽1~4厘米，先端锐尖至圆形，通常具细小尖凸，基部楔形至圆形或上部者有时截形至心形，边缘平坦，坚纸质，上面绿色，下面淡绿但不呈灰白色，叶片腺体小而点状。花序具花1~30，疏松的近伞房状；花梗长0.8~5厘米；苞片小，线状披针形，早落；花直径3~6厘米，星状；萼片宽或狭椭圆形或长圆形至披针形或倒披针形，边缘全缘；花金黄色至柠檬黄色；雄蕊5束，每束有雄蕊25~35枚，与花瓣几等长；子房卵珠形或卵珠状圆锥形至近球形，长2.5~5毫米，宽2.5~3毫米；花柱长约为子房的3.5~5倍，合生几达顶端然后向外弯或极偶有合生至全长之半；柱头小。蒴果宽卵珠形或稀为卵珠状圆锥形至近球形，长6~10毫米，宽4~7毫米。花期5~8月，果期8~9月。

广布种。生于海拔2000米以下的山坡、路旁或灌丛中。保护区内在海拔2000米以下的周边山区常见。

花美丽，供观赏；果实及根供药用，果作连翘代用品，根能祛风、止咳、下乳、调经补血，并可治跌打损伤。

拍摄者：马永红（摄于喇嘛寺周边山坡）

125 | 金丝梅

Hypericum patulum Thunb. ex Murray 藤黄科 Guttiferae

灌木，高0.3~3米。茎淡红至橙色，幼时具4纵线棱或四棱形，很快具2纵线棱；皮层灰褐色。叶片披针形或长圆状披针形至卵形或长圆状卵形，长1.5~6厘米，宽0.5~3厘米，先端钝形至圆形，常具小尖突，基部狭或宽楔形至短渐狭，坚纸质，上面绿色，下面较为苍白色，腹腺体密集，叶片腺体短线形和点状。伞房状花序具1~15花；苞片狭椭圆形至狭长圆形，凋落。萼片离生，宽卵形或宽椭圆形或近圆形至长圆状椭圆形或倒卵状匙形；花瓣金黄色，多少内弯，长圆状倒卵形至宽倒卵形。雄蕊5束，每束有雄蕊50~70枚，长约为花瓣的2/5~1/2，花药亮黄色。子房多少呈宽卵珠形，长，5~6毫米，宽3.5~4毫米；花柱长4~5.5毫米，长约为子房4/5至几与子房相等，多少直立，向顶端外弯；柱头不或几不呈头状。蒴果宽卵珠形，长0.9~1.1厘米，宽0.8~1厘米。花期6~7月，果期8~10月。

广布种。生于海拔300~2400米的山坡或山谷的疏林下、路旁或灌丛中。保护区内见于卧龙镇、卧龙关、喇嘛寺、瞭望台、耿达、正河、三江等周边中低海拔山区。

花供观赏；根药用，能舒筋活血、催乳、利尿。

拍摄者：叶建飞（摄于正河）

126 | 尼泊尔老鹳草

Geranium nepalense Sweet　　　　　　牻牛儿苗科　Geraniaceae

　　多年生草本，高30～50厘米。根为直根，多分枝。茎多数，细弱，多分枝，仰卧，被倒生柔毛。叶对生或偶为互生；托叶披针形，棕褐色干膜质，外被柔毛；基生叶和茎下部叶具长柄，柄长为叶片的2～3倍，被开展的倒向柔毛；叶片五角状肾形，茎部心形，掌状5深裂，裂片菱形或菱状卵形，先端锐尖或钝圆，基部楔形，中部以上边缘齿状浅裂或缺刻状，表面被疏伏毛，背面被疏柔毛；上部叶具短柄，叶片较小，通常3裂。聚伞花序单生叶腋，具花2（或1）；苞片披针状钻形；萼片卵状披针形或卵状椭圆形，长4～5毫米，被疏柔毛，先端锐尖，具短尖头，边缘膜质；花瓣白色、浅粉色或淡紫红色；花柱不明显，柱头分枝长约1毫米。蒴果长15～17毫米。花期4～9月，果期5～10月。

　　分布于秦岭以南的陕西、湖北西部、四川、贵州、云南和西藏东部。生于海拔1000～3500米的林下、灌丛、山坡、草地、路边等。中南半岛、孟加拉国、印度、尼泊尔等地皆有分布。保护区内在海拔1500～3000米常见。

　　全草入药，具强筋骨、祛风湿、收敛和止泻之效。

拍摄者：朱淑霞

127 | 臭节草

Boenninghausenia albiflora (Hook.) Reichb.　　芸香科　Rutaceae

拍摄者：叶建飞（摄于三江）

常绿草本。分枝甚多，枝、叶灰绿色，稀紫红色，嫩枝的髓部大而空心，小枝多。叶薄纸质，小裂片倒卵形、菱形或椭圆形，长1～2.5厘米，宽0.5～2厘米，背面灰绿色，老叶常变褐红色。花序有花甚多，花枝纤细，基部有小叶；萼片长约1毫米；花瓣白色，有时顶部桃红色，长圆形或倒卵状长圆形，长6～9毫米，有透明油点；8枚雄蕊长短相间，花丝白色，花药红褐色；子房绿色，基部有细柄。分果瓣长约5毫米，子房柄在结果时长4～8毫米，每分果瓣有种子4，稀3或5；种子肾形，长约1毫米，褐黑色，表面有细瘤状凸体。花果期7～11月。

产于长江以南各地。多生于海拔1500～2800米的山地草丛中或疏林下、土山或石岩山地。保护区内主要分布于三江、英雄沟等地。

全草作草药。清热、散瘀、凉血、舒筋、消炎。治风寒感冒、咽喉炎、腮腺炎、支气管炎、皮下淤血等。

128 | 川黄檗

***Phellodendron chinense* Schneid.**

芸香科　Rutaceae

　　乔木，树高达15米。成年树有厚、纵裂的木栓层，内皮黄色。小枝粗壮，暗紫红色，无毛。叶轴及叶柄粗壮，通常密被褐锈色或棕色柔毛，有小叶7～15片，小叶纸质，长圆状披针形或卵状椭圆形，长8～15厘米，宽3.5～6厘米，顶部短尖至渐尖，基部阔楔形至圆形，两侧通常略不对称，边全缘或浅波浪状，叶背密被长柔毛或至少在叶脉上被毛，叶面中脉有短毛或嫩叶被疏短毛；小叶柄长1～3毫米，被毛。花序顶生，花通常密集，花序轴粗壮，密被短柔毛。果多数密集成团，果的顶部略狭窄的椭圆形或近圆球形，径约1厘米或大的达1.5厘米，蓝黑色，有分核5～8（～10）个；种子5～8，很少10粒，长6～7毫米，厚5～4毫米，一端微尖，有细网纹。花期5～6月，果期9～11月。

　　产于湖北、湖南西北部、四川东部。生于海拔900米以上的杂木林中。保护区内在西河有少量栽培。

　　树皮内层经炮制后入药，称为黄檗。清热解毒，泻火燥湿。主治急性细菌性痢疾、急性肠炎、急性黄疸型肝炎、泌尿系统感染等炎症。外用治火烫伤、中耳炎、急性结膜炎等。

拍摄者：叶建飞（摄于西河）

129 | 茵芋

Skimmia reevesiana Fort.

芸香科 Rutaceae

　　灌木，高1~2米。小枝常中空，皮淡灰绿色，光滑，干后常有浅纵皱纹。叶有柑橘叶的香气，革质，集生于枝上部，叶片椭圆形、披针形、卵形或倒披针形，顶部短尖或钝，基部阔楔形，长5~12厘米，宽1.5~4厘米，叶面中脉稍凸起，干后较显著，有细毛；叶柄长5~10毫米。花序轴及花梗均被短细毛，花芳香，淡黄白色，顶生圆锥花序，花密集，花梗甚短；萼片及花瓣均5片，很少4片或3片；萼片半圆形，长1~1.5毫米，边缘被短毛；花瓣黄白色，长3~5毫米，花蕾时各瓣大小稍不相等；雄蕊与花瓣同数而等长或较长，花柱初时甚短，花盛开时伸长，柱头增大；雄花的退化雄蕊棒状，子房近球形，花柱圆柱状，柱头头状；雄花的退化雌蕊扁球形，顶部短尖，不裂或2~4浅裂。果圆或椭圆形或倒卵形，长8~15毫米，红色；种子2~4、扁卵形，长5~9毫米，宽4~6毫米，厚2~3毫米，顶部尖，基部圆，有极细小的窝点。花期3~5月，果期9~11月。

　　广布种。常生于海拔1200~2600米的高山森林下湿度大、云雾多的地方。保护区见于三江。

　　用作草药，治风湿。湖北民间用全株作草药，治肾炎、水肿。

拍摄者：叶建飞（摄于三江）

130 | 马桑

Coriaria nepalensis Wall.

马桑科　Coriariaceae

灌木，高1.5~2.5米。小枝四棱形或成4狭翅，常带紫色，具显著圆形凸起的皮孔。叶对生，纸质至薄革质，椭圆形，长2.5~8厘米，宽1.5~4厘米，先端急尖，基部圆形，全缘；叶柄短，紫色，基部具垫状凸起物。总状花序生于2年生的枝条上；雄花序先叶开放，长1.5~2.5厘米，多花密集，苞片和小苞片卵圆形，膜质，半透明，上部边缘具流苏状细齿，萼片卵形，长1.5~2毫米，宽1~1.5毫米，边缘半透明，上部具流苏状细齿，花瓣极小，卵形，龙骨状，雄蕊10，花药长圆形，具细小疣状体，药隔伸出，不育雌蕊存在；雌花序与叶同出，长4~6厘米，苞片稍大，长约4毫米，带紫色，花梗长1.5~2.5毫米，萼片花瓣与雄花同，雄蕊较短，花丝长约0.5毫米，心皮5，耳形，侧向压扁，柱头紫红色，具多数小疣休。果球形，果期花瓣肉质增大包于果外，成熟时由红色变紫黑色，径4~6毫米；种子卵状长圆形。

产于云南、贵州、四川、湖北、陕西、甘肃、西藏。生于海拔400~3200米的灌丛中。保护区内主要见于耿达周边山区。

果可提酒精。种子榨油可作油漆和油墨。茎叶可提栲胶。全株含马桑碱，有毒，可作土农药。

拍摄者：叶建飞（摄于耿达）

131 ｜ 金钱槭

***Dipteronia sinensis* Oliv.**

槭树科　Aceraceae

国家二级重点保护野生植物。落叶小乔木，高5~15米。幼枝紫绿色，老枝褐色或暗褐色。奇数羽状复叶对生；小叶纸质，通常7~13枚，长圆卵形或长圆披针形，长7~10厘米，宽2~4厘米，先端锐尖或长锐尖，基部圆形，边缘具稀疏的钝形锯齿。圆锥花序顶生或腋生，直立，无毛，长15~30厘米；花梗长3~5毫米；花白色，杂性，雄花与两性花同株，萼片上卵形或椭圆形，花瓣5，阔卵形，长1毫米，宽1.5毫米，与萼片互生；雄蕊8，长于花瓣，花丝无毛，在两性花中则较短；子房扁形，被长硬毛，2室，在雄花中则不发育，花柱很短，柱头2，向外反卷。果实为翅果，常有2个扁形的果实生于一个果梗上，果实的周围围着圆形或卵形的翅，长2~2.8厘米，宽1.7~2.3厘米，嫩时紫红色，被长硬毛，成熟时淡黄色，无毛。花期4月，果期9月。

分布于河南西南部、陕西南部、甘肃东南部、湖北西部、四川、贵州等地。生于海拔1000~2000米的林边或疏林中。保护区内正河、三江等地偶见。

拍摄者：叶建飞（摄于三江）

132 | 阔叶清风藤

Sabia yunnanensis Franch. subsp.
latifolia (Rehd. et Wils.) Y. F. Wu

清风藤科　Sabiaceae

　　落叶攀缘木质藤本。嫩枝淡绿色，被短柔毛或微柔毛，老枝褐色或黑褐色，无毛，有条纹。叶近纸质，卵状披针形，长圆状卵形或倒卵状长圆形，先端急尖、渐尖至短尾状渐尖，基部圆钝至阔楔形，两面均有短柔毛，或叶背仅脉上有毛；叶柄长3～10毫米，有柔毛。聚伞花序有花2～4朵，花绿色或黄绿色；萼片5，阔卵形或近圆形，长0.8～1.2毫米，有紫红色斑点，无毛；花瓣5，阔倒卵形或倒卵状长圆形，基部有紫红色斑点，边缘有时具缘毛；雄蕊5；花盘肿胀，有3～4条肋状凸起，在其中部有很小的褐色凸起腺点；子房有柔毛或微柔毛。分果爿近肾形，横径6～8毫米；核有中肋，中肋两边各有1～2行蜂窝状凹穴，两侧面有浅块状凹穴，腹部平。花期4～5月，果期5月。

　　生于海拔2000～3600米的山谷、溪旁、疏林中。保护区内在海拔2000米以上山区较常见。

拍摄者：叶建飞（摄于三江）

133 | 波缘凤仙花

Impatiens undulata Y. L. Chen et Y. Q. Lu　　　　凤仙花科　Balsaminaceae

　　一年生草本，高40~100厘米，极光滑无毛。茎直立，上部多分枝。叶互生，在下部有叶柄，在上部无叶柄，叶片卵形或卵圆形，长2~7厘米，宽1.5~5厘米，顶部钝，基圆、截平或心形，边缘波形或钝圆齿，上表面灰绿色，下表面淡绿色，侧脉6~7对。总花梗腋生，长1.4~1.6厘米，常看似叶下生，1~3花；花梗细，长6~7毫米，近中部具1钻状苞片；花黄色，小，宽达1厘米，长可达2厘米；侧生萼片2，小，卵圆形，长2~3毫米，宽2毫米；黄色，干时变褐色；旗瓣近圆形，宽3~5毫米，顶部圆，基部截平，背部中脉龙骨状凸起，凸起宽1~1.5毫米，绿色，翼瓣近无柄，长1.2厘米，基部裂片小，上部裂片大，斧形，顶端下背部有缺刻，背耳狭，唇瓣高脚碟形，长近2厘米，口部近水平，钝，距细，顶部卷曲比檐部长得多；花丝短，长1.0~1.5厘米；花药锐尖。蒴果纺锤形，长1.5~1.8厘米，近黑色。花期8~9月。

　　产于四川。生于海拔1800~2000米的林缘或林间草地。保护区内见于卧龙镇、正河周边中海拔山区。

拍摄者：朱淑霞、叶建飞

134 | 猫儿刺

Ilex pernyi Franch.   冬青科 Aquifoliaceae

常绿灌木或乔木。树皮纵裂。幼枝具纵棱槽，2~3年小枝圆形或近圆形。叶片革质，卵形或卵状披针形，长1.5~3厘米，宽5~14毫米，先端三角形渐尖，渐尖头长达12~14毫米，终于1~3毫米的粗刺，基部截形或近圆形，边缘具深波状刺齿1~3对；叶柄短。花序簇生于2年生枝的叶腋内，多为2~3花聚生成簇，每分枝仅具1花；花淡黄色，4基数；雄花：花梗长约1毫米，无毛，中上部具2枚近圆形的小苞片，花萼直径约2毫米，4裂，裂片阔三角形或半圆形，花冠辐状，直径约7毫米，花瓣椭圆形，长约3毫米，雄蕊稍长于花瓣，退化子房圆锥状卵形，长约1.5毫米；雌花：花梗长约2毫米，花萼像雄花，花瓣卵形，长约2.5毫米，退化雄蕊短于花瓣，子房卵球形，柱头盘状。果球形，直径7~8毫米，

拍摄者：叶建飞

成熟时红色，直径约2.5毫米，宿存柱头厚盘状，4裂；分核4，轮廓倒卵形或长圆形，在较宽端背部微凹陷，且具掌状条纹和沟槽，侧面具网状条纹和沟，内果皮木质。花期4~5月，果期10~11月。

产于陕西、甘肃、安徽、浙江、江西、河南、湖北、四川和贵州等地。生于海拔1000~2500米的山谷林中或山坡、路旁灌丛中。保护区内在海拔2500米以下山区比较常见。

本种的树皮含小檗碱，可作黄连制剂的代用品。叶和果入药，有补肝肾、清风热之功效。根入药，用于肺热咳嗽、咯血、咽喉肿痛、角膜云翳等症。

135 云南冬青

Ilex yunnanensis Franch.

冬青科 Aquifoliaceae

常绿灌木或乔木。幼枝圆柱形，具纵棱槽，密被金黄色柔毛。叶生于1～3年生枝上，叶片革质至薄革质，卵形，卵状披针形，长2～4厘米，宽1～2.5厘米，先端急尖，基部圆形或钝，边缘具细圆齿状锯齿，齿尖常为芒状小尖头。雄花为1～3花的聚伞花序，生于当年生枝的叶腋内或基部的鳞片腋内，总花梗长8～14毫米，花梗长2～4毫米；花4基数，白色、粉红色或红色；花萼盘状，4深裂，裂片三角形；花瓣卵形，长约2毫米，宽约1.5毫米，基部稍合生；雄蕊短于花瓣，退化子房圆锥形；雌花单花生于当年生枝的叶腋内，花梗长3～14毫米，中部以上具1～2枚小苞片，花被同雄花，退化雄蕊败育花药箭头状，子房球形，具4条纵沟，花柱明显，柱头盘状，4裂。果球形，成熟后红色，果梗长5～15毫米，宿存花萼平展，四角形；宿存柱头隆起，盘状；分核4，长椭圆形，横切面近三角形，平滑，无条纹及沟槽，内果皮革质。花期5～6月，果期8～10月。

产于陕西、甘肃、湖北、广西、四川、贵州、云南和西藏。生于海拔1500～3500米的山地，河谷常绿阔叶林、杂木林、铁杉林中或林缘、灌木丛中、杜鹃林中。保护区内偶见于正河、白岩沟、英雄沟等周边山区。

拍摄者：朱淑霞

136 | 野鸦椿

Euscaphis japonica (Thunb.) Dippel 省沽油科 Staphyleaceae

　　落叶小乔木或灌木，高2~8米。树皮灰褐色，具纵条纹。小枝及芽红紫色，枝叶揉碎后发出恶臭气味。叶对生，奇数羽状复叶，长8~32厘米，叶轴淡绿色，小叶5~9，稀3~11，厚纸质，长卵形或椭圆形，稀为圆形，长4~9厘米，宽2~4厘米，先端渐尖，基部钝圆，边缘具疏短锯齿，齿尖有腺体，两面除背面沿脉有白色小柔毛外余无毛，主脉在上面明显，在背面突出，侧脉8~11，两面可见，小叶柄长1~2毫米，小托叶线形，基部较宽，先端尖，有微柔毛。圆锥花序顶生；花梗长达21厘米，花多，较密集，黄白色，径4~5毫米；萼片与花瓣均为5，椭圆形，萼片宿存；花盘盘状，心皮3，分离。蓇葖果长1~2厘米，每一花发育为1~3个蓇葖，果皮软革质，紫红色，有纵脉纹，种子近圆形，径约5毫米，假种皮肉质，黑色，有光泽。花期5~6月，果期8~9月。

　　除我国西北各省份外，全国均产，主产江南各省，西至云南东北部。生于海拔1200~1400米的次生落叶阔叶林中。保护区内偶见于五一棚、耿达、三江等周边山区。

　　根及干果入药，用于祛风除湿。

拍摄者：马永红（摄于五一棚）

137 | 角翅卫矛

Euonymus cornutus Hemsl.

卫矛科　Celastraceae

　　灌木，高1~2.5米。叶厚纸质或薄革质，披针形、窄披针形，偶近线形，长6~11厘米，宽8~15毫米，先端窄长渐尖，基部楔形或阔楔形，边缘有细密浅锯齿，侧脉7~11对，叶缘处常稍波状折曲，与小脉形成明显特殊脉网；叶柄长3~6毫米。聚伞花序常只1次分枝，3花，少为2次分枝，具5~7花；花序梗细长，长3~5厘米；小花梗长1~1.2厘米，中央花小花梗稍细长；花紫红色或暗紫带绿，直径约1厘米，花4数及5数并存；萼片肾圆形；花瓣倒卵形或近圆形；花盘近圆形；雄蕊着生花盘边缘，无花丝；子房无花柱，柱头小，盘状。蒴果具4或5翅，近球状，直径连翅2.5~3.5厘米，翅长5~10毫米，向尖端渐窄，常微呈钩状；果序梗长3.5~8厘米，小果梗长1~1.5厘米；种子阔椭圆状，长约6毫米，包于橙色假种皮中。

　　分布于湖北、四川、陕西和甘肃。生于海拔2000~2700米的针阔叶混交林、路旁灌丛、河谷乔灌林下。保护区内见于英雄沟、梯子沟、三江等周边山区。

拍摄者：叶建飞（摄于三江）

138 | 紫花卫矛

Euonymus porphyreus Loes.　　　　　　　　卫矛科　Celastraceae

　　灌木，高1~5米。叶纸质，卵形、长卵形或阔椭圆形，长3~7厘米，宽1.5~3.5厘米，先端渐尖至长渐尖，基部阔楔形或近圆形，边缘具细密小锯齿，齿尖常稍内曲；叶柄长3~7毫米。聚伞花序具细长花序梗，梗端有3~5分枝，每枝有三出小聚伞；花4，深紫色，直径6~8毫米，花瓣长方椭圆形或窄卵形，花盘扁方，微4裂，子房扁，花柱极短，柱头小。蒴果近球状，直径约1厘米，4翅窄长，长5~10毫米，先端常稍窄并稍向上内曲。

　　分布于陕西、甘肃、青海、湖北、四川、贵州、云南和西藏。生于海拔2500~3200米的山地丛林及山溪旁侧的丛林中。保护区内见于白岩沟、卧龙关沟、五一棚、梯子沟、牛尾沟、英雄沟等周边山区。

拍摄者：朱大海

139 | 云南勾儿茶

Berchemia yunnanensis Franch.

鼠李科　Rhamnaceae

　　藤状灌木，高2.5~5米。小枝平展，淡黄绿色；老枝黄褐色，无毛。叶纸质，卵状椭圆形、矩圆状椭圆形或卵形，长2.5~6厘米，宽1.5~3厘米，顶端锐尖，稀钝，具小尖头，基部圆形，稀宽楔形，两面无毛，上面绿色，下面浅绿色，干时常变黄色，侧脉每边8~12条，两面凸起；叶柄长7~13毫米，无毛；托叶膜质，披针形。花黄色，无毛，通常数个簇生，近无总梗或有短总梗，排成聚伞总状或窄聚伞圆锥花序，花序常生于具叶的侧枝顶端，长2~5厘米，花梗长3~4毫米，无毛；花芽卵球形，顶端钝或锐尖，长宽相等；萼片三角形，顶端锐尖或短渐尖；花瓣倒卵形，顶端钝；雄蕊稍短于花瓣。核果圆柱形，长6~9毫米，直径4~5毫米，顶端钝而无小尖头，成熟时红色，后黑色，有甜味，基部宿存的花盘皿状，果梗长4~5毫米。花期6~8月，果期翌年4~5月。

　　分布于陕西、甘肃东南部、四川、贵州、云南及西藏东部。常生于海拔1500~3900米的山坡、溪流边灌丛或林中。保护区内见于海拔2200米以下的山区。

拍摄者：朱淑霞

140 | 锦葵

Malva sinensis Cavan.

锦葵科　Malvaceae

二年生或多年生直立草本，高50～90厘米。分枝多，疏被粗毛。叶圆心形或肾形，具5～7圆齿状钝裂片，长5～12厘米，宽几相等，基部近心形至圆形，边缘具圆锯齿，两面均无毛或仅脉上疏被短糙伏毛；叶柄长4～8厘米，近无毛，但上面槽内被长硬毛；托叶偏斜，卵形，具锯齿，先端渐尖。花3～11朵簇生，花梗长1～2厘米，无毛或疏被粗毛；小苞片3，长圆形，长3～4毫米，宽1～2毫米，先端圆形，疏被柔毛；萼状，长6～7毫米，萼裂片5，宽三角形，两面均被星状疏柔毛；花紫红色或白色，直径3.5～4厘米，花瓣5，匙形，长2厘米，先端微缺，爪具髯毛；雄蕊柱长8～10毫米，被刺毛，花丝无毛；花柱分枝9～11，被微细毛。果扁圆形，径约5～7毫米，分果爿9～11，肾形，被柔毛；种子黑褐色，肾形，长2毫米。花期5～10月。

我国南北各城市常见的栽培植物，偶有逸生。保护区内主要见于卧龙镇居民区周边山坡，栽培或逸生。

拍摄者：马永红（摄于卧龙镇）

141 | 川西瑞香

Daphne gemmata E. Prtz.

瑞香科 Thymelaeaceae

拍摄者：叶建飞（摄于巴朗山）

落叶灌木，高达1米。当年生枝圆柱形，具贴生黄色细柔毛；多年生枝灰色或灰褐色，无毛。叶互生，纸质或膜质，倒卵状披针形或倒卵形，长3~8厘米，宽0.6~2.2厘米，先端钝圆形，基部宽楔形，边缘微反卷，上面亮绿色，下面淡褐色，幼时疏生淡黄色丝状毛。花黄色，常5~6朵组成短穗状花序，有时多花，顶生；无苞片；花序梗短，长约2毫米，与长0.5毫米的花梗密被淡黄色的丝状短柔毛；花萼筒长圆筒状，细瘦，长10~14毫米，向上弯斜，外面被黄褐色短的丝状柔毛，裂片5，卵形或椭圆形，长4~5毫米，宽2~3毫米，顶端稍钝形；雄蕊10，2轮，均着生于花萼筒的中部以下，花丝短，花药长圆形，长约1毫米，2室，直裂；花盘一侧发达，近方形，长约为子房的1/3，顶端常2裂，裂片不等长，白色，透明；子房广卵形，长2~2.5毫米，顶端疏生黄色细绒毛，花柱极短，柱头头状。果实椭圆形，常为花萼筒所包围，长约4毫米，幼时淡绿色，成熟时红色。花期4~9月，果期8~12月。

产于四川西北部至西部，为四川特产。常见于海拔400~1500米的低山和丘陵地区。保护区内主要分布于巴朗山麓坡。

142 | 唐古特瑞香

Daphne tangutica Maxim.

常绿灌木，高0.5～2.5米。枝肉质，幼枝灰黄色，具黄褐色粗柔毛；老枝淡灰色或灰黄色。叶互生，革质，披针形至长圆状披针形或倒披针形，长2～8厘米，宽0.5～1.7厘米，先端钝形；幼时具1束白色柔毛，基部下延于叶柄，楔形，边缘全缘，反卷，两面无毛或幼时下面微被淡白色细柔毛；叶柄短或几无叶柄。花外面紫色或紫红色，内面白色，头状花序生于小枝顶端；苞片早落，卵形或卵状披针形，长5～6毫米，宽3～4毫米，顶端钝尖，具1束白色柔毛，边缘具白色丝状纤毛，其余两面无毛；花序梗长2～3毫米，有黄色细柔毛，花梗极短或几无花梗，具淡黄色柔毛；花萼筒圆筒形，具显著的纵棱，裂片4，卵形或卵状椭圆形，长5～8毫米，宽4～5毫米，开展；雄蕊8，2轮；花盘环状，边缘为不规则浅裂；子房长圆状倒卵形，长2～3毫米，无毛，花柱粗短。果实卵形或近球形，无毛，长6～8毫米，直径6～7毫米，幼时绿色，成熟时红色，干燥后紫黑色；种子卵形。花期4～5月，果期5～7月。

分布于山西、陕西、甘肃、青海、四川、贵州、云南、西藏。生于海拔1000～3800米的湿润林中。保护区内较为常见。

拍摄者：朱淑霞

143 | 牛奶子

Elaeagnus umbellata Thunb.

胡颓子科　Elaeagnaceae

　　落叶直立灌木，高1～4米，具长1～4厘米的刺。小枝甚开展，多分枝；幼枝密被银白色和少数黄褐色鳞片；老枝鳞片脱落，灰黑色。叶纸质或膜质，椭圆形至卵状椭圆形或倒卵状披针形，长3～8厘米，宽1～3.2厘米，顶端钝形或渐尖，基部圆形至楔形，边缘全缘或皱卷至波状，下面密被银白色和散生少数褐色鳞片；叶柄白色，长5～7毫米。花较叶先开放，黄白色，芳香，密被银白色盾形鳞片，1～7花簇生新枝基部，单生或成对生于幼叶腋；花梗长3～6毫米；萼筒圆筒状漏斗形，长5～7毫米，裂片卵状三角形，长2～4毫米，顶端钝尖；雄蕊的花丝极短；花柱直立，柱头侧生。果实几球形或卵圆形，长5～7毫米，被银白色或有时全被褐色鳞片，成熟时红色。花期4～5月，果期7～8月。

　　本种为亚热带和温带地区常见植物。生于海拔20～3000米的向阳林缘、灌丛中、荒坡上和沟边。保护区内在海拔3000米以下山区常见。

　　本种果实可生食；叶做土农药可杀棉蚜虫；果实、根和叶亦可入药。

拍摄者：叶建飞（摄于三江周边山坡）

144 | 双花堇菜

Viola biflora L.

董菜科　Violaceae

多年生草本。根状茎具结节。地上茎较细弱，高10～25厘米，2或数条簇生，直立或斜升。基生叶2至数枚，具长4～8厘米的长柄，叶片肾形、宽卵形或近圆形，长1～3厘米，宽1～4.5厘米，先端钝圆，基部深心形或心形，边缘具钝齿；茎生叶具短柄，叶片较小；托叶与叶柄离生，卵形或卵状披针形，长3～6毫米，全缘或疏生细齿。花黄色或淡黄色，在开花末期有时变淡白色；花梗细弱，长1～6厘米，上部有2枚披针形小苞片；萼片线状披针形，长3～4毫米，基部附属物极短；花瓣长圆状倒卵形，长6～8毫米，具紫色脉纹，侧方花瓣里面无须毛，下方花瓣连距长约1厘米；距短筒状，长2～2.5毫米；下方雄蕊之距呈短角状；子房无毛，花柱2深裂，裂片间具明显的柱头孔。蒴果长圆状卵形，长4～7毫米，无毛。花果期5～9月。

主要分布于长江以北地区。生于海拔2500～4000米的高山及亚高山地带草甸、灌丛或林缘、岩石缝隙间。保护区内见于巴朗山一带周边山区。

全草民间药用，能治跌打损伤。

拍摄者：叶建飞

145 | 中国旌节花

***Stachyurus chinensis* Franch.**　　　旌节花科　Stachyuraceae

　　落叶灌木，高2~4米。树皮光滑紫褐色。小枝粗状，圆柱形，具淡色椭圆形皮孔。叶于花后发出，互生，纸质至膜质，卵形、长圆状卵形至长圆状椭圆形，长5~12厘米，宽3~7厘米，先端渐尖至短尾状渐尖，基部钝圆至近心形，边缘具锯齿，侧脉在两面均凸起；叶柄长1~2厘米，通常暗紫色。穗状花序腋生，长5~10厘米，无梗；花黄色，长约7毫米，近无梗或有短梗；苞片1枚，三角状卵形；小苞片2，卵形；萼片4，黄绿色，卵形，长约3~5毫米，顶端钝；花瓣4，卵形，长约6.5毫米，顶端圆形；雄蕊8，与花瓣等长；子房瓶状，被微柔毛，柱头头状，不裂。果实圆球形，直径6~7厘米，无毛，近无梗。花期3~4月，果期5~7月。

　　广布种。生于海拔400~3000米的山坡、谷地、林中或林缘。保护区内在海拔2500米以下山区常见。

拍摄者：叶建飞（摄于西河）

146 | 心叶秋海棠

Begonia labordei Levl.   秋海棠科　Begoniaceae

　　多年生无茎草本。根状茎球形。叶均基生，具长柄；轮廓卵形，长10～25厘米，宽6～22厘米，先端渐尖至急尖，基部略偏斜，心形，边缘具不等大的三角形之齿，通常不分裂，上面深绿色，散生稍硬毛，下面色淡，沿脉疏被短毛，其余部分近无毛或无毛，掌状5～7条脉，下面较明显；托叶小，早落。花葶高2～6.5厘米，无毛；花粉红色或淡玫瑰色，数朵，呈总状式的二至三回二歧聚伞花序；雄花花梗长约1厘米，花被片4，外面2枚长圆形或卵状长圆形，先端圆或钝，外面无毛，内面2枚，椭圆形，先端钝；雄蕊多数，花丝连合成柱，长约1.1毫米；雌花花梗长8～9毫米，花被片4，外面2枚，宽椭圆形，先端圆，外面无毛，内面2枚，窄长圆形，先端圆；子房长圆形，长5～6毫米，直径3～4毫米，无毛，3室，每室胎座具2裂片，具不等大3翅；花柱大部合生，柱头3，膨大，外向螺旋状扭曲呈"U"字形，并密被刺状乳头。蒴果下垂，轮廓长圆倒卵形，长约10毫米，直径6～7毫米，无毛，具不等大3翅，无毛；种子极多数，小，长圆形，淡褐色，光滑。花期8月，果期9月开始。

　　产于云南、四川、贵州。生于海拔850～3000米的山坡常绿阔叶林下岩石上、山坡阴湿处的岩石上、沟边杂木林中和杂木林内箐边岩石上以及山坡湿地岩石缝。保护区内见于正河流域河谷阴湿岩石上。

拍摄者：叶建飞（摄于正河）

147 | 中华秋海棠

Begonia grandis Dry subsp. _sinensis_ (A. DC.) Irmsch.

秋海棠科　Begoniaceae

　　草本。茎高20～70厘米，几无分枝，外形似金字塔形。叶较小，椭圆状卵形至三角状卵形，长5～20厘米，宽3.5～13厘米，先端渐尖，下面色淡，偶带红色，基部心形，宽侧下延呈圆形，长0.5～4厘米，宽1.8～7厘米。花序较短，呈伞房状至圆锥状二歧聚伞花序；花小，雄蕊多数，短于2毫米，整体呈球状；花柱基部合生或微合生，有分枝，柱头呈螺旋状扭曲，稀呈"U"字形。蒴果具3不等大之翅。

　　产于河北、山东、河南、山西、甘肃、陕西、四川、贵州、广西、湖北、湖南、江苏、浙江、福建。生于海拔300～2900米的山谷阴湿岩石上、滴水的石灰岩边、疏林阴处、荒坡阴湿处以及山坡林下。保护区内见于耿达、正河、七层楼沟、核桃坪、花红树沟、英雄沟、梯子沟等周边山区。

拍摄者：叶建飞（摄于正河）

148 | 绞股蓝

Gynostemma pentaphyllum (Thunb.) Makino　　葫芦科　Cucurbitaceae

　　草质攀缘植物。茎细弱，具纵棱及槽，无毛或疏被短柔毛。叶膜质或纸质，鸟足状，具3~9小叶，叶柄长3~7厘米；小叶片卵状长圆形或披针形，中央小叶长3~12厘米，宽1.5~4厘米，侧生较小，先端急尖或短渐尖，基部渐狭，边缘具波状齿或圆齿。卷须纤细，二歧，稀单一。雌雄异株；雄花圆锥花序，花序轴纤细，多分枝，长10~30厘米，长3~15厘米，有时基部具小叶，花梗丝状，基部具钻状小苞片，花萼筒极短，5裂，花冠淡绿色或白色，5深裂，裂片卵状披针形，长2.5~3毫米，宽约1毫米，先端长渐尖，雄蕊5，花丝短，联合成柱；雌花圆锥花序远较雄花之短小，花萼及花冠似雄花，子房球形，花柱3，短而叉开，柱头2裂，具短小的退化雄蕊5。果实肉质不裂，球形，径5~6毫米，成熟后黑色，光滑无毛；种子卵状心形，径约4毫米，压扁，两面具乳突状凸起。花期3~11月，果期4~12月。

　　长江以南各省区广布。生于海拔300~3200米的山谷密林中、山坡疏林、灌丛中或路旁草丛中。

　　本种入药，有消炎解毒、止咳祛痰的功效。

拍摄者：朱淑霞

149 | 长果雪胆

Hemsleya dolichocarpa W. J. Chang

葫芦科　Cucurbitaceae

　　根具膨大块茎，极苦。茎草质纤细，疏被短柔毛。卷须线形，先端二歧，趾状复叶5～7小叶，叶柄长3.5～6.5厘米；小叶片倒卵状披针形或椭圆状披针形，先端急尖，基部楔形，边缘粗圆锯齿状，两面沿中肋和侧脉密被细刺毛，中央小叶片长7～15厘米，宽4～7厘米，两侧的小叶渐小。雌雄异株，蝎尾状聚伞花序至圆锥花序，长3～8厘米，花梗长0.8厘米；雄花：花萼裂片5，披针形，花冠扁球形，浅棕红色，径8～10毫米，裂片宽卵圆形，先端具小尖凸，长6～8毫米，宽4～6毫米，向后反折，雄蕊5，花丝极短，约1毫米；雌花：子房圆柱状，花柱3，柱头2裂。果实圆筒状椭圆形，长5～8厘米，径2～3.5厘米，短角状花柱宿存，具10条纵棱；种子宽卵形至近圆形，周生1～2毫米宽的厚木栓质翅，密布皱褶和小瘤凸。花期6～9月，果期8～11月。

　　产于四川中部。生于海拔2000米左右的山谷灌丛中。保护区内见于三江。

拍摄者：叶建飞（摄于三江周边山坡）

150 | 川赤瓟

Thladiantha davidii Franch.

葫芦科　Cucurbitaceae

　　攀缘草本。茎枝有纵向的深棱沟。叶柄稍粗壮，长6～8厘米，无毛；叶片卵状心形，长10～20厘米，宽6～12厘米，先端渐尖，边缘有胼胝质的细齿，基部弯缺圆形，上面粗糙，下面光滑。卷须二歧，光滑无毛。雌雄异株；雄花：10～20朵或更多的花密集成伞形总状花序，花序轴长达10～20厘米，花梗极短，纤细，花萼筒倒锥状，裂片披针状长圆形，长1～1.2厘米；花冠黄色，裂片卵形，先端钝，长约1.5厘米，宽约0.9厘米，内面和边缘被腺质微柔毛，花冠内侧基部具2枚黄色鳞片，雄蕊5，花丝疏生微柔毛；雌花：单生或2～3朵生于一粗壮的总梗顶端，花萼筒锥状，裂片披针状长圆形，顶端稍钝，花冠黄色，裂片长圆形，长2.5～2.7厘米，宽1～1.2厘米，顶端渐尖，子房狭长圆形，花柱联合部分粗壮，长约3毫米，柱头2裂，膨大成肾形。果实长圆形，长3～4.5厘米，径宽2～2.4厘米，果梗长3～5厘米。种子黄白色，卵形，扁平，表面光滑。花果期夏秋季。

　　产于四川西部及贵州。生于海拔1100～2100米的路旁、沟边及灌丛中。保护区内海拔2000米以下山区常见。

拍摄者：叶建飞（摄于西河周边山区）

151 | 皱果赤瓟

Thladiantha henryi Hemsl.   葫芦科　Cucurbitaceae

　　攀缘藤本。茎、枝有纵向棱沟。叶柄细，长4～12厘米；叶片膜质或薄膜质，宽卵状心形，长8～16厘米，宽7～14厘米，先端急尖或短渐尖，边缘具小齿，基部心形，叶面粗糙，叶背被短柔毛。卷须纤细，二歧或单一。雌雄异株。雄花：6～10朵花成总状花序或圆锥花序；花梗长1～3厘米，疏生短柔毛；花萼筒宽钟形，裂片披针形，长1～1.2厘米；花冠黄色，裂片长圆状椭圆形或长圆形，长约2厘米，宽8毫米，先端短渐尖或急尖；雄蕊5，其中4枚两两成对，花丝基部靠合，1枚分离；花丝的基部有3枚黄色鳞片状附属物。雌花单生、双生或3至数朵生于长2～3厘米的总花梗上，花梗长2～6厘米，花萼和花冠与雄花同，但均较雄花稍大，退化雄蕊5，棒状，长2.5毫米；子房长卵形被柔毛，多瘤状凸起成皱褶状，花柱顶端分3叉，柱头极膨大，圆肾形，淡黄色，2深裂。果实椭圆形，长5～10厘米，径宽3～4厘米，果皮隆起呈皱褶状。花果期6～11月。

　　产于湖北西部、四川东部、陕西南部和湖南西部。生于海拔1100～2000米的山坡林下、路旁或灌丛中。保护区内见于西河。

拍摄者：叶建飞（摄于西河周边山区）

152 | 千屈菜

Lythrum salicaria L.

多年生草本。根茎横卧于地下，粗壮；茎直立，多分枝，高30～100厘米，全株青绿色，略被粗毛或密被绒毛，枝通常具4棱。叶对生或三叶轮生，披针形或阔披针形，长4～6（～10）厘米，宽8～15毫米，顶端钝形或短尖，基部圆形或心形，有时略抱茎，全缘，无柄。花组成小聚伞花序，簇生，因花梗及总梗极短，因此花枝全形似一大型穗状花序；苞片阔披针形至三角状卵形，长5～12毫米；萼筒长5～8毫米，有纵棱12条，稍被粗毛，裂片6，三角形；附属体针状，直立，长1.5～2毫米；花瓣6，红紫色或淡紫色，倒披针状长椭圆形，基部楔形，长7～8毫米，着生于萼筒上部，有短爪，稍皱缩；雄蕊12，6长6短，伸出萼筒之外；子房2室，花柱长短不一。蒴果扁圆形。

分布于全国各地，亦有栽培。生于河岸、湖畔、溪沟边和潮湿草地。

全草入药，治肠炎、痢疾、便血；外用于外伤出血。

拍摄者：谭进波

153 | 肉穗草

Sarcopyramis bodinieri Levl. et Van.　　野牡丹科　Melastomataceae

拍摄者：叶建飞（摄于西河）

草本，纤细，高5~12厘米。具匍匐茎，无毛。单叶对生，叶片卵形或椭圆形，顶端钝或急尖，边缘具疏浅波状齿，3~5基出脉，叶片上面被疏糙伏毛，绿色或紫绿色，有时沿基出脉及侧脉呈黄白色，背面通常无毛，通常呈紫红色；叶柄长3~11毫米，无毛，具狭翅。聚伞花序，顶生，有花1~3，稀5，基部具2枚叶状苞片，苞片通常为倒卵形，被毛；总梗长0.5~3（~4）厘米，花梗长1~3毫米，常四棱形，棱上具狭翅；花萼长约3毫米，具4棱，棱上有狭翅，顶端增宽而成垂直的长方形裂片，裂片背部具刺状尖头，有时边缘微羽状分裂；花瓣紫红色至粉红色，宽卵形，略偏斜，长3~4毫米，顶端急尖；雄蕊内向，花药黄色，近顶孔开裂，药隔基部伸延成短距，距上弯，长为药室的1/2左右；子房坛状，顶端具膜质冠，冠檐具波状齿。蒴果通常白绿色，杯形，具4棱，膜质冠长出萼1倍；宿存萼与花时无异。花期5~7月，果期10~12月或翌年1月。

分布于四川、贵州、云南、广西。生于海拔1000~2400米的山谷密林下、阴湿的地方或石缝间。保护区内见于正河、三江、七层楼沟、英雄沟、银厂沟等周边山区。

154 | 楮头红

Sarcopyramis nepalensis Wall.　　野牡丹科　Melastomataceae

　　直立草本，高10～30厘米。茎四棱形，肉质，无毛，上部分枝。叶膜质，广卵形或卵形，稀近披针形，顶端渐尖，基部楔形或近圆形，微下延，长（2～）5～10厘米，宽（1～）2.5～4.5厘米，边缘具细锯齿，3～5基出脉，叶面被疏糙伏毛，基出脉微凹，侧脉微隆起，背面被微柔毛或几无毛，基出脉、侧脉隆起；叶柄长（0.8～）1.2～2.8厘米，具狭翅。聚伞花序，生于分枝顶端，有花1～3，基部具2枚叶状苞片；苞片卵形，近无柄；花梗长2～6毫米，四棱形，棱上具狭翅；花萼长约5毫米，四棱形，棱上有狭翅，裂片顶端平截，具流苏状长缘毛膜质的盘；花瓣粉红色，倒卵形，顶端平截，偏斜，另1侧具小尖头，长约7毫米；雄蕊等长，花丝向下渐宽，花药长为花丝的1/2，药隔基部下延成极短的距或微凸起，距长为药室长的1/4～1/3，上弯；子房顶端具膜质冠，冠缘浅波状，微4裂。蒴果杯形，具4棱，膜质冠伸出萼1倍；宿存萼及裂片与花时同。花期8～10月，果期9～12月。

　　广布种。生于海拔1300～3200米的密林下阴湿的地方或溪边。保护区内见于三江周边山区。

　　全草入药，有清肝明目的作用，治耳鸣及目雾等症或去肝火。

拍摄者：叶建飞〔摄于三江周边山区〕

155 | 柳兰

Epilobium angustifolium L.

多年生草本，直立，丛生。茎高20～130厘米，不分枝或上部分枝，圆柱状，无毛，下部多少木质化。叶常螺旋状互生，无柄；基生叶披针状长圆形至倒卵形，较短，常枯萎；中上部的叶近革质，线状披针形或狭披针形，长3～19厘米，宽常0.7～1.3厘米，先端渐狭，基部钝圆或有时宽楔形，两面无毛，边缘近全缘或稀疏浅小齿，稍微反卷。总状花序直立；苞片下部的叶状，上部的很小，三角状披针形；花在芽时下垂，到开放时直立展开；花梗长0.5～1.8厘米；花管缺，花盘深0.5～1毫米，径2～4毫米；萼片紫红色，长圆状披针形，先端渐狭渐尖，被灰白柔毛；花瓣粉红至紫红色，稀白色，稍不等大，倒卵形或狭倒卵形，全缘或先端具浅凹缺；花药初期红色，开裂时变紫红色，产生带蓝色的花粉，花丝开放时强烈反折，后恢复直立，下部被长柔毛；柱头白色，深4裂，裂片长圆状披针形，上面密生小乳突。蒴果长4～8厘米，密被贴生的白灰色柔毛，果梗长0.5～1.9厘米。花期6～9月，果期8～10月。

主产于长江以北各省区。生于500～4700米的山区半开阔或开阔较湿润草坡灌丛、高山草甸、河滩、砾石坡。保护区内见于巴朗山、梯子沟。

拍摄者：朱淑霞、叶建飞

156 | 长籽柳叶菜

Epilobium pyrricholophum Franch. et Savat.　　　柳叶菜科　Onagraceae

多年生草本。自茎基部生出纤细的越冬匍匐枝条，其节上叶小，近圆形，边缘近全缘，先端钝形。茎高25~80厘米，圆柱状，常多分枝，周围密被曲柔毛与腺毛。叶对生，花序上的互生，排列密，近无柄，卵形至宽卵形，茎上部的有时披针形，长2~5厘米，宽0.5~2厘米，先端锐尖或下部的近钝形，基部钝或圆形，有时近心形，边缘具锐锯齿，两面尤脉上被曲柔毛，茎上部的还混生腺毛。花序直立，密被腺毛与曲柔毛；花直立，花梗长0.4~0.7厘米，花管喉部有1环白色长毛；萼片披针状长圆形，长4~7毫米，宽1~1.2毫米，被曲柔毛与腺毛；花瓣粉红色至紫红色，倒卵形至倒心形，长6~8毫米，宽3~4.5毫米，先端凹缺深1~1.4毫米；花柱直立，长2.8~4毫米，无毛；柱头棍棒状或近头状，高2~3毫米，径1~2.3毫米，稍高出外轮雄蕊或近等高。蒴果长3.5~7厘米，被腺毛，果梗长0.7~1.5厘米；种子狭倒卵状，长1.5~1.8毫米，径0.35~0.5毫米，顶端渐尖，褐色，表面具细乳突，种缨红褐色，长7~12毫米，常宿存。花期7~9月，果期8~11月。

广布种。生于海拔150~1770米的山区沿江河谷、溪沟旁、池塘与水田湿处。保护区内海拔2000米以下山区常见。

拍摄者：叶建飞、朱淑霞

157 | 月见草

Oenothera biennis L.

柳叶菜科　Onagraceae

　　直立二年生粗状草本。茎被曲柔毛与伸展长毛，在茎枝上端常混生有腺毛。基生叶倒披针形，先端锐尖，基部楔形，边缘疏生不整齐的浅钝齿，两面被曲柔毛与长毛。茎生叶椭圆形至倒披针形，先端锐尖至短渐尖，基部楔形，边缘每边有5～19枚稀疏钝齿，每边两面被曲柔毛与长毛。穗状花序；苞片叶状，自下向上由大变小，近无柄，果时宿存；花管长2.5～3.5厘米，黄绿色或开花时带红色，被柔毛、长毛与短腺毛；萼片绿色，有时带红色，长圆状披针形，下部宽大，先端骤缩成尾状，在芽时直立，彼此靠合，开放时自基部反折，但又在中部上翻，毛被同花管；花瓣黄色，宽倒卵形，先端微凹缺；花丝近等长；子房绿色，圆柱状，具4棱，密被伸展长毛与短腺毛，有时混生曲柔毛。蒴果锥状圆柱形，向上变狭，直立。绿色，毛被同子房，但渐变稀疏，具明显的棱。

　　原产于北美，在我国东北、华北、华东（含台湾）、西南（四川、贵州）有栽培，并早已沦为逸生，常生开阔荒坡路旁。保护区内见于耿达居民区周边荒地。

拍摄者：叶建飞（摄于耿达）

158 | 珙桐

***Davidia involucrata* Baill.**

　　国家一级重点保护野生植物。落叶乔木，高达25米。树皮深灰色或褐色，常不规则薄片状脱落。叶纸质，互生，无托叶，常密集于幼枝顶端，阔卵形或近圆形，长9～15厘米，宽7～12厘米，顶端急尖，具微弯曲的尖头，基部心形，边缘有三角形而尖端锐尖的粗锯齿，中脉和8～9对侧脉均在上面显著，在下面凸起；叶柄圆柱形，长4～5厘米。两性花与雄花同株，由多数的雄花与1个雌花或两性花成近球形的头状花序，直径约2厘米，着生于幼枝的顶端，两性花位于花序的顶端，雄花环绕，基部具花瓣状的苞片2～3，长7～20厘米，宽3～10厘米，乳白色，后变为棕黄色而脱落；雄花无花萼及花瓣，有雄蕊1～7；雌花或两性花具下位子房，与花托合生，子房的顶端具退化的花被及短小的雄蕊，花柱分成6～10枝，柱头向外平展。果实为长卵圆形核果，长3～4厘米，直径15～20毫米，外果皮薄，中果皮肉质，内果皮骨质具沟纹；种子3～5。花期4月，果期10月。

　　产于湖北西部、湖南西部、四川以及贵州和云南两省的北部。生于海拔1500～2200米的湿润的常绿阔叶落叶阔叶混交林中。保护区内偶见于耿达老鸦山周边山梁。

拍摄者：朱大海

159 | 川鄂山茱萸

Cornus chinensis Wanger.   山茱萸科   Cornaceae

落叶乔木。树皮黑褐色。枝对生，幼时紫红色，密被贴生灰色短柔毛，老时褐色，无毛。叶对生，纸质，卵状披针形至长圆椭圆形，先端渐尖，基部楔形或近于圆形，全缘，上面绿色，近于无毛，下面淡绿色，微被灰白色贴生短柔毛，脉腋有明显的灰色丛毛，侧脉5~6对，弓形内弯。伞形花序侧生，有总苞片4，纸质至革质，阔卵形或椭圆形，长6.5~7毫米，宽4~6.5毫米，两侧均有贴生短柔毛，开花后脱落；总花梗紫褐色，长5~12毫米，微被贴生短柔毛；花两性，先于叶开放，有香味；花萼裂片4，三角状披针形，长0.7毫米；花瓣4，披针形，黄色，长4毫米；雄蕊4，与花瓣互生，花丝短，紫色，花药近于球形，2室；花盘垫状，明显；子房下位，花托钟形，长约1毫米，被灰色短柔毛，花柱圆柱形，长1~1.4毫米，无毛，柱头截形；花梗纤细，长8~9毫米，被淡黄色长毛。核果长椭圆形，长6~8（~10）毫米，直径3.4~4毫米，紫褐色至黑色；核骨质，长椭圆形，长约7.5毫米，有几条肋纹。花期4月，果期9月。

分布于陕西、甘肃、河南、湖北、广东、四川、贵州、云南等地。生于海拔750~2500米的林缘或森林中。保护区内见于三江。

果实可供药用。

拍摄者：叶建飞（摄于三江）

160 | 中华青荚叶

Helwingia chinensis Batal.

山茱萸科　Cornaceae

　　常绿灌木，高1~2米。树皮深灰色或淡灰褐色。幼枝纤细，紫绿色。叶革质、近于革质，稀厚纸质，线状披针形或披针形，长4~15厘米，宽4~20毫米，先端长渐尖，基部楔形或近于圆形，边缘具稀疏腺状锯齿，叶面深绿色，下面淡绿色，侧脉6~8对，在上面不显，下面微显；叶柄长3~4厘米；托叶纤细。雄花4~5枚成伞形花序，生于叶面中脉中部或幼枝上段，花3~5数；花萼小，花瓣卵形，长2~3毫米，花梗长2~10毫米；雌花1~3枚生于叶面中脉中部，花梗极短；子房卵圆形，柱头3~5裂。果实具分核3~5，长圆形，直径5~7毫米，幼时绿色，成熟后黑色，果梗长1~2毫米。花期4~5月，果期8~10月。

　　分布于陕西南部、甘肃南部、湖北西部、湖南、四川、云南等地。常生于海拔1000~2000米的林下。保护区内见于正河、耿达、卧龙镇、三江等周边低海拔山区。

拍摄者：叶建飞（摄于耿达）

161 | 白粉青荚叶

Helwingia japonica (Thunb.) Dietr var. *hppoleuca* Hemsl. ex Rehd.

山茱萸科　Cornaceae

落叶灌木，高1~2米。幼枝绿色，无毛，叶痕显著。叶纸质，卵形、卵圆形，稀椭圆形，长3.5~9（~18）厘米，宽2~6（~8.5）厘米，先端渐尖，极稀尾状渐尖，基部阔楔形或近于圆形，边缘具刺状细锯齿；叶上面亮绿色，下面被白粉，常呈灰白色或粉绿色；中脉及侧脉在上面微凹陷，下面微凸出；叶柄长1~5（~6）厘米；托叶线状分裂。花淡绿色，3~5数，花萼小，花瓣长1~2毫米，镊合状排列；雄花4~12，呈伞形或密伞花序，常着生于叶上面中脉的1/3~1/2处，稀着生于幼枝上部，花梗长1~2.5毫米，雄蕊3~5，生于花盘内侧；雌花1~3，着生于叶上面中脉的1/2处，花梗长1~5毫米，子房卵圆形或球形，柱头3~5裂。浆果幼时绿色，成熟后黑色，分核3~5。花期4~5月，果期8~9月。

分布于陕西南部、湖北西部、四川、贵州北部、云南东北部。常生于海拔1200~2800米的林下。保护区内见于三江、英雄沟、魏家沟等周边山区。

拍摄者：叶建飞〔摄于三江〕

162 | 东北土当归

Aralia continentalis Kitagawa   五加科　Araliaceae

　　多年生草本，地下有块状粗根茎。地上茎高达1米，上部有灰色细毛。二回或三回羽状复叶；叶柄长11～24厘米，疏生灰色细毛；托叶和叶柄基部合生，卵形或狭卵形，上部有不整齐裂齿，外面密生灰色细毛；小叶3～7，膜质，顶生者倒卵形或椭圆状倒卵形，先端短渐尖，基部圆形至心形，侧生者长圆形或椭圆形至卵形，先端凸渐尖，基部楔形或心形，歪斜，两面有灰色细硬毛，边缘有不整齐锯齿或重锯齿。圆锥花序大，顶生或腋生，主轴及分枝有灰色细毛；伞形花序直径1.5～2厘米，有花多数；总花梗长1～2厘米，有毛；苞片卵形，先端尖，边缘膜质，有纤毛，长1.5～2毫米；花梗粗短，长5～6毫米，稀长达1厘米，有毛，小苞片披针形，长约1毫米，有毛；萼无毛，长1.5毫米，边缘有5个三角形尖齿；花瓣5，三角状卵形，长2毫米；雄蕊5，长2.5毫米；子房5室；花柱5，基部合生，顶端离生。果实紫黑色，有5棱，直径约3毫米；宿存花柱长约2毫米，中部以下合生，顶端离生，反曲。花期7～8月，果期8～9月。

　　分布于吉林、辽宁、河北、河南、陕西、四川和西藏。生于海拔800～3200米的森林下和山坡草丛中。保护区内见于三江、正河、英雄沟等周边山区。

　　嫩叶可食。

拍摄者：叶建飞

163 | 异叶梁王茶

Nothopanax davidii (Franch.) Harms ex Diels　　五加科　Araliaceae

灌木或乔木，高2~12米。叶为单叶，稀在同一枝上有3小叶的掌状复叶；叶柄长5~20厘米；叶片薄革质至厚革质，长圆状卵形至长圆状披针形，或三角形至卵状三角形，不分裂、掌状2~3浅裂或深裂，长6~21厘米，宽2.5~7厘米，先端长渐尖，基部阔楔形或圆形，有主脉3条，上面深绿色，有光泽，下面淡绿色，两面均无毛，边缘疏生细锯齿，有时为锐尖锯齿，侧脉6~8对，上面明显，下面不明显，网脉不明显；小叶片披针形，几无小叶柄。圆锥花序顶生，长达20厘米；伞形花序直径约2厘米，有花10余朵；总花梗长1.5~2厘米；花梗有关节，长7~10毫米；花白色或淡黄色，芳香；萼无毛，长约1.5毫米，边缘有5小齿；花瓣5，三角状卵形，长约1.5毫米；雄蕊5，花丝长约1.5毫米；子房2室，花盘稍隆起；花柱2，合生至中部，上部离生，反曲。果实球形，侧扁，直径5~6毫米，黑色；宿存花柱长1.5~2毫米。花期6~8月，果期9~11月。

分布于陕西、湖北、湖南、四川、贵州、云南。生于海拔800~3000米的疏林或阳性灌木林中、林缘、路边和岩石山上。保护区内见于三江、西河。

本种为民间草药，治跌打损伤、风湿关节痛。

拍摄者：叶建飞（摄于西河）

164 | 秀丽假人参

Panax pseudoginseng Wall. var.
elegantior (Burkill) Hoo et Tseng

五加科　Araliaceae

　　多年生草本。根状茎为长的串珠状或前端有短竹鞭状部分。叶较小，中央的小叶倒披针形、倒卵状椭圆形，稀倒卵形，最宽处在中部以上，先端常长渐尖，稀渐尖，基部狭尖，两边直。伞形花序单个顶生，直径约3.5厘米，有花20～50；总花梗长约12厘米，有纵纹，无毛；花梗纤细，无毛，长约1厘米；苞片不明显；花黄绿色；萼杯状（雄花的萼为陀螺形），边缘有5个三角形的齿；花瓣5；雄蕊5；子房2室；花柱2（雄花中的退化雌蕊上为1条），离生，反曲。浆果成熟后黑色。

　　分布于甘肃（卓尼）、陕西（太白山）、湖北（巴东）、四川（茂汶、马尔康、黑水、理县、小金、金川、康定、巫溪、巫山、木里）、云南（维西、德钦、贡山）、西藏（波密、错那）。生于海拔1800～3500米的沟谷阴湿林下。保护区内见于英雄沟、梯子沟、野牛沟等周边山区。

　　根状茎在西藏供药用，治吐血、血痢、血崩等症。

拍摄者：叶建飞（摄于野牛沟）

165 | 大叶三七

Panax pseudoginseng Wall. var.
japonicus (C. A. Mey.) Hoo & Tseng

五加科 Araliaceae

　　多年生草本。根状茎竹鞭状或串珠状，或兼有竹鞭状和串珠状，根通常不膨大，纤维状，稀侧根膨大成圆柱状肉质根。中央小叶片阔椭圆形、椭圆形、椭圆状卵形至倒卵状椭圆形，稀长圆形或椭圆状长圆形，最宽处常在中部，长为宽的2～4倍，先端渐尖或长渐尖，基部楔形、圆形或近心形，边缘有细锯齿、重锯齿或缺刻状锯齿，上面脉上无毛或疏生刚毛，下面无毛或脉上疏生刚毛或密生柔毛。伞形花序单个顶生，直径约3.5厘米，有花20～50；总花梗长约12厘米，有纵纹，无毛；花梗纤细，无毛，长约1厘米；苞片不明显；花黄绿色；萼杯状（雄花的萼为陀螺形），边缘有5个三角形的齿；花瓣5；雄蕊5；子房2室；花柱2（雄花中的退化雌蕊上为1条），离生，反曲。

　　分布甚广，北自甘肃、陕西、河南，南至云南、广西，西起西藏南部，经四川、贵州、湖北、湖南、安徽、江西、浙江至福建北部。生于海拔1200～4000米的森林下或灌丛草坡中。保护区内见于正河、三江、英雄沟、梯子沟、魏家沟、银厂沟、野牛沟等周边山区。

　　根状茎有活血去瘀、消肿镇痛之效，可代三七供药用。

拍摄者：叶建飞（摄于正河）

166 | 峨参

Anthriscus sylvestris (L.) Hoffm. Gen. 　　　　伞形科　Umbelliferae

　　二年生或多年生草本。茎较粗壮,高0.6～1.5米,多分枝,近无毛或下部有细柔毛。基生叶有长柄,柄长5～20厘米,基部有长约4厘米,宽约1厘米的鞘;叶片轮廓呈卵形,二回羽状分裂,长10～30厘米;一回羽片有长柄,卵形至宽卵形,长4～12厘米,宽2～8厘米;二回羽片3～4对,有短柄,卵状披针形,长2～6厘米,宽1.5～4厘米,羽状全裂或深裂,末回裂片卵形或椭圆状卵形,有粗锯齿,长1～3厘米,宽0.5～1.5厘米。背面疏生柔毛;茎上部叶有短柄或无柄,基部呈鞘状,有时边缘有毛。复伞形花序直径2.5～8厘米,伞辐4～15,不等长;小总苞片5～8,卵形至披针形,顶端尖锐,反折,边缘有睫毛或近无毛;花白色,通常带绿或黄色;花柱较花柱基长2倍。果实长卵形至线状长圆形,长5～10毫米,宽1～1.5毫米,光滑或疏生小瘤点,顶端渐狭成喙状,合生面明显收缩,果柄顶端常有1环白色小刚毛,分生果横剖面近圆形,油管不明显,胚乳有深槽。花果期4～5月。

　　广布种。从低山丘陵到海拔4500米的高山,生于山坡林下或路旁以及山谷溪边石缝中。保护区内较为常见。

　　根入药,为滋补强壮剂,治脾虚食胀、肺虚咳喘、水肿等。

拍摄者:朱淑霞

167 | 积雪草

Centella asiatica (L.) Urban

伞形科　Umbelliferae

多年生草本。茎匍匐，细长，节上生根。叶片膜质至草质，圆形、肾形或马蹄形，长1～2.8厘米，宽1.5～5厘米，边缘有钝锯齿，基部阔心形，两面无毛或在背面脉上疏生柔毛；掌状脉5～7，两面隆起，脉上部分叉；叶柄长1.5～27厘米，无毛或上部有柔毛，基部叶鞘透明，膜质。伞形花序梗2～4个，聚生于叶腋，长0.2～1.5厘米，有或无毛；苞片通常2，稀3，卵形，膜质，长3～4毫米，宽2.1～3毫米；每一伞形花序有花3～4，聚集呈头状，花无柄或有1毫米长的短柄；花瓣卵形，紫红色或乳白色，膜质，长1.2～1.5毫米，宽1.1～1.2毫米；花柱长约0.6毫米；花丝短于花瓣，与花柱等长。果实两侧扁压，圆球形、基部心形至平截形，长2.1～3毫米，宽2.2～3.6毫米，每侧有纵棱数条，棱间有明显的小横脉，网状，表面有毛或平滑。花果期4～10月。

广布种。生于海拔200～1900米的阴湿的草地或水沟边。保护区内见于耿达和三江海拔1500米以下山区。

全草入药，清热利湿、消肿解毒，治痧气腹痛、暑泻、痢疾、湿热黄疸、砂淋、血淋、吐血、咳血、目赤、喉肿、风疹、疥癣、疔痈肿毒、跌打损伤等。

拍摄者：朱淑霞

168 | 野胡萝卜

***Daucus carota* L.**

伞形科　Umbelliferae

　　二年生草本，高15～120厘米。茎单生，全体有白色粗硬毛。基生叶薄膜质，长圆形，二至三回羽状全裂，末回裂片线形或披针形，长2～15毫米，宽0.5～4毫米，顶端尖锐，有小尖头，光滑或有糙硬毛，叶柄长3～12厘米；茎生叶近无柄，有叶鞘，末回裂片小或细长。复伞形花序，花序梗长10～55厘米，有糙硬毛；总苞有多数苞片，呈叶状，羽状分裂，少有不裂的，裂片线形，长3～30毫米；伞辐多数，长2～7.5厘米，结果时外缘的伞辐向内弯曲；小总苞片5～7，线形，不分裂或2～3裂，边缘膜质，具纤毛；花通常白色，有时带淡红色；花柄不等长，长3～10毫米。果实圆卵形，长3～4毫米，宽2毫米，棱上有白色刺毛。花期5～7月。

　　分布于四川、贵州、湖北、江西、安徽、江苏、浙江等地。生长于低海拔山坡路旁、旷野或田间。保护区见于耿达周边低海拔山区。

拍摄者：朱淑霞

169 | 法落海

Heracleum apaense (Shan et Yuan) Shan et T. S. Wang

伞形科　Umbelliferae

拍摄者：张桥英

多年生草本，高1~2米。根圆柱形至圆锥形，径约2.5厘米。茎粗壮，中空，表面红棕色，有纵沟纹，被有白色短柔毛。叶有柄，叶柄长8~10厘米，叶柄基部膨大成广卵圆形阔兜状抱茎的叶鞘，长约7厘米，宽3.5~4厘米；叶片轮廓为长椭圆形或三角状卵形，二至三回羽状分裂，具3~4对羽状裂片，裂片柄极短或无，末回裂片长椭圆形或披针形，长4~5厘米，宽1.5~2.5厘米，羽状分裂，边缘有锯齿；茎上部叶渐简化，叶柄无，仅具宽阔叶鞘，叶片较小。复伞形花序顶生或腋生，直径达20厘米，花序梗长16~20厘米，被粗柔毛；无总苞；伞辐28~35，长6~15厘米，带紫色，有稀疏柔毛；小伞形花序有花30余朵；小总苞数片，线形，长12~14毫米；萼齿不明显；花瓣白色，二型；花柱基短圆锥形。双悬果广椭圆形，黄棕色，质厚，长约5毫米，宽4~6毫米，光滑无毛；分生果棱槽中各有1油管，长达果中部以下，合生面无油管。花期6~7月，果期8月。

分布于四川（小金）、云南（东川）。生于海拔3800米左右的山坡阴湿林下草地或灌丛中。保护区内见于巴朗山海拔3500~3800米的高山草甸。

170 | 独活

Heracleum hemsleyanum Diels

伞形科　Umbelliferae

多年生草本，高达1~1.5米。茎单一，圆筒形，中空，有纵沟纹和沟槽。叶膜质，茎下部叶一至二回羽状分裂，有3~5裂片，被稀疏的刺毛，顶端裂片广卵形，3分裂，长8~13厘米，两侧小叶较小，近卵圆形，3浅裂，边缘有楔形锯齿和短凸尖；茎上部叶卵形，3浅裂至3深裂，长3~8厘米，宽8~10厘米，边缘有不整齐的锯齿。复伞形花序顶生和侧生；花序梗长22~30厘米，近于光滑；总苞少数，长披针形，长1~2厘米，宽约1毫米；伞辐16~18，不等长，长2~7厘米，有稀疏的柔毛；小总苞片5~8，线披针形，长2~3.5厘米，宽1~2毫米，被有柔毛；每小伞形花序约有花20，花柄细长；萼齿不显；花瓣白色，二型；花柱基短圆锥形，花柱较短、柱头头状。果实近圆形，长6~7毫米，背棱和中棱丝线状，侧棱有翅，背部每棱槽中有1油管，棒状，棕色，长为分生果长度的1/2或稍超过，合生面有2油管。花期5~7月，果期8~9月。

分布于四川、湖北。生于海拔1600~3000米的山坡阴湿的灌丛林下。保护区内见于卧龙镇至巴朗山贝母坪之间的中高海拔山区，较常见。

根药用，可治风寒湿痹、腰膝酸痛症。

拍摄者：马永红〔摄于邓生〕

171 | 窃衣

Torilis scabra (Thunb.) DC.

伞形科　Umbelliferae

　　草本。全体被刺毛、粗毛或柔毛。一至二回羽状分裂或多裂。总苞片通常无，很少有一钻形或线形的苞片；伞辐2~4，长1~5厘米，粗壮，有纵棱及向上紧贴的粗毛。果实长圆形，长4~7毫米，宽2~3毫米。花果期4~11月。

　　广布种。生于海拔250~2400米的山坡、林下、路旁、河边及空旷草地。保护区内在海拔2000米以下的山区常见。

拍摄者：朱淑霞

172 | 宝兴棱子芹

Pleurospermum davidii Franch.

伞形科　Umbelliferae

　　多年生草本，高45～150厘米。根粗壮，暗褐色，直径1～2.5厘米，根颈部残存褐色叶鞘。茎直立，基部粗可达2厘米，中空，无毛，有细条棱。基生叶或下部叶有较长的柄，通常达10厘米，基部扩展成鞘状，叶片轮廓宽三角状卵形，长8～15厘米，三出式三回羽状分裂，末回羽片狭卵形至披针形，长1～2.5厘米，宽3～10毫米，顶端尖，基部下延，有5～7对羽状分裂，裂片上部细齿状分裂；上部的叶有较短的柄；序托叶3～5，倒卵形，长5～12厘米，基部楔形，顶端叶状分裂，有宽的膜质边缘。顶生复伞形花序较大，直径10～15厘米；总苞片6～9，倒披针形，长4～9厘米，宽1～2厘米，基部楔形，上部羽状分裂，有宽的白色膜质边缘；伞辐多数，长5～10厘米，沿棱微生粗糙毛；小总苞片6～9，倒披针形，长1.3～2厘米，宽3～5毫米，基部楔形，顶端常3裂，有宽的白色膜质边缘；花多数，花柄长10～15毫米，扁平，微有粗糙毛；萼齿不明显；花瓣白色，宽卵形，长约2毫米，顶端尖，基部有爪；花柱基圆锥形。果实卵形，长6～8毫米，果棱有宽的波状翅，表面密生细水泡状微凸起，每棱槽有1油管，合生面2。花期7月，果期8～9月。

　　产于四川西部、云南西北部和西藏东部地区。生于海拔3200～4000米的山坡草地。云南产的标本叶分裂较细，伞辐亦比较多。保护区内见于巴朗山。

拍摄者：朱淑霞〔摄于巴朗山〕

173 | 岩匙

Berneuxia thibetica Decne.　　　　　岩梅科　Diapensiaceae

拍摄者：叶建飞（摄于英雄沟沟尾）

多年生草本，高10～25厘米。根状茎粗壮，密被阔卵形黑褐色鳞片；顶端发出5～13片叶丛生，呈莲座状。革质，倒卵状匙形或椭圆状匙形，长3～10厘米，宽1.7～4厘米，先端钝，具凸尖头，向基部渐狭成楔形，上面深绿色，下面灰绿色或灰白色，全缘。5～12朵花组成伞形状总状花序；花梗长3～11厘米，常红色，微具短柔毛，基部有1大苞片，中部有2小苞片，苞片对生或互生，膜质，披针形或线状披针形；花白色，两性，整齐；萼片5，分离，阔椭圆形或卵状披针形，长4～5毫米，先端钝或圆，淡红色，全缘，宿存；花冠钟状，深5裂，裂片舌状或矩圆形，膜质，长9～10毫米，先端圆，全缘，花后脱落；雄蕊5，生于花冠基部，与裂片互生；退化雄蕊5，与花冠裂片对生；子房扁球形，3室，花柱单一。蒴果圆球形，直径3毫米，包被于绿色革质的花萼内，室背开裂。花期4～6月，果实8～9月。

分布于四川、贵州、云南、西藏。生于海拔1700～3500米的高山或中山林中潮湿地区。保护区见于英雄沟沟尾。

174 | 皱叶鹿蹄草

Pyrola rugosa H. Andr.　　　　　　　鹿蹄草科　Pyrolaceae

　　常绿草本状小半灌木，高14～27厘米。根茎细长，横生，有分枝。叶3～7，基生，厚革质，有皱，宽卵形或近圆形，长3～4.5厘米，宽2.8～3.5厘米，先端钝，基部圆形或圆截形，边缘有疏腺锯齿，叶脉凹陷呈皱褶，下面常带红色；叶柄长4～7厘米，稍长或近等于叶片。花葶有1～2枚褐色鳞片状叶，长圆形，长8～10毫米，宽3～4毫米，先端钝或急尖，基部稍抱花葶；总状花序长4～9厘米，有花4～13，花倾斜，稍下垂，花梗长5～7毫米，腋间有膜质苞片，狭披针形，稍长于花梗或近等长；花冠碗形，直径约9～15毫米，白色；萼片卵状披针形或披针状三角形，边缘全缘或有疏齿；花瓣圆卵形至近圆形，长6～9毫米，宽4～7毫米，先端圆；雄蕊10，长7～8毫米，花丝扁平，花药黄色，具小角；子房扁球形，花柱上部稍向上弯曲，或近直立，不伸出花冠或稍伸出，顶端有环状凸起，柱头5圆浅裂。蒴果扁球形。花期6～7月，果期8～9月。

　　产于陕西、甘肃、四川、云南。生于海拔1900～4000米的山地针叶林或阔叶林下、或灌丛下。保护区内见于英雄沟、银厂沟、梯子沟、邓生和野牛沟等周边山坡林下。

拍摄者：朱大海

175 | 四川白珠

Gaultheria cuneata (Rehd. et Wils.) Bean
杜鹃花科　Ericaceae

常绿灌木，高15～20厘米，体形紧密。小枝密被柔毛。叶革质，长卵形或长圆状倒卵形，稀为倒披针形，长1.2～2.8厘米，宽6～10毫米，边缘具浅锯齿，每齿顶端有黑色腺体，两面无毛，叶脉在表面凹陷，在背面明显隆起；叶柄短，长1～1.5毫米。总状花序顶生或腋生，花序轴长2.5～4厘米，被微柔毛；花梗被微柔毛；小苞片2，干膜质，椭圆状披针形，着生于花梗中部稍上；花白色，微下垂；花萼5裂，裂片三角状卵形，长约2毫米，微被缘毛；花冠坛形，长约6毫米，口部5浅裂，裂片反折；雄蕊10，花丝被微柔毛，基部膨大；子房被绢状柔毛；花柱与花冠等长，无毛。浆果状蒴果球形，直径约5毫米，成熟时蓝色，后变白色；种子细小，褐色，有光泽。花期6～8月，果期8～10月。

产于四川西部、云南西北部和西藏东南部。生于海拔2000～2600米的疏林中。保护区内见于卧龙镇瞭望台、英雄沟、银厂沟等周边山区。

拍摄者：朱淑霞（摄于卧龙镇瞭望台）

176 | 银叶杜鹃

Rhododendron argyrophyllum Franch.

杜鹃花科　　Ericaceae

常绿小乔木或灌木，高约3~7米。叶常5~7枚密生于枝顶，革质，长圆状椭圆形或倒披针状椭圆形，长8~13厘米，宽2~4厘米，先端钝尖，基部楔形或近于圆形，边缘微向下反卷，下面有银白色的薄毛被；叶柄圆柱形，长1~1.5厘米。总状伞形花序，有花6~9；总轴长约1~1.5厘米，有稀疏淡黄色柔毛；花梗长1.5~3.5厘米，疏生白色丛卷毛；花萼小，5裂，有少许短绒毛；花冠钟状，长2.5~3厘米，乳白色或粉红色，喉部有紫色斑点，基部狭窄，5裂，裂片近于圆形，长约1厘米，宽1.5厘米，顶端圆形；雄蕊12~15，花丝不等长，包藏于花冠筒内，基部有白色微绒毛；雌蕊与花冠近等长或微伸出于花冠外，子房圆柱状，被白色短绒毛，柱头膨大。蒴果圆柱状，长1.8~2.5厘米，直径6毫米，略弯曲，成熟后有白色短绒毛宿存或无毛。花期4~5月，果期7~8月。

产于四川西部和西南部、贵州西北部及云南东北部。生于海拔1600~2300米的山坡、沟谷的丛林中。保护区内见于卧龙镇至梯子沟一线周边山区。

拍摄者：朱大海

177 | 美容杜鹃

Rhododendron calophytum Franch.

杜鹃花科　Ericaceae

常绿灌木或小乔木，高2～12米。树皮片状剥落。叶厚革质，长圆状倒披针形或长圆状披针形，长11～30厘米，宽4～7.8厘米，先端凸尖成钝圆形，基部渐狭成楔形，边缘微反卷，上面亮绿色，无毛，下面淡绿色，幼时有白色绒毛，不久变为无毛，中脉在上面凹下，下面明显凸出；叶柄粗壮，长2～2.5厘米。顶生短总状伞形花序，有花15～30；总轴长1.5～2厘米；花梗粗壮，长3～6.5厘米，红色，无毛；苞片黄白色，狭长形，长4.5厘米，宽约1厘米，先端短渐尖；花萼小，长1.5毫米，裂片5，宽三角形；花冠阔钟形，长4～5厘米，直径4～5.8厘米，红色或粉红至白色，基部略膨大，内面基部上方有1枚紫红色斑块，裂片5～7，不整齐，长2～2.5厘米，宽2.3～3厘米，有明显的缺刻；雄蕊15～22，不等长；子房无毛，花柱长约3厘米，柱头大，盘状，绿色。蒴果斜生果梗上，长圆柱形至长圆状椭圆形，长2～4.5厘米，有肋纹，花柱宿存。花期4～5月，果期9～10月。

产于陕西、甘肃、湖北、四川、贵州及云南。生于海拔1300～4000米的森林中或冷杉林下。保护区内见于巴朗山贝母坪以下山区。

拍摄者：朱大海

178 | 秀雅杜鹃

Rhododendron concinnum Hemsl.　　　　杜鹃花科　Ericaceae

　　灌木，高1.5~3米。幼枝被鳞片。叶长圆形、椭圆形、卵形、长圆状披针形或卵状披针形，长2.5~7.5厘米，宽1.5~3.5厘米，顶端锐尖、钝尖或短渐尖，明显有短尖头，基部钝圆或宽楔形，上面或多或少被鳞片，下面密被鳞片；叶柄长0.5~1.3厘米，密被鳞片。花序顶生或同时枝顶腋生，有花2~5，伞形着生；花梗长0.4~1.8厘米，密被鳞片；花萼小，5裂，圆形、三角形或长圆形，有时花萼不发育呈环状；花冠宽漏斗状，略两侧对称，长1.5~3.2厘米，紫红色、淡紫或深紫色，内面有或无褐红色斑点；雄蕊不等长，近与花冠等长，花丝下部被疏柔毛；子房密被鳞片，花柱细长，略伸出花冠。蒴果长圆形，长1~1.5厘米。花期4~6月，果期9~10月。

　　产于陕西、河南、湖北、四川、贵州和云南。生于海拔2300~3800米的山坡灌丛、冷杉林带杜鹃林。保护区内见于英雄沟、梯子沟、野牛沟及巴朗山一带周边山区。

拍摄者：朱大海

179 | 树生杜鹃

***Rhododendron dendrocharis* Franch.**

杜鹃花科　Ericaceae

灌木，通常附生，高50～70厘米。分枝细短，密集，幼枝有鳞片，密生棕色刚毛。叶厚革质，椭圆形，长0.9～1.8厘米，宽0.3～1厘米，顶端钝，有短尖头，基部宽楔形至钝形，边缘反卷，上面幼时有褐色刚毛，后脱落，下面密被鳞片；叶柄长3～6毫米，被鳞片和刚毛。花序顶生，1或2花伞形着生；花梗长2～5毫米，密被刚毛，有鳞片；花萼5裂，裂片卵形，长2～3毫米，外面疏生鳞片，边缘有长缘毛；花冠宽漏斗状，长1.5～2.5厘米，鲜玫瑰红色，外面无毛，内面筒部有短柔毛，上部有深红色斑点；雄蕊10，不等长，短于花冠，花丝中部以下密被短柔毛；子房密被鳞片，花柱细长，劲直或弯弓状，短于花冠，短于或略长于雄蕊，基部密生短柔毛。蒴果椭圆形或长圆形，长1～1.3厘米。花期4～6月，果期9～10月。

产于四川中南部至中西部。常附生于海拔2600～3000米的冷杉、铁杉或其他阔叶树上。保护区内见于邓生、野牛沟等处。

拍摄者：朱大海

180 | 大叶金顶杜鹃

Rhododendron faberi Hemsl. subsp. ***prattii*** (Franch.) Chamb. ex Cullen et Chamb.

杜鹃花科　Ericaceae

常绿灌木，高1～2.5米。树皮黄灰色至棕灰色。叶革质，常4～7枚集生于小枝顶端，叶片卵状长圆形至倒卵状长圆形，长7～12厘米，宽2.5～4厘米，先端急尖并具微弯的小尖头，基部宽楔形或近于圆形，上面亮绿色，微皱，下面有两层毛被，上层毛被厚，红棕色，在叶成长时常多脱落，下层毛被薄，灰白色，宿存；叶柄长1～1.5厘米。顶生总状伞形花序，有花6～10；总轴长5毫米，密被灰黄色柔毛和腺毛；花梗粗壮，长1.5～2厘米，密被灰黄色柔毛和腺毛；花萼绿色，叶状，5深裂，裂片倒卵状长圆形至长圆形；花冠钟形，长4厘米，白色至淡红色，内面基部具紫色斑块和白色短柔毛，上方具紫色斑点，裂片5，圆形，长1.5厘米，宽2厘米，顶端内凹；雄蕊10，不等长，花丝细，花药紫褐色；子房椭圆状卵球形，密被红棕色腺头微硬毛，柱头小。蒴果柱状长圆形，长1～1.5厘米，密被腺毛，花萼和花柱宿存。花期5～6月，果期9～10月。

产于四川。生于海拔2800～3500米的高山石坡灌丛中或冷杉林下。保护区内见于野牛沟、邓生等周边高海拔山区。

拍摄者：朱大海

181 | 岷江杜鹃

Rhododendron hunnewellianum
Rehd. et Wils.

杜鹃花科　Ericaceae

　　灌木，高约2~5米。当年生幼枝有灰色绒毛；老枝无毛有裂纹。叶革质，狭窄披针形至狭倒披针形，长7~13厘米，宽1.5~2.8厘米，先端渐尖，基部楔形，边缘微向下卷，上面深绿色，无毛，下面密被灰白色毛；叶柄长1~1.5厘米。总状伞形花序，有花3~7；总轴短；花梗长1~2厘米，有稀疏绒毛及腺体；花萼小，盘状，有5个波状凸起；花冠宽钟状，长4~4.5厘米，乳白色至粉红色，筒部有紫色斑点，5裂，裂片圆形，长约1.5~2厘米，顶端有缺；雄蕊10，微短于花冠，不等长，花丝基部微有毛；子房圆柱状锥形，密被绒毛，柱头膨大，红色。蒴果圆柱状，长2~2.5厘米，直径约6毫米，被棕色绒毛。花期4~5月，果期7~9月。

　　产于四川西部和西北部，沿岷江流域两岸普遍生长。生于海拔100~1900米的山坡、溪边常绿阔叶林中。保护区内见于耿达、三江等周边中低海拔山区。

拍摄者：朱大海

182 | 长鳞杜鹃

Rhododendron longesquamatum Schneid.　　　杜鹃花科　Ericaceae

　　常绿灌木或小乔木，高1～6米。叶革质，长圆状倒披针形至狭倒卵形，长5.5～15.5厘米，宽2～4.5厘米，先端急尖，基部窄圆形至浅心形，边缘微反卷，上面暗绿色，除中脉外无毛，下面淡黄绿色，稍粗糙；叶柄长1～2厘米。顶生总状伞形花序，有花6～12；总轴长3～6毫米，密被锈黄色绒毛；花梗长2～3.5厘米；花萼大，杯状，长8～13毫米，裂片5，长圆形，不等长；花冠宽钟形，长4厘米，直径4.6厘米，红色，内面基部有血红色斑块及白色微柔毛，裂片5，阔卵形至圆形，长1.3厘米，宽2～2.2厘米，顶端有微缺刻；雄蕊10，不等长，花丝中部以下密被白色微柔毛，花药黄色；子房卵圆形，密被有柄腺体，花柱白色，柱头小，黄绿色，头状。蒴果圆柱形，长2厘米，直径6毫米，微弯曲，有腺体残迹。花期6月，果期9月。

　　产于四川西部。生于海拔2300～3300米的冷杉林中。保护区内见于邓生、野牛沟等中高海拔山区。

拍摄者：朱大海

183 | 黄花杜鹃

***Rhododendron lutescens* Franch.**

杜鹃花科　Ericaceae

灌木，高1~3米。幼枝细长，疏生鳞片。叶散生，叶片纸质，披针形、长圆状披针形或卵状披针形，长4~9厘米，宽1.5~2.5厘米，顶端长渐尖或近尾尖，具短尖头，基部圆形或宽楔形，上面疏生鳞片，下面鳞片黄色或褐色，中脉、侧脉在两面不明显；叶柄长5~9毫米，疏生鳞片。花1~3朵顶生或生枝顶叶腋；宿存的花芽鳞覆瓦状排列；花梗长0.4~1.5厘米，被鳞片；花萼不发育，长0.5~1毫米，波状5裂或环状；花冠宽漏斗状，略呈两侧对称，长2~2.5厘米，黄色，5裂至中部，裂片长圆形，外面疏生鳞片，密被短柔毛；雄蕊不等长，长雄蕊伸出花冠很长，长雄蕊花丝毛少，短雄蕊花丝基部密被柔毛；子房密被鳞片，花柱细长，洁净。蒴果圆柱形，长约1厘米。花期3~4月。

产于四川西部和西南部、贵州、云南东北部和东南部。生于海拔1700~2000米的杂木林湿润处或见于石灰岩山坡灌丛中。保护区内偶见于七层楼沟、正河流域周边山区。

拍摄者：朱大海

184 | 团叶杜鹃

Rhododendron orbiculare Decne.

杜鹃花科　Ericaceae

常绿灌木，稀小乔木，高1～4.5米，稀达15米。叶厚革质，常3～5枚在枝顶近于轮生，阔卵形至圆形，长5.5～11.5厘米，宽5.5～10.5厘米，先端钝圆有小凸尖头，基部心状耳形，耳片常互相叠盖；叶柄圆柱形，长3～7厘米，淡绿色，有时带紫红色。顶生伞房花序疏松，有花7～8；总轴长1.5～2.5厘米，多少具腺体；花梗长2～3.5厘米，黄绿色，有稀疏短柄腺体及白色微柔毛；花萼小，长1.5毫米，绿色带红色，基部略膨胀，边缘波状，有腺体；花冠钟形，长3.2～3.5厘米，宽4.5～6厘米，红蔷薇色，无毛，裂片7，宽卵形，长1.3～1.5厘米，宽约1.8厘米，顶端有浅缺刻；雄蕊14，不等长，花丝白色，无毛，花药黄色至褐色；子房柱状圆锥形，淡红色，密被白色短柄腺体，柱头小，头状。蒴果圆柱形，弯曲，长2.2～3厘米，直径5～6毫米，绿色，有腺体残迹。花期5～6月，果期8～10月。

产于四川西部和南部。生于海拔1400～4000米的岩石上或针叶林下。保护区内见于巴朗山、野牛沟等周边山区。

拍摄者：朱大海

185 | 山光杜鹃

Rhododendron oreodoxa Franch.

杜鹃花科　Ericaceae

　　常绿灌木或小乔木，高1～12米。叶革质，常5～6枚生于枝端，狭椭圆形或倒披针状椭圆形，长4.5～10厘米，宽2～3.5厘米，先端钝或圆形，略有小尖头，基部钝至圆形，两面无毛；叶柄长8～18毫米，幼时紫红色，有时具有柄腺体，不久秃净。顶生总状伞形花序，有花6～12；总轴长约5毫米，有腺体及绒毛；花梗长0.5～1.5厘米，紫红色，被短柄腺体；花萼小，长1～3毫米，边缘具6～7枚浅齿，外面多少被有腺体；花冠钟形，长3.5～4.5厘米，直径3.8～5.2厘米，淡红色，有或无紫色斑点，裂片7～8，扁圆形，长约1厘米，顶端有缺刻；雄蕊12～14，不等长，花丝白色，基部无毛或略有白色微柔毛，花药长红褐色至黑褐色；子房圆锥形，淡绿色，光滑无毛，柱头小，头状，绿色至淡黄色，宽1.6～2.6毫米。蒴果长圆柱形，长1.8～3.2厘米，微弯曲，有肋纹。花期4～6月，果期8～10月。

　　产于甘肃南部、湖北西部和四川西部至西北部。生于海拔2000～3600米的林下或杂木林和箭竹灌丛中。保护区内见于英雄沟至贝母坪一带周边山区。

拍摄者：朱大海

186 | 绒毛杜鹃

***Rhododendron pachytrichum* Franch.**　　　　杜鹃花科　Ericaceae

　　常绿灌木，高1.5~5米。叶革质，常数枚在枝顶近于轮生，狭长圆形、倒披针形或倒卵形，长7~14厘米，宽2~4.5厘米，先端钝至渐尖，基部圆形或阔楔形，边缘反卷，中脉在上面凹下，下面凸起，被粗毛，尤以下半段为多；叶柄长2~20毫米。顶生总状花序，有花7~10；总轴长1.5~2厘米，生短柔毛；花梗淡红色，长1~1.5厘米，密被淡黄色柔毛；花萼小，长约2毫米，裂5，锐尖三角形；花冠钟形，长3~4.5厘米，直径3~4.2米，淡红色至白色，内面上面基部有1枚紫黑色斑块，裂片5，圆形或扁圆形，长1~1.5厘米，宽1.3~2厘米，顶端钝圆或微缺刻；雄蕊10，不等长，花药紫黑色；子房长圆锥形，密被淡黄色绒毛，柱头小，绿色或淡黄色。蒴果圆柱形，长1.5~2.6厘米，直径3.5~5毫米，直或微弯曲，被浅棕色细刚毛或近于无毛。花期4~5月，果期8~9月。

　　产于陕西南部、四川东南部和西南部、云南东北部。生于海拔1700~3500米的冷杉林中。保护区内见于邓生、野牛沟。

拍摄者：朱大海

187 | 多鳞杜鹃

Rhododendron polylepis Franch.

灌木或小乔木，高1～6米。幼枝细长，密被鳞毛。叶革质，长圆形或长圆状披针形，长4.5～11厘米，宽1.5～3厘米，顶端锐尖或短渐尖，基部楔形或宽楔形，幼叶密被鳞片，成长叶近于无鳞片，下面密被鳞片；叶柄长0.5～1厘米，密被鳞片。花序顶生，稀同时腋生枝顶，有花3～5，伞形着生或短总状；花序梗长约2毫米；花梗长1～2厘米；花萼长1～2毫米，裂片三角形或波状，密被鳞片；花冠宽漏斗状，略两侧对称，长2～3.5厘米，淡紫红或深紫红色，内面无斑点或上方裂片有淡黄点，外面密生或散生鳞片；雄蕊不等长，长1.8～3.8厘米，伸出花冠外；子房5室，密被鳞片，花柱细长，长伸出花冠外。蒴果长圆形或圆锥状，长0.8～1.7厘米。花期4～5月，果期6～8月。

产于陕西南部、甘肃南部、四川北部至西南部。生于海拔1500～3300米的林内或灌丛。保护区内见于巴朗山、野牛沟、梯子沟一带周边山区。

拍摄者：朱大海

188 | 卧龙杜鹃

Rhododendron wolongense W. K. Hu　　杜鹃花科　Ericaceae

　　小乔木，高4~6米。树皮淡褐色。小枝绿色，有明显近于圆形的叶痕。叶革质，狭长圆形，稀长圆状倒披针形，长14~17厘米，宽3~5厘米，先端钝，基部圆形或近心形，不对称，边缘微反卷，上面绿色，下面粉白色，无毛，中脉在上面凹下，下面隆起，侧脉21~25对；叶柄长1.6~2厘米，淡黄绿色，无毛。顶生短总状伞形花序，有花5~6；总轴长约2厘米；花梗长1.8~2厘米，均疏被腺体；花萼小，长约1.5~2毫米，外面有稀疏的腺体，先端有5~6枚齿状裂片；花冠漏斗状钟形，长9.5~10.5厘米，直径7.5~8.5厘米，白色，外面近基部有稀疏的腺体，内面疏生白色微柔毛，裂片7，宽卵形，长近3厘米，宽2.5厘米，顶端无缺刻；雄蕊15，不等长，长5.7~7.5厘米，花丝白色，下部渐宽，有白色微柔毛，花药狭椭圆形，黄色，长4~5毫米；子房卵状圆锥形，顶端截形，密被淡红褐色短柄腺体，花柱长8.8厘米，全被淡红褐色短柄腺体，柱头盘状。花期7月。

　　产于四川西北部。生于海拔1700米的山谷阔叶林中。模式标本采自四川汶川卧龙自然保护区。保护区内见于正河。

拍摄者：叶建飞（摄于正河）

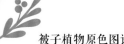

189 | 莲叶点地梅

***Androsace henryi* Oliv.**

报春花科　Primulaceae

多年生草本。根状茎粗短，基部具多数纤维状须根。叶基生，圆形至圆肾形，直径3~7厘米，先端圆形，基部心形弯缺深达叶片的1/3，边缘具浅裂状圆齿或重牙齿，两面被短糙伏毛，具3（~5）基出脉；叶柄长6~16厘米，被稍开展的柔毛。花葶通常2~4枚自叶丛中抽出，高7~30厘米；伞形花序12~40花；苞片小，线形或线状披针形；花梗纤细，近等长，10~18毫米，密被小柔毛；花萼漏斗状，长3~4毫米，被小伏毛，分裂达中部，裂片三角形，果时几不增大；花冠白色，筒部与花萼近等长，裂片倒卵状心形。蒴果近陀螺形，先端近平截。花期4~5月，果期5~6月。

产于陕西、湖北、四川、云南和西藏。生于山坡疏林下、沟谷水边和石上。缅甸北部亦有分布。

拍摄者：朱大海

190 | 过路黄

Lysimachia christinae Hance 报春花科 Primulaceae

多生年草本。茎柔弱，平卧，长20～60厘米，无毛、被疏毛或密被铁锈色多细胞柔毛，下部节间较短，常发出不定根，中部节间长1.5～10厘米。叶对生，卵圆形、近圆形或肾圆形，长1.5～8厘米，宽1～6厘米，先端锐尖或圆钝，基部截形至浅心形，鲜时稍厚，透光可见密布的透明腺条，干时腺条变黑色；叶柄比叶片短或与之近等长。花单生叶腋；花梗长1～5厘米，通常不超过叶长，多少具褐色无柄腺体；花萼长4～10毫米，分裂近达基部，裂片披针形、椭圆状披针形或近匙形，先端锐尖或稍钝；花冠黄色，长7～15毫米，基部合生部分长2～4毫米，裂片狭卵形或近披针形，先端锐尖或钝，质地稍厚，具黑色长腺条；花丝长6～8毫米，下半部合生成筒；子房卵珠形，花柱长6～8毫米。蒴果球形，直径4～5毫米，无毛，有稀疏黑色腺条。花期5～7月，果期7～10月。

长江以南地区广布。生于沟边、路旁阴湿处和山坡林下，垂直分布上限可达海拔2300米。保护区内在海拔2000米以下常见。

拍摄者：朱大海

191 | 糙毛报春

Primula blinii Levl.

报春花科　Primulaceae

　　多年生草本，根状茎粗短。叶丛高1.5~7厘米；叶片阔卵圆形至矩圆形，长0.7~3.5厘米，宽0.5~2.5厘米，先端圆形或钝，基部截形或心形，边缘具缺刻状深齿或羽状浅裂以至近羽状全裂，裂片线形或矩圆形，全缘或具1~2齿，下面通常被白粉；叶柄纤细，长为叶片的1~2倍。花葶高4~25厘米，被微柔毛；伞形花序2~8（~10）花；苞片小，披针形至线状披针形；花梗长2~11毫米，多少被粉；花萼钟状或狭钟状，长4~6.5毫米，具5脉，被白粉或淡黄粉，分裂稍超过中部或深达全长的2/3，裂片披针形；花冠淡紫红色，稀白色，喉部无环或有时具环，冠檐直径1~2厘米，裂片倒卵形，先端深2裂；长花柱花：雄蕊距冠筒基部约2毫米着生，花柱长约达冠筒口；短花柱花：雄蕊着生处接近冠筒口，花柱长1~2毫米。蒴果短于花萼。花期6~7月，果期8月。

　　产于四川西部和云南北部。生于海拔3000~4500米的向阳的草坡、林缘和高山栎林下。保护区内见于野牛沟。

拍摄者：叶建飞（摄于野牛沟）

192 | 宝兴报春

Primula moupinensis Franch.

报春花科　Primulaceae

　　多年生草本。根状茎粗短。开花期叶丛基部有少数鳞片；叶矩圆状倒卵形至倒卵形，连柄长4~10厘米，宽1~3厘米，先端圆形，基部渐狭成翅，边缘具不整齐的锐尖牙齿，无粉或有时下面微被黄粉，中肋稍宽，侧脉6~10对，在下面显著；花后叶稍增大，边缘多少呈浅裂状；叶柄极短或长达叶片的1/2。初花期花葶约与叶柄等长，后渐伸长，至果期长可达29厘米；伞形花序5~16花，稀仅2~4花；苞片卵状三角形，长3~8毫米；花梗长1.5~3厘米，被小腺体或微被粉；花萼钟状，长6~7毫米，果期稍增大成杯状，分裂达中部，裂片卵形至三角形；花冠淡蓝色与淡玫瑰红色，冠筒长11~13毫米，冠檐直径1.5~2厘米，裂片阔倒卵形，先端具深凹缺；长花柱花：雄蕊近冠筒中部着生，花柱微高出筒口；短花柱花：雄蕊着生于冠筒上部，花药微露出筒口，花柱稍短于花萼。蒴果近球形，直径4~5毫米。花期4月，果期5月。

　　产于四川西部。生于海拔2000~3000米的阴湿的沟谷和林下。保护区内见于英雄沟、梯子沟、魏家沟、邓生等周边山区。

拍摄者：朱大海

193 | 鄂报春

Primula obconica Hance

报春花科　Primulaceae

多年生草本。根状茎粗短或有时伸长。叶卵圆形或矩圆形，长3～17厘米，宽2.5～11厘米，先端圆，基部心形至圆形，边缘近全缘或具圆齿状裂片，叶背面沿叶脉被柔毛，中肋及4～6对侧脉在下面显著；叶柄长3～14厘米，被柔毛，基部增宽，多少呈鞘状。花葶1至多数自叶丛中抽出，高6～28厘米；伞形花序2～13花，在栽培条件下可出现第二轮花序；苞片线形至线状披针形，长5～10毫米；花梗长5～25毫米；花萼杯状或阔钟状，长5～10毫米，具5脉，外面被柔毛，通常基部毛较长且稍密，5浅裂，裂片阔三角形或半圆形；花冠玫瑰红色，稀白色，冠筒长于花萼0.5～1倍，喉部具环状附属物，冠檐直径1.5～2.5厘米，裂片倒卵形，先端2裂；花异型或同型：长花柱花，雄蕊靠近冠筒基部着生、花柱长近达冠筒口，短花柱花，雄蕊着生于冠筒中上部、花柱长2～2.5毫米；同型花：雄蕊着生处和花柱长均近达冠筒口。蒴果球形，直径约3.5毫米。花期3～6月。

产于云南、四川、贵州、湖北、湖南、广西、广东和江西。生于海拔500～2200米的林下、水沟边和湿润的岩石上。保护区内偶见于三江。

世界各地广泛栽培，为常见的盆栽花卉。在栽培条件下，开花期很长，故又名四季报春。

拍摄者：朱淑霞（摄于巴朗山）

194 | 卵叶报春

Primula ovalifolia Franch.

报春花科　Primulaceae

多年生草本，全株无粉。根状茎粗短或稍伸长。开花期叶丛基部外围有鳞片；叶阔椭圆形至阔倒卵形，有时近圆形，开花时当年生新叶常未充分发育，老叶长3.5~11.5厘米，宽2~14厘米，先端圆形或微凹，基部圆形或阔楔形，边缘具不明显齿，两面被毛，侧脉10~14对，与网脉在下面均明显隆起；叶柄具狭翅，长约为叶片的1/3。花葶高5~18厘米，果时稍伸长；伞形花序具花2~9；苞片小，狭披针形，近膜质；花梗长5~20毫米，被柔毛；花萼钟状，长6~10毫米，常有褐色小腺点，分裂达中部或接近中部，裂片卵形至卵状披针形；花冠紫色或蓝紫色，喉部具环状附属物，冠檐直径1.5~2.5厘米，裂片倒卵形，先端具深凹缺；长花柱花：冠筒略长于花萼或与花萼等长，雄蕊着生于冠筒中部，花柱与冠筒等长或微伸出筒口；短花柱花：冠筒约长于花萼0.5倍，雄蕊近冠筒口着生，花柱长3.5~5毫米。蒴果球形，藏于萼筒中。花期3~4月，果期5~6月。

产于湖北西部、湖南西部、四川、贵州和云南东北部。生于海拔600~2500米的林下和山谷阴处。

拍摄者：朱大海

195 | 掌叶报春

Primula palmata Hand.-Mazz.　　　　报春花科　Primulaceae

多年生草本。具横卧的根状茎，并常自叶丛基部发出匍匐枝。叶1~4枚丛生，轮廓近圆形，直径1.5~8厘米，基部心形，边缘掌状5~7深裂，裂片再次3裂，小裂片具1~3牙齿，先端锐尖，上面深绿色，下面淡绿色，沿叶脉被柔毛，中肋与2对基出侧脉在下面显著；叶柄长2~19厘米，被褐色长柔毛，初时毛甚密，后渐稀疏。花葶纤细，

高4.5~17厘米，疏被柔毛；伞形花序顶生，有花1~4；苞片线状披针形，长5~8毫米；花梗长7~25毫米，直立；花萼钟状，长5~7毫米，外面微被毛，分裂约达全长的2/3，裂片披针形；花冠玫瑰红色或淡红色，冠筒长8.5~11毫米，冠檐直径1.5~2厘米，裂片阔倒卵形，宽5~8毫米，先端2裂；长花柱花：雄蕊着生处距冠筒基部约2毫米，花柱长达冠筒口；短花柱花：雄蕊着生于冠筒中上部，距基部6~9毫米，花柱长约2毫米。花期5~6月。

产于四川。生于海拔3000~3800米的林下和山谷石缝中。模式标本采自四川松潘附近。

拍摄者：朱大海

196 | 钟花报春

Primula sikkimensis Hook.　　　　　　　报春花科　Primulaceae

多年生草本。具粗短的根状茎。叶丛高7~30厘米；叶片椭圆形至矩圆形或倒披针形，边缘具锯齿或牙齿，上面鲜时有光泽，下面被稀疏小腺体，中肋宽扁；叶柄甚短至稍长于叶片。花葶稍粗壮，高15~90厘米，顶端被黄粉；伞形花序通常1轮，2至多花，有时亦出现第二轮花序；苞片披针形或线状披针形，长0.5~2厘米，先端渐尖，基部稍膨大；花梗长1~10厘米，被黄粉，开花时下弯，果时直立；花萼钟状或狭钟状，长7~12毫米，具明显的5脉，内外两面均被黄粉，分裂约达中部，裂片披针形或三角状披针形，先端锐尖；花冠黄色，稀为乳白色，干后常变为绿色，长1.5~3厘米，筒部稍长于花萼，喉部无环状附属物，筒口周围被黄粉，冠檐直径1~3厘米，裂片倒卵形或倒卵状矩圆形；长花柱花：雄蕊距冠筒基部2~3毫米着生，花柱长达冠筒口；短花柱花：雄蕊近冠筒口着生，花柱长约2毫米。蒴果长圆体状，约与宿存花萼等长。花期6月，果期9~10月。

产于四川西部、云南西北部和西藏。生于海拔3200~4400米的林缘湿地、沼泽草甸和水沟边。分布于尼泊尔、印度、不丹。保护区内见于巴朗山高山草甸。

拍摄者：叶建飞（摄于巴朗山）

197 | 小叶白辛树

Pterostyrax corymbosus Sieb. et Zucc　　　安息香科　Styracaceae

乔木。树皮灰褐色，呈不规则开裂。嫩枝被星状毛。叶硬纸质，长椭圆形、倒卵形或倒卵状长圆形，顶端急尖或渐尖，基部楔形，少近圆形，边缘具细锯齿，近顶端有时具粗齿或3深裂，上面绿色，下面灰绿色，嫩叶上面被黄色星状柔毛，以后无毛，下面密被灰色星状绒毛，侧脉每边6~11条，近平行，在两面均明显隆起，第三级小脉彼此近平行；叶柄密被星状柔毛，上面具沟槽。圆锥花序顶生或腋生，第二次分枝几成穗状；花序梗、花梗和花萼均密被黄色星状绒毛；花萼钟状，高约2毫米，5脉，萼齿披针形，长约1毫米，顶端渐尖；花白色，花瓣长椭圆形或椭圆状匙形，长约6毫米，宽约2.5毫米，顶端钝或短尖；雄蕊10，近等长，伸出，花丝宽扁，两面均被疏柔毛，花药长圆形，稍弯，子房密被灰白色粗毛，柱头稍3裂。果近纺锤形，中部以下渐狭，连喙长约2.5厘米，5~10棱或有时相间的5棱不明显，密被灰黄色疏展、丝质长硬毛。花期4~5月，果期8~10月。

产于湖南、湖北、四川、贵州、广西和云南。生于海拔600~2500米的湿润林中。保护区内见于三江。

本种具有萌芽性强和生长迅速的特点，可作为低湿地造林或护堤树种。

拍摄者：叶建飞（摄于三江）

198 | 叶萼山矾（茶条果）

Symplocos phyllocalyx Clarke　　　　　山矾科　Symplocaceae

　　常绿小乔木。小枝粗壮，黄绿色，稍具棱，无毛。叶革质，狭椭圆形、椭圆形或长圆状倒卵形，长6～9（～13）厘米，宽2～4厘米，先端急尖或短渐尖，基部楔形，边缘具波状浅锯齿；中脉和侧脉在叶面均凸起，侧脉每边8～12条，直向上，在近叶缘处分叉网结；叶柄长8～15毫米。穗状花序与叶柄等长或稍短，长8～15毫米，通常基部分枝，花序轴具短柔毛；苞片阔卵形，长约2毫米；花萼长约4毫米，裂片长圆形，长约3毫米，背面无毛；花冠长约4毫米，5深裂几达基部；雄蕊40～50；花盘有毛，子房3室。核果椭圆形，长10～15毫米，宽约6毫米，顶端有直立的宿萼裂片，核骨质，不分开成3分核。花期3～4月，果期6～8月。

　　产于福建、浙江、安徽、江西、湖南、湖北、陕西、四川、西藏、云南、贵州、广西、广东北部。生于海拔2600米以下的山地杂木林中。保护区内见于三江周边山区。

拍摄者：叶建飞（摄于三江）

199 | 镰萼喉毛花

Comastoma falcatum (Turcz. ex Kar. et Kir.) Toyokuni

龙胆科　Gentianaceae

　　一年生草本，高4～25厘米。茎从基部分枝，分枝斜升，基部节间短缩，上部伸长，花葶状，四棱形，常带紫色。叶大部分基生，叶片矩圆状匙形或矩圆形，长5～15毫米，宽3～6毫米，基部渐狭成柄，叶柄长达20毫米；茎生叶无柄，矩圆形。花5数，单生分枝顶端；花梗常紫色，四棱形，长4～12厘米；花萼绿色或有时带蓝紫色，长为花冠的1/2，深裂近基部，裂片不整齐，形状多变，先端钝或急尖，边缘平展，近于皱波状，基部有浅囊，背部中脉明显；花冠蓝色，深蓝色或蓝紫色，有深色脉纹，高脚杯状，长9～25毫米，冠筒筒状，喉部突然膨大，直径达9毫米，裂达中部，裂片矩圆形，先端钝圆，全缘，开展，喉部具1圈副冠，副冠白色，10束，长达4毫米，流苏状裂片的先端圆形或钝，冠筒基部具10个小腺体；雄蕊着生冠筒中部，花丝基部下延于冠筒上成狭翅；子房无柄，披针形，柱头2裂。蒴果狭椭圆形或披针形；种子褐色，近球形，表面光滑。花果期7～9月。

　　产于西藏、四川西北部、青海、新疆、甘肃、内蒙古、山西、河北。生于海拔2100～5300米的河滩、山坡草地、林下、灌丛、高山草甸。克什米尔地区及印度、尼泊尔、蒙古、俄罗斯也有分布。保护区内见于足磨沟、花红树沟、巴朗山、贝母坪等周边山区。

拍摄者：叶建飞（摄于巴朗山）

200 | 川东龙胆

Gentiana arethusae Burk. 龙胆科 Gentianaceae

多年生草本，高10～15厘米。根多数略肉质，须状。花枝多数丛生，黄绿色，具乳突。莲座丛叶缺或极不发达；茎生叶7枚、稀6枚轮生，密集，下部叶小，在花期常枯萎，卵状椭圆形，长3～5毫米，宽1～1.5毫米，中上部叶大，线形，长10～17毫米，宽1～1.5毫米。花单生枝顶，基部包围于上部叶丛中，6～7数，稀5数；无花梗；花萼筒常带紫红色，倒锥状筒形，长10～13毫米，裂片绿色，与上部叶同形，长10～14毫米；花冠淡蓝色，筒形或筒状钟形，长5～6厘米，喉部直径1.5～1.8厘米，裂片卵形，长4～5毫米，先端钝，具尾尖，全缘，褶整齐；雄蕊着生于冠筒下部，花丝线形，下部连合成短筒包围子房；子房线状披针形，两端渐狭，柄长16～20毫米，花柱明显，柱头2裂。蒴果内藏，椭圆形，长14～16毫米，柄长至3厘米；种子黄褐色有光泽，表面具蜂窝状网隙。花果期8～9月。

产于四川、西藏东南部、云南西北部及陕西。生于海拔2000～4800米的山坡草地。

拍摄者：叶建飞（摄于巴朗山）

201 | 阿墩子龙胆

Gentiana atuntsiensis W. W. Smith

龙胆科 Gentianaceae

多年生草本，高5~20厘米。基部被黑褐色枯老膜质叶鞘包围。枝2~5个丛生，其中有1~4个营养枝和1个花枝；花枝直立，黄绿色或紫红色，中空，具乳突，尤以茎上部为密。叶大部分基生，狭椭圆形或倒披针形，长3~8厘米，宽0.4~1.3厘米，叶脉在两面均明显，并在下面稍凸起，叶柄膜质，长2~7厘米；茎生叶3~4对，匙形或倒披针形，长2.5~3.5厘米，宽0.5~1厘米，叶柄长至2厘米，愈向茎上部叶愈小，柄愈短至无柄。花多数，顶生和腋生，聚成头状或在花枝上部作三歧分枝，从叶腋内抽出总花梗；总花梗长至7厘米，无小花梗；花萼倒锥状筒形，长8~10毫米，不开裂或开裂，裂片反折，披针形或线形，长2~3毫米，先端急尖，弯缺狭，截形；花冠深蓝色，有时具蓝色斑点，无条纹，漏斗形，长2.3~3.5厘米，裂片卵形，长3.5~5毫米，先端钝，边缘有不明显的细齿，褶偏斜，长1~1.5毫米，边缘有不整齐细齿；雄蕊着生于冠筒中下部，花丝线形，长8~10毫米，花药狭矩圆形；子房线状披针形，柄长9~10毫米，花柱连柱头长4~5毫米，柱头2裂。蒴果内藏，椭圆状披针形，长1.5~2厘米，柄长至1厘米；种子黄褐色，有光泽，表面具海绵状网隙。花果期6~11月。

产于西藏东南部、云南西北部、四川西南部。生于海拔2700~4800米的林下、灌丛中、高山草甸。

拍摄者：叶建飞（摄于巴朗山）

202 | 深红龙胆

Gentiana rubicunda Franch.

一年生草本，高8~15厘米。茎直立，紫红色或草黄色，光滑，不分枝或中上部有少数分枝。基生叶数枚或缺如，卵形或卵状椭圆形，长10~25毫米，宽4~10毫米，叶柄长1~5毫米；茎生叶疏离，常短于节间，卵状椭圆形、矩圆形或倒卵形，长4~22毫米，宽2~7毫米。花数朵，单生于小枝顶端；花梗紫红色或草黄色，长10~15毫米，裸露；花萼倒锥形，长8~14毫米，裂片丝状或钻形，长3~6毫米，基部向萼筒下延成脊；花冠紫红色，有时冠筒上具黑紫色短而细的条纹和斑点，倒锥形，长2~3厘米，裂片卵形，长3.5~4毫米，褶卵形，长2~3毫米，边缘啮蚀形或全缘；雄蕊着生于冠筒中部，花丝长7~8毫米；子房椭圆形，两端渐狭，柄粗，长7.5~8.5毫米，花柱线形，柱头2裂。蒴果外露，稀内藏，矩圆形，具宽翅，两侧边缘具狭翅，基部钝，柄粗，长至35毫米；种子褐色，有光泽，椭圆形，表面具细网纹。花果期3~10月。

产于云南、贵州、四川、甘肃东南部、湖北、湖南。生于海拔520~3300米的荒地、路边、溪边、山坡草地、林下、岩石边及山沟。保护区内见于花红树沟、梯子沟、五一鹏等周边山区。

拍摄者：叶建飞（摄于巴朗山贝母坪）

203 | 湿生扁蕾

Gentianopsis paludosa (Hook. f.) Ma   龙胆科 Gentianaceae

一年生草本，高3.5~40厘米。茎单生，直立或斜升，在基部分枝或不分枝。基生叶匙形，长0.4~3厘米，宽2~9毫米，先端圆形，基部狭缩成柄，叶脉不甚明显，叶柄扁平，长达6毫米；茎生叶1~4对，无柄，矩圆形或椭圆状披针形，长0.5~5.5厘米，宽2~14毫米。花单生茎及分枝顶端；花梗直立，长1.5~20厘米；花萼筒形，长为花冠之半，裂片近等长，外对狭三角形，内对卵形，有白色膜质边缘，背面中脉明显，并向萼筒下延成翅；花冠蓝色，或下部黄白色，上部蓝色，宽筒形，长1.6~6.5厘米，裂片宽矩圆形，长1.2~1.7厘米，先端圆形，有微齿，下部两侧边缘有细条裂齿；腺体近球形，下垂；花丝线形，花药黄色，矩圆形；子房具柄，线状椭圆形，花柱长3~4毫米。蒴果具长柄，椭圆形，与花冠等长或超出；种子黑褐色，矩圆形至近圆形。花果期7~10月。

产于西藏、云南、四川、青海、甘肃、陕西、宁夏、内蒙古、山西、河北。生于海拔1180~4900米的河滩、山坡草地、林下。尼泊尔、印度、不丹也有分布。

拍摄者：叶建飞（摄于巴朗山）

204 | 椭圆叶花锚

Halenia elliptica D. Don　　　　　　　　龙胆科　Gentianaceae

一年生草本。茎直立，无毛，四棱形，上部具分枝。基生叶椭圆形，有时略呈圆形，先端圆形或急尖呈钝头，基部渐狭呈宽楔形，全缘，叶脉3条；茎生叶卵形、椭圆形、长椭圆形或卵状披针形，先端圆钝或急尖，基部圆形或宽楔形，全缘，叶脉5条；无柄或茎下部叶具极短而宽扁的柄，抱茎。聚伞花序腋生和顶生；花4数，直径1~1.5厘米；花萼裂片椭圆形或卵形，长4~6毫米，宽2~3毫米，先端通常渐尖，常具小尖头，具3脉；花冠蓝色或紫色，花冠筒长约2毫米，裂片卵圆形或椭圆形，卵圆形，长约1毫米；子房卵形，长约5毫米，花柱极短，长约1毫米，柱头2裂。蒴果宽卵形，长约10毫米，直径3~4毫米，上部渐狭，淡褐色；花果期7~9月。

分布于西藏、云南、四川、贵州、青海、新疆、陕西、甘肃、山西、内蒙古、辽宁、湖南、湖北。生于海拔700~4100米的高山林下及林缘、山坡草地、灌丛中、山谷水沟边。保护区内在海拔2500~3500米的山区常见。

拍摄者：朱淑霞（摄于耿达周边山坡）

205 | 獐牙菜

Swertia bimaculata (Sieb. et Zucc.)
Hook. f. et Thoms. ex C. B. Clarke

龙胆科　Gentianaceae

一年生草本，高0.3~1.4米。茎直立，圆形，中空，中部以上分枝。基生叶在花期枯萎；茎生叶无柄或具短柄，叶片椭圆形至卵状披针形，长3.5~9厘米，宽1~4厘米，先端长渐尖，基部钝，叶脉3~5条，弧形，最上部叶苞叶状。大型圆锥状复聚伞花序疏松，开展，长达50厘米，多花；花梗较粗，直立或斜伸，不等长，长6~40毫米；花5数，直径达2.5厘米；花萼绿色，长为花冠的1/4~1/2，裂片狭倒披针形或狭椭圆形，长3~6毫米，先端渐尖或急尖，基部狭缩，边缘具窄的白色膜质，常外卷，背面有细的、不明显的3~5脉；花冠黄色，上部具多数紫色小斑点，裂片椭圆形或长圆形，长1~1.5厘米，先端渐尖或急尖，基部狭缩，中部具2个黄绿色、半圆形的大腺斑；花丝线形，长5~6.5毫米，花药长圆形，长约2.5毫米；子房无柄，披针形，长约8毫米，花柱短，柱头小，头状，2裂。蒴果无柄，狭卵形，长至2.3厘米。花果期6~11月。

分布于西藏、云南、贵州、四川、甘肃、陕西、山西、河北、河南、湖北、湖南、江西、安徽、江苏、浙江、福建、广东、广西。生于海拔250~3000米的河滩、山坡草地、林下、灌丛中。印度、尼泊尔、不丹、缅甸、越南、马来西亚、日本也有分布。保护区内见于三江、耿达、卧龙镇和银厂沟等周边山区。

拍摄者：叶建飞〔摄于英雄沟〕

206 | 大药獐牙菜

Swertia tibetica Batal.

龙胆科　Gentianaceae

　　多年生草本，高18～64厘米。茎直立，黄绿色，中空，圆形，不分枝。基生叶片狭矩圆形或椭圆形，长4.5～10厘米，宽0.7～2厘米，先端钝，基部渐狭成柄，叶脉5～7条，在两面均明显凸起，叶柄扁平，长4～7厘米；茎生叶2～4对，下部者与基生叶同形，叶柄短，长2～5厘米，连合成筒状抱茎；茎上部叶近无柄，卵状披针形，半抱茎。聚伞花序常呈假总状，具5～9花；花梗直立，长2～9厘米，具细棱；花5数，直径2.5～3.5厘米；花萼长为花冠的2/3，裂片卵状披针形，先端渐尖，有膜质边缘；花冠黄绿色，基部稍带浅蓝色，裂片椭圆形，长2～3.3厘米，先端钝，基部具2个腺窝，腺窝基部囊状，边缘具长4～5毫米的柔毛状流苏；花丝线形，花药蓝色，矩圆形；子房无柄，椭圆形，花柱不明显，柱头小。蒴果无柄，椭圆形；种子褐色，近圆形，具数条纵棱。花果期7～11月。

　　产于云南西北部、四川西部。生于海拔3200～4800米的河边草地、山坡草地、林下、林缘、水边、乱石坡地。

拍摄者：叶建飞（摄于巴朗山）

207 | 大叶醉鱼草

***Buddleja davidii* Franch.**   马钱科 Loganiaceae

　　灌木，高1～5米。小枝略呈四棱形；幼枝、叶片下面、叶柄和花序均密被灰白色星状短绒毛。叶对生，叶片膜质至薄纸质，狭卵形、狭椭圆形至卵状披针形，长1～20厘米，宽0.3～7.5厘米，边缘具细锯齿，上面深绿色，被疏星状短柔毛，后变无毛；叶柄间具有2枚卵形或半圆形的托叶。总状或圆锥状聚伞花序顶生；小苞片线状披针形，长2～5毫米；萼钟状，外面被星状短绒毛，后变无毛，萼裂片披针形，膜质；花冠淡紫色，后变黄白色至白色，喉部橙黄色，外面被疏星状毛及鳞片，花冠管细长，长6～11毫米，直径1～1.5毫米，内面被星状短柔毛，花冠裂片近圆形；雄蕊着生于花冠管内壁中部，花丝短；子房卵形，无毛，花柱圆柱形，长0.5～1.5毫米，无毛，柱头棍棒状。蒴果狭椭圆形或狭卵形，长5～9毫米，直径1.5～2毫米，2瓣裂，淡褐色，无毛，基部有宿存花萼；种子长椭圆形，两端具尖翅。花期5～10月，果期9～12月。

　　广布种。生于海拔800～3000米的山坡、沟边灌木丛中。日本也有。保护区内在海拔2700米以下山区常见。

　　全株供药用，有祛风散寒、止咳、消积止痛之效。

拍摄者：马永红（摄于卧龙镇公路边）

208 | 香果树

Emmenopterys henryi Oliv.

茜草科　Rubiaceae

　　国家二级重点保护野生植物。落叶大乔木，高达30米。树皮灰褐色，鳞片状。小枝有皮孔，粗壮，扩展。叶纸质或革质，阔椭圆形、阔卵形或卵状椭圆形，长6～30厘米，宽3.5～14.5厘米，顶端短尖或骤然渐尖，稀钝，基部短尖或阔楔形，全缘，上面无毛或疏被糙伏毛，下面较苍白，被柔毛或仅沿脉上被柔毛，或无毛而脉腋内常有簇毛；侧脉5～9对，在下面凸起；叶柄长2～8厘米，无毛或有柔毛；托叶大，三角状卵形，早落。圆锥状聚伞花序顶生；花芳香，花梗长约4毫米；萼管长约4毫米，裂片近圆形，具缘毛，脱落，变态的叶状萼裂片白色、淡红色或淡黄色，纸质或革质，匙状卵形或广椭圆形，长1.5～8厘米，宽1～6厘米，有纵平行脉数条，有长1～3厘米的柄；花冠漏斗形，白色或黄色，长2～3厘米，被黄白色绒毛，裂片近圆形，长约7毫米，宽约6毫米；花丝被绒毛。蒴果长圆状卵形或近纺锤形，长3～5厘米，径1～1.5厘米，无毛或有短柔毛，有纵细棱；种子多数，小而有阔翅。花期6～8月，果期8～11月。

　　产于陕西、甘肃、江苏、安徽、浙江、江西、福建、河南、湖北、湖南、广西、四川、贵州、云南东北部至中部。生于海拔430～1630米处的山谷林中，喜湿润而肥沃的土壤。保护区内在三江偶见。

拍摄者：朱大海

209 | 六叶葎

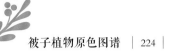

Galium asperuloides Edgew. subsp.
hoffmeisteri (Klotzsch) Hara

茜草科　Rubiaceae

　　一年生草本，高10~60厘米。茎直立，柔弱，具4角棱。叶片薄，纸质或膜质，生于茎中部以上的常6片轮生，生于茎下部的常4~5片轮生，长圆状倒卵形、倒披针形、卵形或椭圆形，长1~3.2厘米，宽4~13毫米，顶端钝圆而具凸尖，基部渐狭或楔形，上面散生糙伏毛，常在近边缘处较密，下面有时亦散生糙伏毛，中脉上有或无倒向的刺，边缘有时有刺状毛，具1中脉，近无柄。聚伞花序顶生和生于上部叶腋，少花，2~3次分枝，常广歧式叉开，总花梗长可达6厘米，无毛；苞片常成对，小，披针形；花小，花梗长0.5~1.5毫米；花冠白色或黄绿色，裂片卵形，长约1.3毫米，宽约1毫米；雄蕊伸出；花柱顶部2裂，长约0.7毫米。果爿近球形，单生或双生，密被钩毛，果柄长达1厘米。花期4~8月，果期5~9月。

　　分布于黑龙江、河北、山西、陕西、甘肃、江苏、安徽、浙江、江西、河南、湖北、湖南、四川、贵州、云南、西藏等地。生于海拔920~3800米的山坡、沟边、河滩、草地的草丛或灌丛中及林下。印度、巴基斯坦、尼泊尔、不丹、缅甸、日本、朝鲜、俄罗斯也有分布。保护区内在海拔3000米以下山区常见。

拍摄者：朱淑霞

210 | 拉拉藤

Galium aparine L. Sp. Pl. var. *echinospermum* (Wallr.) Cuf.

茜草科　Rubiaceae

　　蔓生或攀缘状草本，多分枝。茎4棱；棱上、叶缘、叶脉上均有倒生的小刺毛。叶纸质或近膜质，6~8片轮生，稀为4~5片，带状倒披针形或长圆状倒披针形，长1~5.5厘米，宽1~7毫米，顶端有针状凸尖头，基部渐狭，两面常有紧贴的刺状毛，1脉，近无柄。聚伞花序腋生或顶生，花小，4数，有纤细的花梗；花萼被钩毛，萼檐近截平；花冠黄绿色或白色，辐状，裂片长圆形，长不及1毫米，镊合状排列；子房被毛，花柱2裂至中部，柱头头状。果干燥，有1或2个近球状的分果爿，直径达5.5毫米，肿胀，密被钩毛，果柄直，长可达2.5厘米，较粗。花期3~7月，果期4~11月。

　　我国除海南及南海诸岛外，全国均有分布。生于海拔20~4600米的山坡、旷野、沟边、河滩、田中、林缘、草地。日本、朝鲜、俄罗斯、印度、尼泊尔、巴基斯坦及欧洲、非洲、美洲北部等地区均有分布。保护区内在海拔3500米以下广泛分布。

　　全草药用，清热解毒、消肿止痛、利尿、散瘀；治淋浊、尿血、跌打损伤、肠痈、疔肿、中耳炎等。

拍摄者：朱淑霞

211 | 大叶茜草

Rubia schumanniana Pritzel

茜草科 Rubiaceae

草本，近直立，高1米左右。茎和分枝均有4直棱和直槽，近无毛，平滑或有微小倒刺。叶4片轮生，厚纸质至革质，披针形、长圆状卵形或卵形，有时阔卵形，长通常4~10厘米，宽2~4厘米，顶端渐尖或近短尖，基部阔楔形，近钝圆，乃至浅心形，通常仅上面脉上生钩状短硬毛，有时上面或两面均被短硬毛，粗糙；基出脉3条，如为5条则靠近叶缘的1对纤细而不明显；叶柄近等长或2长2短，约0.5~1.5厘米，有时可达3厘米。聚伞花序多具分枝，排成圆锥花序式，顶生和腋生，总花梗长可达3~4厘米，有直棱，通常无毛；小苞片披针形，长3~4毫米，有缘毛；花小，直径约3.5~4毫米；花冠白色或绿黄色，干后常变褐色，裂片通常5，很少4或6（原记载），近卵形，渐尖或短尾尖，顶端收缩，常内弯。浆果小，球状，直径约5~7毫米，黑色。

产于我国西南部。生于海拔2600~3000米的林中。保护区内见于西河、正河、英雄沟、七层楼沟等周边山区。

拍摄者：叶建飞（摄于西河）

212 | 异型假鹤虱

Eritrichium difforme Lian et J. Q. Wang 　　紫草科　Boraginaceae

多年生草本，高30～120厘米。茎中空，疏生短毛。基长叶具长柄，叶片心形，长5～9厘米，宽3～6厘米，先端急尖，基部心形，两面疏生短毛；茎生叶具短柄或近无柄，卵形至狭卵形，长4～14厘米，宽2～7厘米，基部近圆形或宽楔形。花序生枝端和上部叶腋，一至二回二叉分枝，或不分枝；花梗纤细，果期常偏于一侧，长0.5～1厘米，生微毛；花萼裂片披针形，长约6毫米，花期直立，果期多反折，外面生微毛；花冠蓝紫色，钟状辐形，筒部长约3毫米，檐部直径9～12毫米，裂片圆卵形，附属物梯形，高约1.5毫米，边缘密生曲柔毛；花药长圆形，长约1毫米。小坚果异型，3或4枚发育，长刺型2～3枚，短刺型1～2枚，除棱缘的刺外，背盘微凸，有时中肋生短刺数个，腹面无毛，着生面卵状三角形，位腹面中部，棱缘的刺锚状，短刺型锚刺长约1毫米，基部离生，长刺型锚刺长3～3.5毫米，基部宽而稍连合。花果期6～7月。

分布于西藏、四川、云南。生于海拔2300～3800米的路边草地、山坡、林下、沟谷河边及阴湿石缝中。保护区内偶见于耿达、英雄沟、野牛沟等周边山区。

拍摄者：叶建飞（摄于耿达）

213 | 总苞微孔草

Microula involucriformis W. T. Wang

紫草科 Boraginaceae

　　草本。茎高约50厘米被刚毛，自下部分枝。茎下部叶和中部叶具柄，匙状长圆形或狭长圆形，长约6.5厘米，宽1.5～1.9厘米，顶端微尖，基部渐狭或楔形，上部叶无柄，长椭圆形或狭卵形，长4～5.8厘米，两面被糙伏毛并散生刚毛。花序生茎顶或分枝顶端，直径0.5～1.4厘米，有密集的花；花序下的叶通常2个，无柄，圆卵形或宽卵形，长1.5～3.5厘米；苞片圆卵形或卵形，长4～7毫米，宽3～6毫米；花具短梗；花萼长约2.8毫米，5裂达基部，裂片线状披针形，两面有短伏毛，边缘密被长糙毛并混有刚毛；花冠蓝色，檐部直径约4.5毫米，5浅裂，裂片圆卵形，无毛，筒部长约2.2毫米，无毛，附属物梯形，长约0.3毫米，顶端有硬毛。小坚果卵形，长约2.6毫米，宽约2毫米，有稀疏小瘤状凸起，背孔狭长圆形，长约2.2毫米，着生面位于腹面中部。花期6～7月。

　　分布于四川。生于海拔3000米一带山地。保护区内见于巴朗山。

拍摄者：朱淑霞（摄于巴朗山）

214 | 卵叶微孔草

Microula ovalifolia (Bur. et Franch.) Johnst.

紫草科　Boraginaceae

　　草本。茎直立或近直立，高9～32厘米，常自基部分枝，密或疏被短糙毛。基生叶及茎下部叶有稍长柄，狭椭圆形、椭圆形或匙形，茎中部以上叶具短柄或无柄，狭椭圆形或卵形，包括柄（长达1.4厘米）长0.9～4.5厘米，宽0.4～1.4厘米，顶端微尖、钝或圆形，基部渐狭，宽楔形或圆形，两面密或疏被短糙伏毛。顶生花序常多少伸长似穗状花序，长1.4～3厘米，有少或多数较稀疏的花，腋生花序有少数花；花梗长1～5毫米；花萼长2～2.5毫米，5裂，裂片狭三角形，外面密被短柔毛；花冠蓝色，檐部直径5～7毫米，无毛，5裂，裂片圆倒卵形，筒长约2毫米，无毛，附属物梯形或低梯形，高达0.5毫米，有短毛。小坚果卵形，长约1.8毫米，宽约1毫米，有小瘤状凸起，被短毛，背孔位于背面顶部，椭圆形或近圆形，长约0.5毫米，着生面位于腹面近基部处。花期7～9月。

　　分布于四川西部。生于海拔3350～4400米高山草地或灌丛下。保护区内见于巴朗山。

拍摄者：叶建飞（摄于巴朗山）

215 | 微孔草

Microula sikkimensis (Clarke) Hemsl. 　　　　　紫草科　Boraginaceae

草本。茎常自基部起有分枝或不分枝，被刚毛。基生叶和茎下部叶具长柄，卵形、狭卵形至宽披针形，长4~12厘米，宽0.7~4.4厘米，顶端急尖、渐尖，基部圆形或宽楔形，中部以上叶渐变小，具短柄至无柄，狭卵形或宽披针形，基部渐狭，边缘全缘，两面有短伏毛，下面沿中脉有刚毛。花序密集，直径0.5~1.5厘米，有时稍伸长，长约达2厘米，生茎顶端及无叶的分枝顶端，基部苞片叶状，其他苞片小，长0.5~2毫米；花梗短，密被短糙伏毛；花萼长约2毫米，果期长达3.5毫米，5裂近基部，裂片线形或狭三角形，外面疏被短柔毛和长糙毛，边缘密被短柔毛，内面有短伏毛；花冠蓝色或蓝紫色，檐部直径5~11毫米，无毛，裂片近圆形，筒部长2.5~4毫米，无毛，附属物低梯形或半月形，长约0.3毫米，无毛或有短毛。小坚果卵形，长2~2.5毫米，宽约1.8毫米，有小瘤状凸起和短毛，背孔位于背面中上部，狭长圆形，长1~1.5毫米，着生面位腹面中央。花期5~9月。

分布于陕西西南部、甘肃、青海、四川西部、云南西北部、西藏东部和南部。生于海拔2000~4500米的山坡草地、灌丛下、林边、河边多石草地、田边或田中。保护区内见于野牛沟、梯子沟、英雄沟和巴朗山等周边山区。

拍摄者：朱淑霞（摄于巴朗山）

216 | 海州常山

Clerodendrum trichotomum Thunb.　　　　马鞭草科　Verbenaceae

　　灌木或小乔木，高1.5～10米。老枝灰白色，具皮孔，髓白色，有淡黄色薄片状横隔。叶片纸质，卵形、卵状椭圆形或三角状卵形，长5～16厘米，宽2～13厘米，顶端渐尖，基部宽楔形至截形，两面幼时被毛，老时光滑，全缘或有时边缘具波状齿；叶柄长2～8厘米。伞房状聚伞花序顶生或腋生，通常二歧分枝，疏散，末次分枝着花3朵，花序梗长3～6厘米；苞片叶状，椭圆形，早落；花萼蕾时绿白色，后紫红色，基部合生，中部膨大，有5棱脊，顶端5深裂，裂片三角状披针形或卵形；花冠白色或带粉红色，花冠管细，长约2厘米，顶端5裂，裂片长椭圆形，长5～10毫米，宽3～5毫米；雄蕊4，花丝与花柱同伸出花冠外；柱头2裂。核果近球形，径6～8毫米，包藏于增大的宿萼内，成熟时外果皮蓝紫色。花果期6～11月。

　　产于辽宁、甘肃、陕西以及华北、中南、西南各地。生于海拔2400米以下的山坡灌丛中。保护区内见于三江。

拍摄者：叶建飞（摄于三江）

217 | 白苞筋骨草

Ajuga lupulina Maxim.

唇形科　Labiatae

多年生草本。茎直立，高18～25厘米，四棱形，具槽，沿棱及节上被毛。叶柄具狭翅，基部抱茎，边缘具缘毛；叶片纸质，披针状长圆形，长5～11厘米，宽1.8～3厘米，先端钝，基部楔形，下延，边缘疏生波状圆齿或几全缘。穗状聚伞花序由多数轮伞花序组成；苞叶大，向上渐小，白黄、白或绿紫色，卵形或阔卵形，长3.5～5厘米，宽1.8～2.7厘米，先端渐尖，基部圆形，抱轴，全缘；花梗短，被长柔毛；花萼钟状或略呈漏斗状，长7～9毫米，萼齿5，狭三角形，长为花萼之半或较长；花冠白、白绿或白黄色，具紫色斑纹，狭漏斗状，长1.8～2.5厘米，外面被疏长柔毛，内面具毛环，从前方向下弯，冠檐二唇形，上唇小，2裂，下唇延伸，3裂；雄蕊4，2强，着生于冠筒中部，花药肾形；花盘杯状，裂片近相等，不明显；子房4裂，被长柔毛，花柱无毛，先端2浅裂。小坚果倒卵状三棱形，背部具网纹，腹部具1大果脐。花期7～9月，果期8～10月。

产于河北、山西、甘肃、青海、西藏东部、四川西部和西北部。生于海拔1900～3600米的高山草地或陡坡石缝中。保护区内见于熊猫之巅周边山坡。

拍摄者：叶建飞（摄于巴朗山熊猫之巅周边山坡）

218 | 鼬瓣花

Galeopsis bifida Boenn.

唇形科　Labiatae

草本。茎直立，通常高20~60厘米，有时可达1米，钝四棱形，具槽。茎叶卵圆状披针形或披针形，通常长3~8.5厘米，宽1.5~4厘米，先端锐尖或渐尖，基部渐狭至宽楔形，边缘有规则的圆齿状锯齿；叶柄长1~2.5厘米，腹平背凸。轮伞花序腋生，多花密集；小苞片线形至披针形，基部稍膜质，先端刺尖；花萼管状钟形，连齿长约1厘米，齿5，近等大，长约5毫米，长三角形，先端为长刺状；花冠白、黄或粉紫红色，长约1.4厘米，冠筒漏斗状，喉部增大，长8毫米，冠檐二唇形，上唇卵圆形，先端钝，具不等的数齿，外被刚毛，下唇3裂，裂片长圆形，中裂片先端明显微凹，紫纹直达边缘，侧裂片全缘；雄蕊4，均延伸至上唇片之下，花丝下部被小疏毛；花柱先端近相等2裂；花盘前方呈指状增大。小坚果倒卵状三棱形，褐色，有秕鳞。花期7~9月，果期9月。

为欧亚广布的杂草。生于林缘、路旁、田边、灌丛、草地等空旷处。保护区内多见于花红树沟山地草丛。

拍摄者：叶建飞（摄于花红树沟）

219 | 活血丹

Glechoma longituba (Nakai) Kupr   唇形科　Labiatae

　　多年生草本，具匍匐茎，逐节生根。茎高10～30厘米，四棱形。叶草质，下部者较小，上部者较大，叶片心形，长1.8～2.6厘米，宽2～3厘米，先端急尖或钝三角形，基部心形，边缘具圆齿；叶柄长为叶片的1.5倍，被长柔毛。轮伞花序通常2花；苞片及小苞片线形；花萼管状，长9～11毫米，齿5，上唇3齿，较长，下唇2齿，略短，齿卵状三角形，先端芒状，具缘毛；花冠淡蓝、蓝至紫色，下唇具深色斑点，冠筒直立，上部渐膨大成钟形，有长筒与短筒两型，长筒者长1.7～2.2厘米，短筒者通常藏于花萼内，长1～1.4厘米，冠檐二唇形，上唇直立，2裂，裂片近肾形，下唇伸长，斜展，3裂，中裂片最大，肾形，先端凹入，两侧裂片长圆形，宽为中裂片之半；雄蕊4，内藏，后对着生于上唇下，较长，前对着生于两侧裂片下方花冠筒中部，较短；花盘杯状，微斜，前方呈指状膨大；花柱近相等2裂。成熟小坚果长圆状卵形，基部略成三棱形，果脐不明显。花期4～5月，果期5～6月。

　　广布种。生于海拔50～2000米的林缘、疏林下、草地中、溪边等阴湿处。保护区内见于卧龙镇周边山区。

　　民间广泛用全草或茎叶入药，治膀胱结石或尿路结石有效，外敷跌打损伤，内服亦治伤风咳嗽、流感、吐血等症。叶汁治小儿惊痫、慢性肺炎。

拍摄者：朱淑霞（摄于西河）

220 | 动蕊花

Kinostemon ornatum (Hemsl.) Kudo   唇形科   Labiatae

多年生草本。茎直立,基部分枝,四棱形,无槽,高50~80厘米,光滑无毛。叶具短柄,柄长0.3~1厘米,叶片卵圆状披针形至长圆状线形,长7~13厘米,宽1.3~3.5厘米,先端尾状渐尖,基部楔状下延,边缘具疏牙齿。轮伞花序2花,远隔,开向一面,多数组成疏松总状花序,腋生者稍短于叶;苞片早落;花梗长3毫米,无毛;花萼长4.7毫米,宽4.5毫米,萼筒长2毫米,内面喉部具毛环,萼齿5,呈二唇式开张,上唇3齿,下唇2齿;花冠紫红色,长11毫米,冠筒长达8毫米,下部狭细,中部以上宽展,冠檐二唇形,上唇2裂,裂片斜三角状卵形,长约2毫米,下唇3裂,中裂片卵圆状匙形,长4毫米,宽2.8毫米,先端具短尖,侧裂片长圆形;雄蕊4,细丝状,花药2室,肾形;花柱长超出雄蕊,先端不相等2裂;子房球形。花期6~8月,果期8~11月。

产于湖北、陕西、四川、贵州、广西及云南东北部。生于海拔740~2550米的山地林下。保护区内见于正河、三江等地。

拍摄者:叶建飞〔摄于正河〕

221 | 康藏荆芥

Nepeta prattii Levl.

唇形科　Labiatae

多年生草本。茎高70~90厘米，四棱形，具细条纹。叶卵状披针形至披针形，长6~8.5厘米，宽2~3厘米，向上渐变小，先端急尖，基部浅心形，边缘具密的牙齿状锯齿；下部叶具短柄，向上渐变至无柄。轮伞花序生于茎上部3~9节上，下部的远离，顶部的3~6密集呈穗状，多花而紧密；苞叶与茎叶同形，向上渐变小，苞片较萼短或等长，线形或线状披针形，具睫毛；花萼长11~13毫米，疏被短柔毛及白色小腺点，喉部极斜，上唇3齿宽披针形或披针状长三角形，下唇2齿狭披针形；花冠紫色或蓝色，长2.8~3.5厘米，外疏被短柔毛，冠筒微弯，其伸出于萼的狭窄部分约等于萼长，向上骤然宽大成长达10毫米、宽9毫米的喉，冠檐二唇形，上唇裂至中部成2钝裂片，下唇中裂片肾形，基部内面具白色髯毛，侧裂片半圆形；雄蕊短于下唇或后对略伸出；花柱先端近相等2裂，伸出上唇之外。小坚果倒卵状长圆形，腹面具棱，基部渐狭，褐色，光滑。花期7~10月，果期8~11月。

产于西藏东部、四川西部、青海西部、甘肃南部、陕西南部、山西及河北北部。生于海拔1920~4350米的山坡草地、湿润处。保护区内见于卧龙镇至巴朗山贝母坪一线的周边山区。

拍摄者：朱淑霞

222 | 牛至

Origanum vulgare L.　　　　　　　　　　　　唇形科　Labiatae

　　多年生草本或半灌木，芳香。茎直立或近基部伏地，通常高25～60厘米，四棱形，中上部各节有具花的分枝，下部各节有不育的短枝。叶具柄，柄长2～7毫米，叶片卵圆形或长圆状卵圆形，长1～4厘米，宽0.4～1.5厘米，先端钝或稍钝，基部宽楔形至近圆形或微心形，近全缘；苞叶大多无柄，常带紫色。花序呈伞房状圆锥花序，多花密集；苞片长圆状倒卵形至倒披针形，锐尖，全缘；花萼钟状，连齿长3毫米，内面在喉部有白色柔毛环，萼齿5；花冠紫红、淡红至白色，管状钟形，长7毫米，两性花冠筒长5毫米，显著超出花萼，而雌性花冠筒短于花萼，冠檐明显二唇形，上唇直立，卵圆形，先端2浅裂，下唇开张，3裂，中裂片较大；雄蕊4，在两性花中，后对短于上唇，前对略伸出花冠，在雌性花中，前后对近相等，内藏，两性花由三角状楔形的药隔分隔，室叉开，而雌性花中药隔退化雄蕊的药室近于平行；花柱略超出雄蕊，先端不相等2浅裂。小坚果卵圆形，微具棱。花期7～9月，果期10～12月。

　　广布种。生于海拔500～3600米的路旁、山坡、林下及草地。保护区内见于梯子沟、野牛沟、巴朗山等山坡草地。

　　全草入药，此外也是很好的蜜源植物。

拍摄者：朱淑霞（摄于梯子沟）

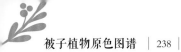

223 | 美观糙苏

Phlomis ornata C. Y. Wu

唇形科 Labiatae

多年生草本。主根粗厚，木质。茎多数，基部常具宿存的叶鞘，高40~60厘米，四棱形。茎生叶宽卵圆形，长9~15.5厘米，宽6.5~12.2厘米，先端急尖或渐尖，基部深心形，边缘牙齿状，具小凸尖，苞叶卵圆形或卵圆状披针形，长6~10厘米，宽3~5厘米，茎生叶叶柄长2.5~21厘米，通常下部的较长，上部的较短，苞叶叶柄长1~1.5厘米。轮伞花序多花；苞片钻形，边缘密被小刺毛；花萼管状，长2~2.5厘米，宽约9毫米，带紫色；花冠暗紫色，长约4.7厘米，冠筒长约3.3厘米，冠檐二唇形，外面密被白色或带紫色的绢状短绒毛，内面无毛环，上唇长约1.6厘米，边缘为小齿状，下唇长约1.7厘米，宽约1.6厘米，3圆裂，中裂片大边缘具小齿，内凹，侧裂片较小，卵形；雄蕊花丝具长毛，基部无附属器；花柱先端不等2裂。小坚果无毛。花期6~9月，果期7~11月。

产于四川西部及云南西北部。生于海拔3000~3700米的冷杉林下或草地上。保护区内见于邓生、野牛沟等周边山区。

拍摄者：朱淑霞（摄于英雄沟）

224 | 夏枯草

Prunella vulgaris L.

唇形科　Labiatae

　　多年生草木。茎高20～30厘米，下部伏地，钝四棱形，紫红色。茎叶卵状长圆形或卵圆形，大小不等，长1.5～6厘米，宽0.7～2.5厘米，先端钝，基部圆形至宽楔形，下延，边缘具不明显的波状齿或几近全缘，叶柄长0.7～2.5厘米，自下部向上渐变短；花序下方的一对苞叶似茎叶，近卵圆形，无柄或具不明显的短柄。轮伞花序密集组成顶生长2～4厘米的穗状花序，每一轮伞花序下承以宽心形的苞片。花萼钟形，连齿长约10毫米，筒长4毫米，倒圆锥形，二唇形，上唇扁平，近扁圆形，下唇较狭，2深裂。花冠紫、蓝紫或红紫色，长约13毫米，冠筒长7毫米，外面无毛，内面具鳞毛毛环，冠檐二唇形，上唇近圆形，径约5.5毫米，内凹，多少呈盔状，下唇约为上唇1/2，3裂，中裂片较大，近倒心脏形，先端边缘具流苏状小裂片，侧裂片长圆形，垂向下方，细小。雄蕊4，前对长很多，彼此分离，前对花丝先端2裂，1裂片能育具花药，另1裂片钻形，后对花丝的不育裂片微呈瘤状凸出；花柱先端相等2裂，裂片钻形，外弯；花盘近平顶。小坚长圆状卵珠形微具沟纹。花期4～6月，果期7～10月。

　　广布种。生于海拔3000米以下的荒坡、草地、溪边及路旁等湿润地上。保护区内在海拔2700米以下山区较为常见。

　　全株入药，治口眼歪斜、止筋骨疼、舒肝气、开肝郁等。

拍摄者：朱淑霞

225 | 拟缺香茶菜

Rabdosia excisoides (Sun ex C. H. Hu) C. Y. Wu et H. W. Li

唇形科　Labiatae

　　多年生草本。根茎木质,略增粗或呈疙瘩状。茎直立,多数,高0.3～1.5米,四棱形,具4槽。茎叶对生,宽椭圆形或卵形或圆卵形,长5～7厘米,宽2～5.5厘米,先端锐尖,基部宽楔形或平截,骤然渐狭下延,边缘具牙齿;叶柄长1～5厘米。总状圆锥花序顶生或于上部茎叶腋生,长6～15厘米,由3（～5）花的聚伞花序组成,聚伞花序具梗,总梗长2～5毫米,花梗长2～6毫米;苞叶叶状,向上渐变小,近无柄,苞片及小苞片线形,长1～3毫米;花萼花时钟形,长达3.5毫米,萼齿5,明显3/2式二唇形,齿裂至中部或以下,果时花萼明显增大,长达7毫米,上唇3齿外反,下唇2齿平伸;花冠白、淡红、淡紫至紫蓝色,长约10毫米,外疏被短柔毛及腺点,冠筒长约6毫米,基部上方浅囊状,至喉部宽达3毫米,冠檐二唇形,上唇外反,先端具相等的4圆裂,下唇近圆形,内凹;雄蕊4,下倾,内藏,花丝中部以下具髯毛;花柱先端相等2浅裂;花盘环状。成熟小坚果近球形。花期7～9月,果期8～10月。

　　产于四川、湖北和云南。生于海拔700～3000米的草坡、路边、沟边、荒地、疏林下。保护区内见于英雄沟、银厂沟、梯子沟、魏家沟、邓生、三江等周边山区。

拍摄者: 朱淑霞

226 | 开萼鼠尾草

Salvia bifidocalyx C. Y. Wu et Y. C. Huang　　　　　　唇形科　Labiatae

　　多年生草本。茎丛生，钝四棱形，密被微柔毛，具2～3对叶，不分枝。叶片均戟形，先端急尖或近急尖，基部戟形，边缘具近于整齐的小圆齿，先端及基部圆齿较大，纸质，除脉外均被短柔毛，下面脉上被短柔毛，满布紫黑色腺点。轮伞花序通常2花，顶生总状或总状圆锥花序；花萼钟形，二唇形，唇裂约达花萼长1/2，外面密被长柔毛及具腺疏柔毛，其间混杂多数紫黑色腺点，内面满布微硬伏毛，上唇三角状卵圆形，先端锐尖，具3脉，脉具狭翅，下唇半裂成2齿，齿卵圆状三角形，先端锐尖，花后花萼增大，宽钟形，口部张开，膜质。花冠黄褐色，下唇有紫黑色斑点，内面近基部具不完全毛环，冠檐二唇形，上唇稍向后伸，微内凹，先端微缺，外被短柔毛及紫黑色腺点，下唇3裂，中裂片最大，倒心形，侧裂片卵圆形。花柱超出雄蕊之上，先端弯曲，极不相等2浅裂。成熟小坚果未见。花期7月。

　　生于海拔3500米左右的石山上。保护区内见于卧龙镇、三江、英雄沟、野牛沟等周边山区。

拍摄者：朱淑霞

227 | 甘西鼠尾草

Salvia przewalskii Maxim.

多年生草本。茎高达60厘米，自基部分枝，密被短柔毛。叶有基出叶和茎生叶2种，均具柄，密被微柔毛；叶片三角状或椭圆状戟形，稀心状卵圆形，有时具圆的侧裂片，长5～11厘米，宽3～7厘米，先端锐尖，基部心形或戟形，边缘具近于整齐的圆齿状牙齿。轮伞花序2～4花，疏离，组成顶生8～20厘米的总状花序，有时具腋生的总状花序而形成圆锥花序；苞片卵圆形或椭圆形，先端锐尖，基部楔形，全缘，两面被长柔毛；花梗长1～5毫米；花萼钟形，长达11毫米，外面密被具腺长柔毛，二唇形，上唇三角状半圆形，先端有3短尖，下唇较上唇短，半裂为2齿；花冠紫红色，内面具毛环，冠筒长约17毫米，冠檐二唇形，上唇长圆形，全缘，顶端微缺，下唇长3裂，中裂片倒卵圆形，顶端近平截，侧裂片半圆形；能育雄蕊伸于上唇下面，花丝扁平，上臂和下臂近等长，二下臂顶端各横生药室，并互相联合；花柱略伸出花冠，先端2浅裂。小坚果倒卵圆形。花期5～8月。

产于甘肃西部、四川西部、云南西北部、西藏。生于海拔2100～4000米的林缘、路旁、沟边、灌丛下。保护区内见于英雄沟至贝母坪一线周边山区。

根入药。四川作秦艽代用品，云南丽江作丹参代用品。

拍摄者：朱淑霞

228 | 西南水苏

Stachys kouyangensis (Vaniot) Dunn　　　　　　　　唇形科　Labiatae

　　多年生草本，高约50厘米。茎纤细，曲折，基部伏地，四棱形，具槽。茎叶三角状心形，长约3厘米，宽约2.5厘米，先端钝，基部心形，边缘具圆齿，两面均被刚毛，叶柄近于扁平，长约1.5厘米；苞叶向上渐变小，位于最下部的与茎叶同形，上部者卵圆状三角形，几无柄。轮伞花序5～6花，远离，于枝顶组成不密集的穗状花序；苞片微小，常早落；花梗极短；花萼倒圆锥形，短小，连齿长约6毫米，齿5，三角形，先端具刺尖头；花冠浅红至紫红色，长约1.5厘米，冠筒长约1.1厘米，近等粗，内面近基部1/3处有微柔毛环，在毛环上前方呈浅囊状膨大，冠檐二唇形，上唇直伸，长圆状卵圆形，下唇平展，长宽约6毫米，3裂，中裂片圆形，径3.5毫米，侧裂片卵圆形，径约1.5毫米；雄蕊4，前对较长，花药2室极叉开；花柱先端相等2浅裂；花盘杯状，具圆齿。小坚果卵球形。花期通常7～8月，果期9月，亦有延至11月开花结果。

　　产于西藏、云南、贵州、四川及湖北。生于海拔900～3800米的山坡草地、旷地及潮湿沟边。保护区内见于卧龙镇至贝母坪一线周边山区。

　　云南用全草入药，治疮疖、赤白痢及湿疹，有配方用于治骨髓炎。

拍摄者：朱淑霞

229 | 茄参

Mandragora caulescens C. B. Clarke　　　　茄科　Solanaceae

多年生草本，高20～60厘米，全体生短柔毛。根粗壮，肉质。茎长10～17厘米，上部常分枝，分枝有时较细长。叶在茎上端不分枝时则簇集，分枝时则在茎上者较小而在枝条上者宽大，倒卵状矩圆形至矩圆状披针形，连叶柄长5～25厘米，宽2～5厘米，顶端钝，基部渐狭而下延到叶柄呈狭翼状，中脉显著，侧脉细弱，每边5～7条。花单独腋生，通常多花同叶集生于茎端似簇生；花梗粗壮，长6～10厘米；花萼辐状钟形，直径2～2.5厘米，5中裂，裂片卵状三角形，顶端钝，花后稍增大，宿存；花冠辐状钟形，暗紫色，5中裂，裂片卵状三角形，花丝长约7毫米，花药长3毫米；子房球状，花柱长约4毫米。浆果球状，多汁液，直径2～2.5厘米。花果期5～8月。

分布于四川西部、云南西北部和西藏东部。常生于海拔2200～4200米的山坡草地。印度也有分布。保护区内偶见于巴朗山。

根含莨菪碱和山莨菪碱，可药用。

拍摄者：叶建飞（摄于巴朗山高山草甸）

230 | 鞭打绣球

Hemiphragma heterophyllum Wall.　　　玄参科　Scrophulariaceae

多年生铺散匍匐草本，全体被短柔毛。茎纤细，多分枝，节上生根，茎皮薄，老后易于破损剥落。叶2型；主茎上的叶对生，叶柄短，长2~5毫米或有时近于无柄或柄长至10毫米，叶片圆形，心形至肾形，长8~20毫米，顶端钝或渐尖，基部截形，微心形或宽楔形，边缘共有锯齿5~9对，叶脉不明显；分枝上的叶簇生，稠密，针形，长3~5毫米，有时枝顶端的叶稍扩大为条状披针形。花单生叶腋，近于无梗；花萼裂片5近于相等，三角状狭披针形，长3~5毫米；花冠白色至玫瑰色，辐射对称，长约6毫米，花冠裂片5，圆形至矩圆形，近于相等，大而开展，有时上有透明小点；雄蕊4，内藏；花柱长约1毫米，柱头小，不增大，钻状或2叉裂。果实卵球形，红色，长5~6毫米，可达10毫米，近于肉质，有光泽；种子卵形，长不及1毫米，浅棕黄色，光滑。花期4~6月，果期6~8月。

分布于云南、西藏、四川、贵州、湖北、陕西、甘肃及台湾。生于海拔3000~4000米的高山草地或石缝中。尼泊尔、印度、菲律宾也有分布。保护区内见于耿达、幸福沟。

拍摄者：朱淑霞

231 | 尼泊尔沟酸浆

Mimulus tenellus Bunge var. ***nepalensis***
(Benth.) Tsoong

玄参科 Scrophulariaceae

　　多年生草本，无毛。茎多分枝，下部匍匐生根，四方形，角处具窄翅。叶卵形、卵状三角形至卵状矩圆形，长1～3厘米，宽4～15毫米，顶端急尖，基部截形，边缘具明显的疏锯齿，羽状脉，叶柄细长，与叶片等长或较短，偶被柔毛。花单生叶腋，花梗与叶柄近等长，明显的较叶短；花萼圆筒形，长约5毫米，果期肿胀呈囊泡状，增大近1倍，沿肋偶被绒毛，或有时稍具窄翅，萼口平截，萼齿5，细小，刺状；花冠较萼长1.5倍，漏斗状，黄色，喉部有红色斑点；唇短，端圆形，竖直，沿喉部被密的髯毛；雄蕊同花柱无毛，内藏。蒴果椭圆形，较萼稍短；种子卵圆形，具细微的乳头状凸起。花果期6～9月。

　　分布于秦岭—淮河以北及陕西以东各地区。生于海拔700～1200米的水边、林下湿地。保护区内在海拔1500米以下山区常见。

　　可食，作酸菜用。

拍摄者：叶建飞（摄于三江）

232 | 四川沟酸浆

***Mimulus szechuanensis* Pai**　　　　　　　玄参科　Scrophulariaceae

多年生直立草本，高达60厘米。根状茎长，节上长有成丛的纤维状须根。茎四方形，无毛或有时疏被柔毛，常分枝，角处有狭翅。叶卵形，长2～6厘米，宽1～3厘米，顶端锐尖，基部宽楔形，渐狭成长至1.5厘米的短柄，边缘有疏齿，羽状脉，背面沿脉有时有柔毛。花单生于茎枝近顶端叶腋，花梗长1～5厘米，间有微毛或腺状微毛；萼圆筒形，长约1～1.5厘米，果期膨大呈囊泡状，长达2厘米，肋有狭翅，萼口斜形，肋与边缘均被多细胞柔毛，萼齿5，刺状，后方1枚较大；花冠长约2厘米，黄色，喉部有紫斑，花冠筒稍长于萼，上下唇近等长。蒴果长椭圆形，长1～1.5厘米，稍扁，被包于宿存的萼内；种子棕色，卵圆形，有明显的网纹。花期6～8月。

　　分布于西南及甘肃、陕西、湖北、湖南等地。生于海拔1300～2800米的林下阴湿处、水沟边、溪旁。保护区内在海拔2500米以下山区较为常见。

拍摄者：朱淑霞

233 | 鹅首马先蒿

Pedicularis chenocephala Diels

玄参科 Scrophulariaceae

多年生草本。根茎短，节上有线状披针形鳞片数对。茎有毛或几光滑。下部茎生叶有长柄，叶片线状长圆形，长达3厘米，宽达8毫米，羽状全裂，裂片5～10对，卵状长圆形，羽状浅裂，上部茎生叶对生或轮生，卵状长圆形，裂片仅4～5对，其叶柄常变宽而多少膜质。花序头状，长3～4厘米，外面密被总苞状苞片，苞片叶状，但其柄大大变宽，宽达6毫米，有长缘毛及疏毛，上半部绿色，羽状开裂；萼长达9毫米，薄膜质，脉10条，均细弱，5条主脉稍明显，无网脉，萼齿5，基部三角形，中部狭细如柄，上部稍膨大有少数锯齿；花冠玫瑰色；合有雄蕊部分色较深紫，管长约1厘米，几伸直或近端处稍稍向前屈，盔直立部分很长，其前缘高达8～9毫米，微微向前弓曲，端约以45°角转向前上方成为多少膨大的含有雄蕊部分，长约7毫米，前端有转指前方的短喙，喙圆锥形，斜截头，长仅1毫米余，下唇基部楔形，侧裂斜倒卵形，斜指向外，中裂较小，宽卵形，长约5毫米，约向前伸出一半，各裂之端均有小凸尖，沿边有啮痕状齿及缘毛；雄蕊花丝前方1对有疏毛。

我国特有种。产于甘肃西南部、青海东北部与四川北部。生于海拔3660～4300米的沼泽性草地中。保护区内见于巴朗山。

拍摄者：朱淑霞

234 | 大卫氏马先蒿

Pedicularis davidii Franch.　　　　玄参科　Scrophulariaceae

　　多年生直立草本，密被短毛。茎中空，具明显的棱角，密被锈色短毛。下部的叶多假对生，上部的叶互生，基生叶柄沿中肋具狭翅；叶片膜质，羽状全裂，裂片每边9～14枚，线状长圆形或卵状长圆形，基部下延连中肋成狭翅，边羽状浅裂或半裂，边有重锯齿。总状花序顶生；苞片叶状，3深裂；花梗短，密被短毛；萼膜质，前方开裂至管的中部，近于无毛，萼齿3；花冠全部为紫色或红色，花管伸直，长约为萼的2倍，管外疏被短毛，盔的直立部分在自身的轴上扭旋两整转，在含有雄蕊部分的基部强烈扭折，喙常卷成半环形，顶端2浅裂，下唇大，长约8～11毫米，宽约11～13毫米，常与管轴成直角开展，3裂，有缘毛，中裂较小，大部向前凸出，宽倒卵形，基部有短柄，不迭置于侧裂之下，侧裂为给置的宽肾脏形，宽过于长，长约3.5毫米，宽约8毫米；雄蕊着生于花管的上部，2对花丝均被毛；子房卵状披针形，长约3毫米，柱头伸出于喙端。蒴果狭卵形至卵状披针形，长约10毫米，宽约4～5毫米，两室极不等，但轮廓则几不偏斜，基部约1/3为膨大的宿萼所包，面略有细网纹，端有凸尖。花期6～8月，果期8～9月。

　　我国特有种。分布于甘肃西南部、陕西南部及四川。生于海拔1750～3500米的沟边、路旁及草坡上。保护区内见于巴朗山、梯子沟和野牛沟等周边山区。

拍摄者：朱淑霞

235 | 地管马先蒿

Pedicularis geosiphon H. Smith et Tsoong　　玄参科　Scrophulariaceae

　　多年生草本。根茎鞭状而极长，黑色，常作二歧状分枝，节间很长，节上常生有紫红色、披针状长圆形的膜质鳞片。每一植株常有2~4条茎，直立部分极短，黑色无毛，生叶5~6和花1~3。叶有长柄，扁平有条纹，几无毛；叶片线状长圆形，羽状全裂，裂片斜卵形，约4~5对，有明显的小柄，常显作互生，缘有锐重齿，上面疏布短毛，下面光滑而网脉明显，略有白色肤屑状物。花单生叶腋，花梗自极短至15毫米，黑色而光滑；萼圆筒形，管长约7毫米，有疏长毛，前方开裂至中部；主脉明显，齿5，略等长，长2.5毫米，后方1枚线形，端几不膨大，其余者端膨大而有少数之锯齿；花冠之管长4.5~6.5厘米，外面有毛；盔的直立部分自基到顶长6毫米，内缘高4毫米，在近顶处两边各有小齿1枚，约以直角转折为含有雄蕊的部分，前端再渐细为伸直而指向前方的喙，共长8.5毫米，喙端2裂，下唇很大，长20毫米，约等宽，中裂椭圆状长圆形，向前凸出，侧裂斜卵形；雄蕊着生管端，花丝2对均无毛。花期7月。

　　我国特有种。分布于甘肃南部与四川北部。生于海拔3500~3900米的原生针叶林中苔藓层上。保护区内见于巴朗山、野牛沟等高海拔山区。

拍摄者：叶建飞（摄于巴朗山）

236 | 纤细马先蒿

***Pedicularis gracilis* Wall. ex Benth.** 　　玄参科　Scrophulariaceae

　　一年生草本。根茎常木质化而粗壮，生有须状根。茎略显方形，有成行之毛3~4条，枝多4枚轮生。叶常3~4枚轮生，基出者早枯，茎生者几无柄，卵状长圆形，羽状全裂，裂片6~9对，长圆形钝头，有缺刻状锯齿，齿有胼胝，上面中肋有短毛，下面几无毛，网脉显著。花序总状，生于主茎及分枝的顶端，花排列疏远，多4朵成轮；苞片叶状；萼管状，长约5~6毫米，宽不达2毫米，具10条粗而高凸的主脉，其宽与各脉间的膜质间隔相等，无网脉，沿主脉有短毛，齿5，极短而常全缘；花冠长约12~15毫米，管长7~8毫米，下唇宽7~10毫米，亚圆形，侧裂卵形，大于菱状卵形的中裂2倍，盔稍膨大，以直角转折，直立部分长2毫米，含有雄蕊的部分长2毫米，宽1.5毫米，前端伸长为4~5.5毫米的细喙，喙端略2裂；雄蕊着生于管的中部或稍上处，花丝无毛；柱头伸出。蒴果宽卵形，锐头，略比萼长，长约8毫米；种子卵圆形，灰褐色，有清晰网纹。

　　分布于喜马拉雅，东起不丹，西迄阿富汗，广布我国云南、四川西部及西藏南部。生于海拔2200~3800米的草坡中。保护内见于野牛沟、梯子沟、英雄沟和巴朗山周边中高海拔山区。

拍摄者：朱淑霞（摄于巴朗山）

237 | 毛颏马先蒿

Pedicularis lasiophrys Maxim.　　　玄参科　Scrophulariaceae

多年生草本。根须状,丛生于根颈周围。根茎细而鞭状;茎直立,不分枝,有条纹,沿纹有毛,尤以基部为密,中部毛最疏。叶在基部者最发达,有时成假莲座,中部以上几无叶,基生者有短柄,稍上者即无柄而多少抱茎;叶片长圆状线形至披针状线形,钝头至锐头,缘有羽状的裂片或深齿,裂片或齿两侧全缘,顶端复有重齿或小裂,上面散生疏白毛,或至后几光滑,下面散生褐色之毛,沿中肋尤多。花序多少头状或伸长为短总状,而下部之花较疏;苞片披针状线形至三角状披针形,密生褐色腺毛;萼钟形,亦多毛,长6~8毫米,齿5枚,几相等,三角形全缘,约等萼管长度的1/2;花冠淡黄色,其管仅稍长于萼,无毛,下唇3裂,稍短于盔,裂片均圆形而有细柄,无缘毛,盔含有雄蕊的部分多少膨大,卵形,以直角自直立部分转折,前端突然细缩成稍下弯而光滑之喙,其前额与颏均密被黄色之毛,与其下缘的须毛相衔接;雄蕊花丝2对均无毛,花柱不伸出或稍伸出。果黑色光滑,卵状椭圆形,有小凸尖,多少扁平,室相等,长达1厘米,宽5毫米。花期7~8月。

我国特有种。产于甘肃、青海、四川。生于海拔2900~5000米的高山草甸中,亦生于柳梢林及云杉林中的多水处。保护区内见于野牛沟和巴朗山。

拍摄者:叶建飞（摄于巴朗山）

238 | 阿洛马先蒿

***Pedicularis aloensis* Hand.-Mazz.**　　　玄参科　Scrophulariaceae

多年生草本。茎多数，柔弱而细，略作四角形，上部有沟纹，有疏距的对生之枝与叶。叶均茎生，三角状卵形，羽状全裂，具有4~6对小裂片，小裂片宽而圆，有重宽锯齿或再作不明显之开裂，膜质。花对生于茎与枝的中部及以上的叶腋中，很疏远；萼钟形膜质，缘有疏毛；花冠小，内面除雄蕊着生处有须毛外光滑，外面主要上部有疏毛，管自基部渐渐扩大，下唇以锐角伸张，分裂至中部成为3枚等长而有缘毛的裂片，中裂较侧裂宽2倍，圆形，自中裂与侧裂组成的尖形缺刻中凸起成为2条高凸的褶襞，盔基宽4毫米，几不向前俯，渐渐变狭，端钝而为兜状，缘无毛，与管等长；花丝几等长，较长的1对全部，较短的1对下部有短毛；药小，基部有长刺尖。蒴果小，形如尖刀，很锐尖。花期7月。

我国特有种。生于海拔3000~3800米的林中和竹林中荫处。保护区内偶见于巴朗山。

拍摄者：朱淑霞

239 | 大管马先蒿

Pedicularis macrosiphon Franch.　　　　玄参科　Scrophulariaceae

多年生草本。茎细弱，弯曲而上升或长而蔓。叶下部者常对生或亚对生，上部者互生，膜质或纸质而略厚，柄下部者可达6厘米，被毛；叶片卵状披针形至线状长圆形，羽状全裂，裂片互生至亚对生，每边7~12枚，卵形至长圆形，锐头，基部斜，一边楔形，一边常略作耳形而较宽，下延，连于中轴而成狭翅，缘有重锯齿；上面有疏毛，下面有白色肤屑状物，沿主肋有长柔毛。花腋生，疏稀，浅紫色至玫瑰色，有长达10毫米的梗；萼圆筒形，前方不开裂，膜质，脉5主5次，无网脉，沿脉有长柔毛，齿5枚，后方1枚较小；花冠长4.5~6厘米，管长4~5厘米，伸直，无毛，盔直立部分的基部到盔顶约7毫米，内缘高约5毫米，近端处有时有小耳状凸起，先以镰状弓曲转向前上方而后再转向前下方，总的角度稍大于直角，其含有雄蕊部分与喙之间无清晰的界划，共长10毫米，喙端2裂；下唇长于盔，长约15毫米，宽约14毫米，以锐角开展，3裂，侧裂较大而椭圆形，中裂凸出为狭卵形而钝头，长过于广；雄蕊着生于管喉，2对花丝均无毛；柱头略伸出于喙端。蒴果长圆形至倒卵形，端有凸尖，偏斜，全部包于宿萼内，长10~12毫米，宽约4~5毫米。花期5~8月。

我国特有种。自四川西北部南至云南西北部。生于海拔1200~3400米的山沟阴湿处、沟边及林下。保护区内见于三江、正河、核桃坪、七层楼沟、英雄沟、银厂沟、野牛沟、梯子沟和巴朗山等周边山区。

拍摄者：叶建飞〔摄于巴朗山〕

240 | 小唇马先蒿

Pedicularis microchila Franch.　　　　玄参科　Scrophulariaceae

　　一年生草本，高可达40厘米。茎常单一，有纵条纹，下部均无毛，中部以上在沟纹中有毛。茎生叶在最下方一节上者常对生，自此以上均为4枚轮生，叶柄从下部至上叶柄渐短至无；叶片长圆形至椭圆形或卵形，两端钝，基部有时略作心形抱茎，具缺刻状浅裂或重锯齿6对，两面均无毛。轮伞花序，每轮含花2或4朵；苞片叶状至卵状团扇形，有短柄；萼卵状钟形，具脉10条，齿5枚相等，三角状卵形，脉与齿上均有毛；花冠之管与下唇浅红色，盔紫色而较深，全长达20毫米，管基部一段与萼管同一指向而与之等长，至萼喉稍膝曲而转指前方，长约3.5~4毫米，然后其上线（背线）突然以近乎或过于直角的角度转折向上而成为盔，其下线（腹线）则继续向前并稍扩大成宽2/5毫米的喉部而速于下唇，下唇长约7毫米，侧裂椭圆形较大，中裂有柄，椭圆形而较小，伸出于前方，盔长而狭，背线长达9~10毫米，腹线仅长7毫米左右，宽仅2毫米左右，与管之上段多少成直角，略作镰状弓曲，额部圆钝或斜向下缘而多少尖头下缘端无棱角或有一方形转角，或在大半的情况下，生有细齿1对；花丝2对均无毛；柱头伸出或不伸出。蒴果三角状狭卵形，长达14毫米，约1/2为宿萼所包，其基线向前伸出为小凸尖，长1毫米。花期6~8月。

　　我国特有种。产于云南西北部与四川西南部。生于海拔2750~4000米的高山草原或溪旁灌丛下。保护区内见于邓生、野牛沟、梯子沟、巴朗山等周边山区。

拍摄者：叶建飞（摄于巴朗山）

241 | 谬氏马先蒿

Pedicularis mussotii Franch.　　　　　玄参科　Scrophulariaceae

多年生草本，低矮。根茎短，节上发出支根多条。茎成丛，常倾卧或弯曲上升，有沟纹密生细短毛。叶基生者多数，具长柄，扁平，两侧有狭翅，生有疏毛；叶片上面无毛或有疏毛，中肋沟中有短细毛，缘羽状深裂或几全裂，裂片三角状卵形至卵形；缘有重锐锯齿或具齿的小裂片3～4对，齿有刺尖。茎生叶常为对生，仅在茎端花序中显出互生现象，亦有长柄，有长缘毛。花全部腋生，有长梗，常柔软弯曲，被有短毛。萼有细毛，前方深裂至1/2以上，主脉3条，次脉无定数，齿2～3；花冠红色，管长7～10毫米，外面有毛，盔直立部分2～4毫米，几以直角转折向前成为膨大的含有雄蕊部分，下缘有耳状凸起1对，前方渐细为卷成半环状的长喙，喙长7～11毫米，下唇宽甚过于长，基部深心形，有长缘毛，中裂小，仅及侧裂的半大，为宽倒卵形，端明显凹入，侧裂为肾脏形，边缘多少有大波状弯曲；花丝2对均有毛；花柱不伸出。蒴果半圆形，几伸直，后背缘线则作半圆形弓曲，有1/2为宿萼所斜包，端有指向前上方的小刺尖。

我国特有种。产于云南西北部与四川西部。保护区内见于巴朗山。

拍摄者：叶建飞（摄于巴朗山）

242 | 多齿马先蒿

***Pedicularis polyodonta* Li**　　　　玄参科　Scrophulariaceae

　　草本，高约10~20厘米，直立，全部密被短柔毛。茎常单出，中空，下部圆柱形，上部略具棱角，暗棕色。叶对生，或在花序下面一节偶有3枚轮生者，基生者具有长柄，扁平，具有狭翅，密被白色长柔毛，茎生者近于无柄或有短柄，叶片卵形至卵状披针形，羽状浅裂，裂片短卵形或圆形，边缘有细圆齿，两面均被短柔毛，下面间有灰白色肤屑状物。花序穗状，生于枝端，花多数；苞片叶状，多成宽三角状卵形，基部很宽而鞘裹；萼管状，密被短柔毛，前方不开裂，5条主脉虽细而显著，萼齿5枚不等，长约为萼管的1/2；花冠黄色，花管直伸，喉部被短柔毛，盔下部与管同一指向，上部强烈镰形弓曲，下唇比盔短，有极短却很明显的阔柄，3裂，边缘无缘毛，有具刺尖的细齿，中裂稍较大，圆形，侧裂肾脏状半圆形，宽过于长；雄蕊着生在花管的近基部，2对花丝的基部与花管贴生处被短柔毛，上部无毛；子房卵状长圆形，柱头伸出于盔外达2毫米。蒴果长达14毫米，三角状狭卵形，斜指向上，下缝线伸直，上缝线弓曲向下，顶端有小凸尖，但不显著，几成渐尖。花期6~8月。

　　我国特有种。产于四川西部和西北部。生于海拔2750~4150米的高山草原或疏林中。保护区内见于巴朗山周边山区。

拍摄者：朱淑霞（摄于巴朗山）

243 | 普氏马先蒿

Pedicularis przewalskii Maxim.　　　　　玄参科　Scrophulariaceae

多年生低矮草本，高连花仅6～12厘米。茎多单条。叶基出与茎出，下部者有长柄，多少膜质变宽，光滑，上部者柄较短；叶片披针状线形，质极厚，中脉极宽而明显，边缘羽状浅裂成圆齿，多达9～30对，缘常强烈反卷，每一齿的前方的一大半反卷向后成为新月形，后方一小部分则另外反卷，因此在叶的正面看来，其缘如有倒齿，状如蒲公英叶；萼瓶状卵圆形，管口缩小，前方开裂至2/5，缘有长缘毛，齿挤聚后方，5枚，3小2大，有短柄；花冠紫红色，喉部常为黄白色，端不膨大，外面有长毛，盔强壮，盔额常有鸡冠状凸起，直立部分长5～6毫米，向上渐宽，几以直角转折成为膨大的舍有雄蕊部分，长约5毫米，宽约4.5毫米，额高凸，前方急细为指向前下方的细喙，长5～6毫米，喙端深2裂，裂片线形，长达3毫米，下唇深3裂，裂片儿相等，中裂圆形有凹头，基部耳形狭细为短柄，侧裂卵形；雄蕊着生于管端，花丝2对均有毛；花柱不伸出。蒴果斜长圆形，有短尖头。花期6～7月。

我国特有种。分布于甘肃南部、四川西部、青海东部、云南西北部、西藏昌都专区西南部，南至西藏南部。生于海拔4000～4830米的高山湿草地中。保护区内见于巴朗山高山流石滩。

拍摄者：朱淑霞〔摄于巴朗山〕

244 | 大王马先蒿

Pedicularis rex C. B. Clarke ex Maxim. 　　玄参科　Scrophulariaceae

　　多年生草本，高10~90厘米。茎直立，有棱角和条纹；枝轮生。叶3~5枚而常以4枚较多，有叶柄，其柄在最下部者常不膨大而各自分离，其较上者多强烈膨大，而与同轮中者互相结合成斗状体，其4枚叶片高达5~15毫米；叶片羽状全裂或深裂，变异也极大，长3.5~12厘米，宽1~4厘米，裂片线状长圆形至长圆形，宽4~8毫米，缘有锯齿。花序总状，其花轮尤其在下部者远距，苞片基部均膨大而结合为4，脉纹明显，前半部叶状而羽状分裂；花无梗；萼长10~12毫米，膜质无毛，齿退化成2，宽而圆钝；花冠黄色，长约3厘米，直立，管长20~25毫米，宽2.5~4毫米，在萼内微微弯曲使花前俯，盔背部有毛，先端下缘有细齿1对，下唇以锐角开展，中裂小；雄蕊花丝2对均被毛；花柱伸出于盔端。蒴果卵圆形，先端有短喙，长10~15毫米；种子长约3毫米，具浅蜂窝状孔纹。花期6~8月，果期8~9月。

　　自我国四川西南部、云南东北部及西北部至缅甸北部与印度的阿萨姆。生于海拔2500~4300米的空旷山坡草地与疏稀针叶林中，有时也见于山谷中。保护区内见于巴朗山。

拍摄者：朱淑霞（摄于巴朗山）

245 | 拟鼻花马先蒿

***Pedicularis rhinanthoides* Schrenk ex Fisch. et Mey.**

玄参科 Scrophulariaceae

多年生草本，高4～30厘米。茎直立，常弯曲上升，不分枝。叶基生者常成密丛，有长柄，羽状全裂，裂片9～12对，卵形，具胼抵质凸尖的牙齿，茎叶少数，柄较短。常成顶生的亚头状总状花序；苞片叶状；花梗短，无毛；萼卵形而长，管前方开裂至1/2，无毛或有微毛，常有美丽的色斑，齿5，后方1枚披针形全缘，其余4枚较大，橡有少数锯齿；花冠玫瑰色，管几长于萼1倍，外面有毛，大部伸直，在近端处稍稍变粗而微向前弯，盔直立部分较管为粗，继管端而与其同指向前上方，长约4毫米，上端多少作膝状屈曲向前成为含有雄蕊的部分，长约5毫米，前方很快就狭细成为半环状卷曲之喙，极少有喙端再转向前而略作"S"形卷曲者，长约可达7毫米，端全缘而不裂，下唇长14～17毫米，基部宽心脏形，伸至管的后方，裂片圆形，侧裂大于中裂1倍，后者几不凸出，缘无毛；雄蕊着生于管端，前方1对花丝有毛。蒴果长为萼的1.5倍，披针状卵形，长19毫米，宽6毫米，端多少斜截形，有小凸尖；种子卵圆形，浅褐色，有明显的网纹，长2毫米。花期7～8月。

分布于新疆、河北、山西、陕西、甘肃、青海、四川、云南、西藏昌都专区。生于海拔3000～5000米的多水或潮湿草甸中，分布自准噶尔经土耳其斯坦至西喜马拉雅。保护区内见于巴朗山高山草甸和流石滩。

拍摄者：叶建飞（摄于巴朗山）

246 | 条纹马先蒿

Pedicularis lineata Franch.

玄参科　Scrophulariaceae

　　多年生草本。茎单条或自根茎发出多条，中空，圆柱形，有条纹。叶基生者早枯，有长而膜质之柄；叶片圆卵形而小，具裂片约3对，茎叶4枚轮生，中部者具短柄，上部者几无柄，叶片上面有疏短腺毛，背面脉上有白色疏长毛，茎中部叶最大，缘羽状浅裂至半裂，每边5~8枚有具短刺尖的重锯齿。轮伞花序常全部有间断；苞片叶状；花的大小多变；萼齿5，后方1枚三角形而尖锐，其余4枚较大，作不同程度的卵形膨大；花冠紫红色。雄蕊花丝着生于管的中下部；柱头伸出。蒴果。

　　我国特有种，分布极广，自陕西南部、甘肃（天水）、经四川以达云南西北部，自此再达缅甸北部。生于海拔1900~4570米的林中或草地上。保护区内见于巴朗山及周边山区。

拍摄者：叶建飞（摄于巴朗山）

247 | 狭盔马先蒿

Pedicularis stenocorys Franch.　　　　玄参科　Scrophulariaceae

　　多年生草本，直立，高度20～30厘米。茎单出或数条自根颈上发出，中空，圆筒形或有时稍有棱角，略被疏短毛，有毛线4条，上部毛较密。茎生叶4枚或偶有3枚成轮；叶片薄纸质，长圆状披针形至卵状长圆形，上面近于无毛，下面有白色肤屑状物，羽状深裂至全裂，裂片10～14对。花序穗状而密；苞片叶状而较小，生有白色长缘毛；萼倒卵形，前方不开裂，被白色长柔毛，萼齿5，长约为萼管的1/2，后方1枚较小，长三角形，全缘，完全膜质，其余4枚较大，近于相等；花冠粉红色至玫瑰色，上有深色斑点，花管稍伸出于萼管之外，伸直，上部稍扩大，喉部有卷曲之毛，盔狭而长，约在中部作明显之膝屈，在弯曲处前椽有凹缺，在近端处下椽有主齿1对，下唇略短于盔，3裂，边全缘，密被长缘毛，基部有明显之宽柄；雄蕊着生于花管的基部；子房长卵形。蒴果斜披针状卵形，指向前上方，下缝线几伸直，上缝线弓曲，端有小凸尖，伸出于宿1/4～1/3，仅上缝线开裂。

　　我国特有种。产于四川西部。生于海拔3300～4350米的高山草地中。保护区内见于巴朗山、贝母坪等周边山区。

拍摄者：朱淑霞（摄于巴朗山）

248 | 四川马先蒿

Pedicularis szetschuanica Maxim. 玄参科 Scrophulariaceae

　　一年生草本。茎高20厘米左右,有棱沟,生有4条毛线,茎单条或自根颈上分出2~8条,一般不分枝。下部叶有长柄,生有白色长毛,中上部叶柄较短至几无柄;叶片长卵形经由卵状长圆形至长圆状披针形,羽状浅裂至半裂,裂片5~11,两面有中等多少的白毛至几无毛。花序穗状而密;苞片下部者叶状,中上部者迅速变短,三角状披针形至三角状卵形,生有长白毛,渐上渐变绿色而有美丽的网脉,端常有红晕;萼膜质,无色或有时有红色斑点,萼齿5,绿色,或常有紫红色晕;花冠紫红色,长14~17毫米,管在基部以上约3.5毫米处向前膝屈,侧裂斜圆卵形,中裂圆卵形,端有微凹,盔长以前缘计约5毫米,下半部向基渐宽,基部宽约2.6毫米,上半部宽约1.4毫米,仅极微或几不向前弓曲,额稍圆,转向前方与下结合成一个多少凸出的三角形尖头;花丝2对均无毛;柱头多少伸出。花期7月。

　　我国特有种。产于青海东南部、四川西部和北部,可能也产于甘肃西南部和西藏昌都地区东部。生于海拔3380~4450米的高山草地、云杉林、水流旁及溪流岩石上。保护区内见于巴朗山、野牛沟等周边山区。

拍摄者:叶建飞（摄于巴朗山）

249 | 长果婆婆纳

Veronica ciliata Fisch.

玄参科　Scrophulariaceae

　　多年生草本，高10~30厘米。茎丛生，上升，不分枝或基部分枝，有2列或几乎遍布灰白色细柔毛。叶无柄或下部的有极短的柄，叶片卵形至卵状披针形，长1.5~3.5厘米，宽0.5~2厘米，两端急尖，少钝的，全缘或中段有尖锯齿或整个边缘具尖锯齿，两面被柔毛或几乎变无毛。总状花序1~4支侧生于茎顶端叶腋，呈假顶生，短而花密集，几乎成头，少伸长的，除花冠外各部分被多细胞长柔毛或长硬毛；苞片宽条形，长于花梗，花梗长1~3毫米；花萼裂片条状披针形，花期长3~4毫米，果期稍伸长，宽至1.5毫米；花冠蓝色或蓝紫色，长3~6毫米，筒部短，占全长1/5~1/3，内面无毛，裂片倒卵圆形至长矩圆形；花丝大部分游离。蒴果卵状锥形，狭长，顶端钝而微凹，长5~8毫米，宽2~3.5毫米，几乎遍布长硬毛，花柱长1~3毫米；种子矩圆状卵形，长0.6~0.8毫米。花期6~8月。

　　分布于我国西北地区及四川西北部、西藏北部。蒙古、俄罗斯东西伯利亚和中亚地区也有分布。生于高山草地。保护区内见于巴朗山高山草甸。

拍摄者：叶建飞（摄于巴朗山）

250 | 疏花婆婆纳

Veronica laxa Benth.　　　　　玄参科　Scrophulariaceae

多年生草本，高（15～）50～80厘米，全体被白色多细胞柔毛。茎直立或上升，不分枝。叶无柄或具极短的叶柄，叶片卵形或卵状三角形，长2～5厘米，宽1～3厘米，边缘具深刻的粗锯齿，多为重锯齿。总状花序单支或成对，侧生于茎中上部叶腋，长而花疏离，果期长达20厘米；苞片宽条形或倒披针形，长约5毫米；花梗比苞片短得多；花萼裂片条状长椭圆形，花期长4毫米，果期长5～6毫米；花冠辐状，紫色或蓝色，直径6～10毫米，裂片圆形至菱状卵形；雄蕊与花冠近等长。蒴果倒心形，长4～5毫米，宽5～6毫米，基部楔状浑圆，有多细胞睫毛，花柱长3～4毫米；种子南瓜子形，长略过1毫米。花期6月。2n=46。

分布于云南、四川、贵州、湖南、湖北、陕西、甘肃东南部。生于海拔1500～2500米的沟谷阴处或山坡林下。印度也有分布。保护区内在海拔2300米以下山区较常见。

拍摄者：叶建飞

251 | 腹水草

Veronicastrum stenostachyum
(Hemsl.) Yamazaki

玄参科　Scrophulariaceae

　　多年生草本，高可达1米。根茎短而横走。茎圆柱状，有条棱，多弓曲，顶端着地生根，少近直立而顶端生花序，长可达1米余，无毛。叶互生，具短柄，叶片纸质至厚纸质，长卵形至披针形，长7～20厘米，宽2～7厘米，顶端长渐尖，边缘为具凸尖的细锯齿，下面无毛，上面仅主脉上有短毛，少全面具短毛。花序腋生，有时顶生于侧枝上，也有兼生于茎顶端的，长2～8厘米，花序轴多少被短毛；苞片和花萼裂片通常短于花冠，少有近等长的，多少有短睫毛；花冠白色、紫色或紫红色，长5～6毫米，裂片近于正三角形，长不及1毫米。蒴果卵状；种子小，具网纹。

　　分布于四川（二郎山以东）、陕西南部、湖北西部、湖南西北部、贵州北部。常见于灌丛中、林下及阴湿处。保护区内见于三江周边山区。

　　药用，对血吸虫病引起的腹水有一定疗效。

拍摄者：叶建飞（摄于三江）

252 | 弯花马蓝

Pteracanthus cyphanthus (Diels) C. Y.
Wu et C. C. Hu

爵床科　Acanthaceae

　　半灌木。茎高45~60厘米，4棱。叶草质，具长2~5厘米草质的柄，两面密被糠秕状的柔毛，干时淡黄绿色，卵形，基部在柄处近下延，顶端渐尖，具圆细锯齿，连柄长约10厘米，叶片长3~7厘米，宽1.5~4.5厘米。花序生于长总花梗上部叶腋，密集成近头形；苞片和小苞片倒披针形或披针形，连同萼特别在边缘被开展的淡白色长柔毛；花萼裂片几相等，线形，长1厘米，宽1~2毫米；花冠蓝色，扩大，长3~4厘米，外被微柔毛，冠管圆筒形，自基部极宽地一面膨胀，外面被多节长柔毛，冠檐作近直角弯曲，冠檐裂片短；花丝与花柱被微毛；子房顶端具髯毛。

　　产于云南。生于海拔3000米处。保护区内仅见于三江周边山林下。

拍摄者：叶建飞（摄于三江）

253 | 紫花金盏苣苔

Isometrum lancifolium (Franch.) K. Y. Pan
苦苣苔科 Gesneriaceae

拍摄者：叶建飞（摄于正河）

多年生草本。叶片长圆形、长圆状披针形或卵状椭圆形，长2~14厘米，宽1~3.7厘米，顶端锐尖，基部渐狭成楔形，边缘浅波状或具牙齿，下面被锈色长柔毛，尤以脉上密集；叶柄长达6厘米。聚伞花序2次分枝，2~4条，具3至多数花，花序梗长7~20厘米；苞片（2~）3，轮生，披针形，长4~12毫米，顶端锐尖至渐尖，密被锈色长柔毛，具2枚小苞片；花梗长1~1.8厘米；花萼长2.5~4.5厘米，裂片披针形，长2~4毫米，宽0.8~1毫米，顶端锐尖；花冠细筒伏，长8~12毫米，直径约3毫米，外面被腺毛或近基部被腺毛，筒长6~8毫米，上唇淡紫色，长约3.5毫米，裂片长圆形，下唇紫色，裂片近圆形，长1.7~2毫米，宽约1毫米；具退化雄蕊，长约1毫米，着生于距花冠基部1毫米处；花盘高1.8~2.5毫米，全缘或5浅裂；雌蕊无毛，子房卵圆形，柱头微凹。蒴果倒披针形，长2~3厘米，直径2~5毫米，淡褐色。花期7~9月。

产于四川。生于海拔1100~2700米的林中阴湿岩石上。保护区内见于正河。

254 | 丁座草

Boschniakia himalaica Hook. f. et Thoms 列当科　Orobanchaceae

　　寄生肉质草本，高15～45厘米，近无毛。根状茎近球形，直径2～5厘米，常仅有1条直立的茎；茎不分枝，肉质。叶宽三角形、三角状卵形至卵形，长1～2厘米，宽0.6～1.2厘米。花序总状，长8～20厘米，具密集的多数花；苞片1，着生于花梗基部，三角状卵形，长1～1.5厘米，宽5～8毫米；花梗长6～10毫米；花萼浅杯状，长4～5毫米，宽5～8毫米，顶端5裂，花后常部分或全部脱落，仅筒部宿存，而使花萼边缘全缘；花冠长1.5～2.5厘米，黄褐色或淡紫色，筒部稍膨大，上唇盔状，近全缘或顶端稍微凹，长7～9毫米，下唇长2～3毫米，3浅裂，裂片三角形或狭长圆形，常反折；雄蕊4，花丝着生于距筒基部约4～6毫米处，常伸出于花冠之外；雌蕊由2合生心皮组成，子房长圆形，花柱长约1厘米，柱头盘状，常3浅裂。蒴果近圆球形或卵状长圆形，常3瓣开裂，少有2瓣开裂，果梗粗壮，长0.8～1.7厘米，自下向上渐变短。花期4～6月，果期6～9月。

　　产于青海、甘肃、陕西、湖北、四川、云南和西藏。生于海拔2500～4000米的高山林下或灌丛中；常寄生于杜鹃花属植物根上。保护区内见于野牛沟。

　　全草入药，味涩，微苦性温，有理气止痛、止咳祛痰和消胀健胃之功效。

拍摄者：叶建飞〔摄于野牛沟〕

255 | 高山捕虫堇

Pinguicula alpina L.

狸藻科 Lentibulariaceae

　　多年生草本。叶基生呈莲座状，脆嫩多汁，干时膜质，长椭圆形，长1～4.5厘米，宽0.5～1.7厘米，边缘全缘并内卷，顶端钝形或圆形，基部宽楔形，下延成短柄，上面密生多数分泌黏液的腺毛，背面无毛，两面淡绿色，侧脉每边5～7条。花单生，花萼2深裂，无毛；上唇3浅裂，裂片卵圆形，下唇2浅裂，裂片卵形；花冠长9～20毫米，白色，距淡黄色，上唇2裂达中部，裂片宽卵形至近圆形，长2～4.5毫米，宽2～4.5毫米，下唇3深裂，中裂片较大，圆形或宽倒卵形，顶端圆形或截形，侧裂片宽卵形；筒漏斗状，外面无毛，内面具白色短柔毛；距圆柱状，顶端圆形；雄蕊无毛，花丝线形；雌蕊无毛，子房球形，直径约1.5毫米，花柱极短，柱头下唇圆形，宽约1.8～2毫米，边缘流苏状，上唇微小，狭三角形。蒴果卵球形至椭圆球形，长5～7毫米，宽2.5～5毫米，无毛，室背开裂。花期5～7月，果期7～9月。

　　分布于陕西（眉县）、四川、贵州（印江）、云南西北部和西藏东南部。生于海拔2300～4500米的阴湿岩壁间或高山杜鹃灌丛下。分布于欧洲和亚洲的温带高山地区。保护区内仅见于银厂沟。

拍摄者：叶建飞（摄于银厂沟）

256 | 透骨草

Phryma leptostachya L. subsp. ***asiatica***
(Hara) Kitamura

透骨草科　Phrymaceae

　　多年生草本，高30～100厘米。茎直立，四棱形，绿色或淡紫色，遍布倒生短柔毛或于茎上部有开展的短柔毛。叶对生，卵状长圆形、卵状椭圆形至卵状三角形或宽卵形，草质，先端渐尖、尾状急尖或急尖，基部楔形、圆形或截形，中下部叶基部常下延，边缘有钝锯齿、圆齿或圆齿状牙齿，两面散生但沿脉被较密的短柔毛。穗状花序生茎顶及侧枝顶端；苞片钻形至线形，长1～2.5毫米；小苞片2，生于花梗基部；花通常多数，疏离，出自苞腋，具短梗，于蕾期直立，开放时斜展至平展，花后反折；花萼筒状，有5纵棱，外面常有微柔毛，内面无毛，萼齿直立，上方萼齿3，钻形，先端多少钩状，下方萼齿2，三角形；花冠漏斗状筒形，长6.5～7.5毫米，蓝紫色、淡红色至白色，檐部二唇形，上唇直立，先端2浅裂，下唇平伸，3浅裂；雄蕊4，着生于冠筒内面基部上方，无毛；雌蕊无毛；子房斜长圆状披针形，柱头二唇形，下唇较长，长圆形。瘦果狭椭圆形，包藏于棒状宿存花萼内，反折并贴近花序轴。花期6～10月，果期8～12月。

　　广布种。生于海拔380～2800米阴湿山谷或林下。保护区内见于瞭望台山脚、喇嘛寺周边山区。

　　民间用全草入药，治感冒、跌打损伤，外用治毒疮、湿疹、疥疮。

拍摄者：叶建飞

257 | 云南双盾木

***Dipelta yunnanensis* Franch.**

忍冬科　Caprifoliaceae

落叶灌木，高达4米。幼枝被柔毛。叶椭圆形至宽披针形，长5～10厘米，宽2～4厘米，顶端渐尖至长渐尖，基部钝圆至近圆形，全缘或稀具疏浅齿，上面疏生微柔毛，下面沿脉被白色长柔毛，边缘具睫毛。伞房状聚伞花序生于短枝顶部叶腋；小苞片2对，一对较小，卵形，不等形，另一对较大，肾形；萼檐膜质，被柔毛，裂至2/3处，萼齿钻状条形，不等长，长约4～5毫米；花冠白色至粉红色，钟形，长2～4厘米，基部一侧有浅囊，二唇形，喉部具柔毛及黄色块状斑纹；花丝无毛；花柱较雄蕊长，不伸出。果实圆卵形，被柔毛，顶端狭长，2对宿存的小苞片明显地增大，其中1对网脉明显，肾形，以其弯曲部分贴生于果实，长2.5～3厘米，宽1.5～2厘米；种子扁，内面平，外面延生成脊。花期5～6月，果熟期5～11月。

产于陕西、甘肃、湖北、四川、贵州和云南等地。生于海拔880～2400米的杂木林下或山坡灌丛中。保护区内在卧龙镇、耿达、正河、三江等周边山区偶见。

拍摄者：朱大海

258 | 鬼吹箫

Leycesteria formosa Wall.　　　　　　　忍冬科　Caprifoliaceae

　　灌木，高1~3米。全体常被暗红色短腺毛；小枝、叶柄、花序梗、苞片和萼齿均被弯伏短柔毛。叶纸质，卵状披针形、卵状矩圆形至卵形，长4~12厘米，先端长尾尖、渐尖或短尖，基部圆形至近心形或阔楔形，边常全缘，上面被短糙毛，下面疏生弯伏短柔毛或近无毛；叶柄长5~12毫米。穗状花序顶生或腋生，具3朵花的聚伞花序对生；苞片叶状，绿色带紫色或紫红色，每轮6枚，最下面1对较大，阔卵形、卵形至披针形；小苞片极小；萼筒矩圆形，密生糙毛和短腺毛，萼檐深5裂，常2长3短；花冠白色或粉红色，有时带紫红色，漏斗状，长1.2~1.8厘米，外面被短柔毛，裂片圆卵形，长5毫米左右，筒外面基部具5个膨大成近圆形的囊肿，囊内密生淡黄褐色蜜腺；花柱稍伸出花冠，柱头盾状；子房5室。果实由红色变黑紫色，卵圆形或近圆形，直径5~7毫米，具宿存萼齿。花期6~9月，果熟期9~10月。

　　分布于四川西部、贵州西部、云南和西藏南部至东南部。生于海拔1100~3300米的山坡、山谷、溪沟边或河边的林下、林缘或灌丛中。保护区内见于卧龙镇周边山区。

　　全株可药用，有破血、祛风、平喘之效，主治风湿性关节炎、月经不调及尿道炎。

拍摄者：朱淑霞

259 | 淡红忍冬

Lonicera acuminata Wall.

忍冬科　Caprifoliaceae

　　落叶或半常绿藤本。幼枝、叶柄和总花梗均被棕黄色糙毛或糙伏毛。叶薄革质至革质，卵状矩圆形、矩圆状披针形至条状披针形，长4～14厘米，两面被疏或密的糙毛，有缘毛。双花在小枝顶集合成近伞房状花序或单生于小枝上部叶腋，总花梗长4～18毫米；苞片钻形，有少数短糙毛或无毛；小苞片宽卵形或倒卵形，为萼筒长的2/5～1/3，顶端钝或圆，有缘毛；萼齿卵形、卵状披针形至狭披针形，长为萼筒的2/5～1/4；花冠黄白色而有红晕，漏斗状，长1.5～2.4厘米，唇形，筒长9～12毫米，与唇瓣等长或略较长，内有短糙毛，基部有囊，上唇直立，裂片圆卵形，下唇反曲；雄蕊略高出花冠，花丝基部有短糙毛。浆果蓝黑色，卵圆形，直径6～7毫米。花期6月，果熟期10～11月。

　　广布种。生于海拔1000～3200米的山坡和山谷的林中、林间空旷地或灌丛中。保护区内见于三江。

拍摄者：叶建飞（摄于西河）

260 | 亮叶忍冬

Lonicera ligustrina Wall. subsp.
yunnanensis (Franch.) Hsu et H. J. Wang

忍冬科　Caprifoliaceae

　　常绿或半常绿灌木，高达2米。幼枝被灰黄色短糙毛，后变灰褐色。叶革质，近圆形至宽卵形，有时卵形、矩圆状卵形或矩圆形，顶端圆或钝，上面光亮，无毛或有少数微糙毛。总花梗极短，具短毛；苞片钻形，长2.5～5毫米；杯状小苞外面有疏腺，顶端为由萼檐下延而成的帽边状凸起所覆盖；花较小，相邻两萼筒分离，萼齿大小不等，卵形，顶钝，有缘毛和腺；花冠黄白色或紫红色，漏斗状，长4～7毫米，筒外面密生红褐色短腺毛。果实紫红色，后转黑色，圆形，直径3～4毫米。花期4～6月，果熟期9～10月。

　　分布于陕西、甘肃、四川。生于海拔1600～3000米山谷林中。保护区内见于三江。

拍摄者：叶建飞（摄于三江周边山区）

261 | 唐古特忍冬

Lonicera tangutica Maxim.

忍冬科　Caprifoliaceae

　　落叶灌木，高达2～4米。2年生小枝淡褐色，纤细，开展。叶对生，纸质，倒披针形至矩圆形或倒卵形至椭圆形，顶端钝或稍尖，基部渐窄，长1～4厘米，两面常被稍弯的短糙毛或短糙伏毛，下面有时脉腋有趾蹼状鳞腺，常具糙缘毛；叶柄长2～3毫米。总花梗生于幼枝下方叶腋，纤细，稍弯垂，长1.5～3.8厘米，被糙毛或无毛；苞片狭细，有时叶状；小苞片分离或连合，长为萼筒的1/5～1/4；相邻两萼筒中部以上至全部合生，椭圆形或矩圆形，长2～4毫米，无毛，萼檐杯状，长为萼筒的2/5～1/2或相等，顶端具三角形齿或浅波状至截形；花冠白色、黄白色或有淡红晕，筒状漏斗形，长（8～）10～13毫米，筒基部稍一侧肿大或具浅囊，裂片近直立，圆卵形，长2～3毫米；雄蕊着生花冠筒中部，达花冠筒上部至裂片基部。浆果实红色，直径5～6毫米。花期5～6月，果熟期7～8月（西藏9月）。

　　产于陕西、宁夏、甘肃、青海、湖北、四川、云南及西藏。生于海拔1600～3500米的云杉、落叶松、栎和竹等林下或混交林中及山坡草地，或溪边灌丛中。保护区内在海拔3200米以下山区广泛分布。

拍摄者：叶建飞

262 | 接骨草

Sambucus chinensis Lindl.　　　　　　忍冬科　Caprifoliaceae

高大草本或半灌木，高1～2米。茎有棱条。羽状复叶的托叶叶状或有时退化成蓝色的腺体；小叶2～3对，互生或对生，狭卵形，长6～13厘米，宽2～3厘米，嫩时上面被疏长柔毛，先端长渐尖，基部钝圆，两侧不等，边缘具细锯齿，近基部或中部以下边缘常有1或数枚腺齿。复伞形花序顶生，大而疏散，总花梗基部托以叶状总苞片，分枝3～5出，纤细，被黄色疏柔毛；杯形不孕性花不脱落，可孕性花小；萼筒杯状，萼齿三角形；花冠白色，仅基部联合，花药黄色或紫色；子房3室，花柱极短或几无，柱头3裂。果实红色，近圆形，直径3～4毫米；核2～3粒，卵形，长2.5毫米，表面有小疣状凸起。花期4～5月，果熟期8～9月。

产于陕西、甘肃、江苏、安徽、浙江、江西、福建、台湾、河南、湖北、湖南、广东、广西、四川、贵州、云南、西藏等地。生于海拔300～2600米的山坡、林下、沟边和草丛中，亦有栽种。日本也有分布。保护区内在海拔2500米以下山区常见。

为药用植物，可治跌打损伤，有祛风湿、通经活血、解毒消炎之功效。

拍摄者：叶建飞

263 | 穿心莛子藨

Triosteum himalayanum Wall.

忍冬科 Caprifoliaceae

多年生草木。茎高40～60厘米，稀开花时顶端有1对分枝，密生刺刚毛和腺毛。叶通常全株9～10对，基部连合，倒卵状椭圆形至倒卵状矩圆形，长8～16厘米，宽5～10厘米，顶端急尖或锐尖，上面被长刚毛，下面脉上毛较密，并夹杂腺毛。聚伞花序2～5轮在茎顶或有时在分枝上呈穗状花序状；萼裂片三角状圆形，被刚毛和腺毛，萼筒与萼裂片间缢缩；花冠黄绿色，筒内紫褐色，长1.6厘米，约为萼长的3倍，外有腺毛，筒基部弯曲，一侧膨大成囊；雄蕊着生于花冠筒中部，花丝细长，淡黄色，花药黄色，矩圆形。成熟果实红色，近圆形，直径10～12厘米，冠以由宿存萼齿和缢缩的萼筒组成的短喙，被刚毛和腺毛。

产于陕西、湖北、四川、云南和西藏。生于海拔1800～4100米的山坡、暗针叶林边、林下、沟边或草地。尼泊尔和印度也有分布。保护区内见于英雄沟、邓生、梯子沟、野牛沟、魏家沟等周边山区。

拍摄者：马永红（摄于邓生）

264 | 莛子藨

Triosteum pinnatifidum Maxim.　　　忍冬科　Caprifoliaceae

多年生草本。茎开花时顶部生分枝1对，高达60厘米，具条纹，被白色刚毛及腺毛。叶羽状深裂，基部楔形至宽楔形，近无柄，轮廓倒卵形至倒卵状椭圆形，长8~20厘米，宽6~18厘米，裂片1~3对，无锯齿，顶端渐尖，上面浅绿色，散生刚毛，沿脉及边缘毛较密，背面黄白色。聚伞花序对生，各具3朵花，无总花梗，有时花序下具卵全缘的苞片，在茎或分枝顶端集合成短穗状花序；萼筒被刚毛和腺毛，萼裂片三角形，长3毫米；花冠黄绿色，狭钟状，长1厘米，筒基部弯曲，一侧膨大成浅囊，被腺毛，裂片圆而短，内面有带紫色斑点；雄蕊着生于花冠筒中部以下，花丝短，花药矩圆形，花柱基部被长柔毛，柱头楔状头形。成熟果实红色，冠以宿存的萼齿。花期5~6月，果期8~9月。

分布于河北、山西、陕西、宁夏、甘肃、青海、河南、湖北和四川。生于海拔1800~2900米的山坡暗针叶林下和沟边向阳处。日本也有分布。保护区内见于英雄沟、邓生、梯子沟、野牛沟等周边山区。

拍摄者：叶建飞（摄于邓生）

265 | 水红木

Viburnum cylindricum Buch. -Ham. ex D. Don

忍冬科　Caprifoliaceae

常绿灌木或小乔木，高达8米。枝带红色或灰褐色，叶革质，椭圆形至矩圆形或卵状矩圆形，长8~24厘米，顶端渐尖或急渐尖，基部渐狭至圆形，全缘或中上部疏生少数不整齐浅齿，通常无毛，下面散生带红色或黄色微小腺点，近基部两侧各有1至数个腺体。聚伞花序；总花梗长1~6厘米，第一级辐射枝通常7条，苞片和小苞片早落，花通常生于第三级辐射枝上；萼筒有微小腺点，萼齿极小而不显著；花冠白色或有红晕，钟状，长4~6毫米，有微细鳞腺，裂片圆卵形，直立，长约1毫米；雄蕊高出花冠约3毫米，花药紫色，矩圆形，长1~1.8毫米。果实先红色后变蓝黑色，卵圆形，长约5毫米；核卵圆形，扁，长约4毫米，直径3.5~4毫米，有1条浅腹沟和2条浅背沟。花期6~10月，果熟期10~12月。

分布于甘肃、湖北、湖南、广东、广西、四川、贵州、云南及西藏。生于海拔500~3300米的阳坡疏林或灌丛中。保护区内见于三江。

拍摄者：叶建飞（摄于西河）

266 | 红荚蒾

Viburnum erubescens Wall.　　　　　　忍冬科　Caprifoliaceae

　　落叶灌木或小乔木，高达6米。当年小枝被簇状毛至无毛。叶纸质，椭圆形、矩圆状披针形至狭矩圆形，长6~11厘米，顶端渐尖、急尖至钝形，基部楔形、钝形至圆形或心形，边缘基部除外具细锐锯齿，上面无毛或中脉有细短毛，下面中脉和侧脉被簇状毛，侧脉4~6对，大部分直达齿端。圆锥花序生于具1对叶的短枝之顶，长5~10厘米，通常下垂，被簇状短毛或近无毛，有时毛密而呈绒状，总花梗长2~6厘米，花无梗或短；萼筒筒状，长2.5~3毫米，通常无毛，有时具红褐色微腺，萼齿卵状三角形，长约1毫米，顶钝；花冠白色或淡红色，高脚碟状；雄蕊生于花冠筒顶端，花丝极短，花药黄白色；花柱高出萼齿。核果紫红色，后转黑色。花期4~6月，果熟期8月。

　　产于西藏东南部、陕西（秦岭）、甘肃南部、湖北西部、四川东部至西部。生于海拔2000~3000米的针阔叶混交林中。保护区内在海拔2800米以下山区常见。

拍摄者：朱淑霞

267 | 缬草

Valeriana officinalis L.   败酱科   Valerianaceae

多年生高大草本，高可达100~150厘米。根状茎粗短呈头状，须根簇生；茎中空，有纵棱，被粗毛，尤以节部为多，老时毛少。匍枝叶、基出叶和基部叶在花期常凋萎。茎生叶卵形至宽卵形，羽状深裂，裂片7~11，中央裂片与两侧裂片近同形同大小，但有时与第一对侧裂片合生成3裂状，基部下延，全缘或有疏锯齿，两面及柄轴多少被毛。花序顶生，成伞房状三出聚伞圆锥花序；小苞片中央纸质，两侧膜质，长椭圆状长圆形、倒披针形或线状披针形，先端芒状凸尖，边缘多少有粗缘毛；花冠淡紫红色或白色，长4~6毫米，花冠裂片椭圆形；雌雄蕊约与花冠等长。瘦果长卵形，长约4~5毫米，基部近平截，光秃或两面被毛。花期5~7月，果期6~10月。

产于我国东北至西南的广大地区。生于海拔2500米以下的山坡草地、林下、沟边，在西藏可分布至海拔4000米。欧洲和亚洲西部也广为分布。保护区内见于梯子沟、巴朗山、英雄沟、耿达、三江等周边山区。

各地药圃常有栽培。根茎及根供药用，可祛风、镇痉、治跌打损伤等。

拍摄者：朱淑霞（摄于耿达）

268 | 川续断

Dipsacus asperoides C. Y. Cheng et T. M. Ai　　川续断科　Dipsacaceae

多年生草本，高达2米。茎中空，具6~8条棱，棱上疏生硬刺。基生叶丛生，叶片琴状羽裂，长15~25厘米，宽5~20厘米，顶端裂片大，卵形，侧裂片一般为倒卵形或匙形，叶柄长可达25厘米；茎生叶在茎之中下部为羽状深裂，中裂片披针形，侧裂片2~4对，披针形或长圆形；基生叶和下部的茎生叶具长柄，向上叶柄渐短，上部叶披针形，不裂或基部3裂。头状花序球形；总苞片5~7，披针形或线形；小苞片倒卵形，具长3~4毫米的喙尖；小总苞4棱倒卵柱状，每个侧面具2条纵沟；花萼4棱，皿状，长约1毫米，外面被短毛；花冠淡黄色或白色，花冠管长9~11毫米，基部狭缩成细管，顶端4裂，1裂片稍大；雄蕊4，着生于花冠管上，明显超出花冠，花药紫色；子房下位，花柱通常短于雄蕊，柱头短棒状。瘦果长倒卵柱状，包藏于小总苞内，长约4毫米，仅顶端外露于小总苞外。花期7~9月，果期9~11月。

产于湖北、湖南、江西、广西、云南、贵州、四川和西藏等地。生于沟边、草丛、林缘和田野路旁。保护区内见于卧龙镇至耿达镇周边的阳坡草地。

根入药，有行血消肿、生肌止痛、续筋接骨、补肝肾、强腰膝、安胎的功效。

拍摄者：朱淑霞〔摄于花红树沟〕

269 | 日本续断

Dipsacus japonicus Miq.

川续断科 Dipsacaceae

　　多年生草本，高1米以上。主根长圆锥状，黄褐色。茎中空，具4~6棱，棱上具钩刺。基生叶具长柄，叶片长椭圆形，分裂或不裂；茎生叶对生，叶片椭圆状卵形至长椭圆形，先端渐尖，基部楔形，长8~20厘米，宽3~8厘米，常为3~5裂，顶端裂片最大，两侧裂片较小，裂片边缘具粗齿或近全缘，有时全为单叶对生，正面被白色短毛，叶柄和叶背脉上均具疏的刺毛。头状花序顶生，圆球形，直径1.5~3厘米；总苞片线形，具白色刺毛；小苞片倒卵形，开花期长达9~11毫米，顶端喙尖长5~7毫米，两侧具长刺毛；花萼盘状，4裂，被白色柔毛；花冠管长5~8毫米，基部细管明显，长3~4毫米，4裂，裂片不相等，外被白色柔毛；雄蕊4，着生在花冠管上，稍伸出花冠外；子房下位，包于囊状小总苞内，小总苞具4棱，被白色短毛，顶端具8齿。瘦果长圆楔形。花期8~9月，果期9~11月。

　　产于我国南北各地。生于山坡、路旁和草坡。保护区内见于花红树沟、银厂沟等周边山区。

拍摄者：朱淑霞（摄于银厂沟）

270 | 双参

Triplostegia glandulifera Wall. ex DC.　　川续断科　Dipsacaceae

多年生直立草本，高15~40厘米。根茎细长，四棱形，具节。主根常为2枝并列，稍肉质。茎方形，有沟，近光滑或微被疏柔毛。叶近基生，呈假莲座状，3~6对叶生缩短节上，或在茎下部松散排列；叶倒卵状披针形，连柄长3~8厘米，二至四回羽状中裂，中央裂片较大，两侧裂片渐小，边缘有不整齐浅裂或锯齿，基部渐狭成长1~3厘米的柄；茎上部叶渐小，浅裂，无柄。花在茎顶端成疏松窄长圆形聚伞圆锥花序；各分枝处有苞片1对；花具短梗；小总苞4裂，裂片披针形；萼筒壶状，长约1.5毫米，具8条肋棱，顶端收缩成8个微小的牙齿状的檐部；花冠白色或粉红色，长3~5毫米，短漏斗状，5裂，裂片顶端钝；雄蕊4，略外伸，花药内向，白色；花柱略长于雄蕊，直伸，子房包于囊状小总苞内。瘦果包于囊苞中，果时囊苞长3~4毫米，外被腺毛，4裂。花果期7~10月。

拍摄者：叶建飞（摄于正河）

产于云南、西藏、四川、陕西南部、湖北西部、甘肃南部及台湾玉山。生于海拔1500~4000米的林下、溪旁、山坡草地、草甸及林缘路旁。保护区内见于正河。

271 | 丝裂沙参

Adenophora capillaris Hemsl.

桔梗科 Campanulaceae

多年生草本。茎单生，高50～100厘米。无毛或有长硬毛。茎生叶常为卵形、卵状披针形，少为条形，顶端渐尖，全缘或有锯齿，长3～19厘米，宽0.5～4.5厘米。花序具长分枝，常组成大而疏散的圆锥花序，少为狭圆锥花序，偶数朵花集成假总状花序，花序梗和花梗常纤细如丝；花萼筒部球状，少为卵状，裂片毛发状，下部有时有1至数个瘤状小齿，偶尔叉状分枝，伸展开或反折，通常长（3～）6～9毫米；花冠细，近于筒状或筒状钟形，长11～18毫米，白色、淡蓝色或淡紫色，裂片狭三角形，长3～4毫米；花盘细筒状，长2～5毫米，常无毛，花柱长20～25毫米。蒴果多为球状，极少为卵状，长4～9毫米，直径4～5毫米。花期7～8月。

产于湖北、陕西、四川、贵州。生于海拔1400～2800米的林下、林缘或草地中。保护区内在海拔2800米以下山区较常见。

拍摄者：叶建飞（摄于邓生）

272 | 西南风铃草

***Campanula colorata* Wall.**　　　　　　　桔梗科　Campanulaceae

多年生草本。根胡萝卜状，有时仅比茎稍粗。茎单生，少2支，更少为数支丛生于1条茎基上，上升或直立，高可达60厘米，被开展的硬毛。茎下部的叶有带翅的柄，上部的无柄，椭圆形、菱状椭圆形或矩圆形，顶端急尖或钝，边缘有疏锯齿或近全缘，长1~4厘米，宽0.5~1.5厘米，上面被贴伏刚毛，下面仅叶脉有刚毛或密被硬毛。花下垂，顶生于主茎及分枝上，有时组成聚伞花序；花萼筒部倒圆锥状，被粗刚毛，裂片三角形至三角状钻形，长3~7毫米，宽1~5毫米，全缘或有细齿，背面仅脉上有刚毛或全面被刚毛；花冠紫色或蓝紫色或蓝色，管状钟形，长8~15毫米，分裂达1/3~1/2；花柱长不及花冠长的2/3，内藏于花冠筒内。蒴果倒圆锥状；种子矩圆状，稍扁。花期5~9月。

产于西藏、四川、云南、贵州。生于海拔1000~4000米的山坡草地和疏林下。保护区内广布。

根药用，治风湿等症。

拍摄者：叶建飞（摄于耿达）

273 | 脉花党参

Codonopsis nervosa (Chipp) Nannf.　　　　桔梗科　Campanulaceae

　　多年生草本。根常肥大，呈圆柱状。主茎直立或上升，长20~30厘米，疏生白色柔毛；侧枝集生于主茎下部，具叶，通常不育，长1~10厘米。叶在主茎上的互生，在茎上部渐疏而呈苞片状，在侧枝上的近于对生；叶柄短，长约2~3毫米，被白色柔毛；叶片心形或卵形，长宽约1~1.5厘米，顶端钝或急尖，叶基心形或较圆钝，近全缘，上面被较密，而下面被较疏的平伏白色柔毛。花单朵，极稀数朵，着生于茎顶端；花梗长1~8厘米，被毛；花萼贴生至子房中部，筒部半球状，具10条明显辐射脉，裂片卵状披针形，全缘，两面及边缘密被白色柔毛；花冠球状钟形，淡蓝白色，内面基部常有红紫色斑，长约2~4.5厘米，直径2.5~3厘米，浅裂，裂片圆三角形；雄蕊花丝基部微扩大。蒴果下部半球状，上部圆锥状；种子椭圆状，无翼，光滑无毛。花期7~10月。

　　产于四川西北部、西藏东部、青海东南部、甘肃南部。生于海拔3300~4500米的阴坡林缘草地中。保护区内见于巴朗山一带周边山区。

拍摄者：叶建飞（摄于巴朗山）

274 | 川党参

Codonopsis tangshen Oliv.

桔梗科　Campanulaceae

　　多年生草本。植株除叶片两面密被微柔毛外，全体几近于光滑无毛。根常肥大呈纺锤状，肉质。茎缠绕，长可达3米，直径2～3毫米。叶在主茎及侧枝上的互生，在小枝上的近于对生。叶柄长0.7～2.4厘米，叶片卵形、狭卵形或披针形，长2～8厘米，宽0.8～3.5厘米，顶端钝或急尖，基部楔形或较圆钝，边缘浅钝锯齿。花单生于枝端，与叶柄互生或近于对生，花有梗；花萼几乎全裂，裂片矩圆状披针形，长1.4～1.7厘米，宽5～7毫米，顶端急尖，微波状或近于全缘；花冠上位，钟状，长约1.5～2厘米，直径2.5～3厘米，淡黄绿色而内有紫斑，浅裂，裂片近于正三角形；花丝基部微扩大，长7～8毫米；子房对花冠言为下位，直径0.5～1.4厘米。蒴果下部近于球状，上部短圆锥状，直径2～2.5厘米；种子多数，椭圆状，无翼，细小，光滑。花果期7～10月。

　　产于四川、贵州、湖南、湖北以及陕西。生于海拔900～2300米的山地林边灌丛中。保护区内主要分布于耿达镇周边山区。

拍摄者：叶建飞（摄于耿达）

275 | 丽江蓝钟花

Cyananthus lichiangensis W. W. Sm. 桔梗科 Campanulaceae

　　一年生草本。茎数条并生，高10～25厘米。叶稀疏而互生，唯花下4或5枚聚集呈轮生状；叶片卵状三角形或菱形，长宽均为5～7毫米，两面疏被柔毛，边缘反卷，全缘或有波状齿，先端钝，基部长楔形，变狭成柄，柄长2～4毫米。花单生于主茎和分枝顶端；花萼筒状，花后下部稍膨大，筒长8～10毫米，宽6～8毫米，外面被红棕色刚毛，毛基部膨大，常呈黑色疣状凸起，裂片倒卵状矩圆形，外面疏生红棕色细刚毛，内面贴生红棕色细柔毛；花冠淡黄色或绿黄色，有时具蓝色或紫色条纹，筒状钟形，约相当于花萼筒长的2倍，外面无毛，内面近喉部密生柔毛，裂片矩圆形，占花冠长的1/4～1/3；子房花期约与萼筒等长，花柱伸达花冠喉部；蒴果成熟后超出花萼；种子矩圆状，两头钝，长约1毫米，宽约0.5毫米。花期8月。

　　产于云南、四川和西藏。生于海拔3000～4100米的山坡草地或林缘草丛中。保护区内主要分布于巴朗山。

拍摄者：叶建飞（摄于巴朗山）

276 | 大萼蓝钟花

Cyananthus macrocalyx Franch.

桔梗科 Campanulaceae

多年生草本。茎数条并生，长7~20厘米，上升，不分枝。叶互生，由下部至上部渐次增大，花下的4或5枚叶子聚集而呈轮生状；叶片菱形、近圆形或匙形，长5~7毫米，长稍大于宽，两面生伏毛，边缘反卷，全缘或有波状齿，顶端钝或急尖，基部突然变狭成柄，长2~4毫米。花单生茎端，花梗长4~10毫米；花萼开花期管状，长约1.2厘米，黄绿色或带紫色，花后显著膨大，下部呈球状，裂片长三角形，长大于宽或近相等；花冠黄色，有时带有紫色或红色条纹，也有的下部紫色，而超出花萼的部分黄色，筒状钟形，长2~3厘米，外面无毛，内面喉部密生柔毛，裂片倒卵状条形，相当于花冠长的2/5；花柱伸达花冠喉部。蒴果超出花萼；种子矩圆状，长约1.3毫米，光滑无毛。花期7~8月。

产于云南、四川、西藏、青海和甘肃。生于海拔2500~4600米的山地林间、草甸或草坡中。保护区内主要分布于巴朗山。

拍摄者：叶建飞（摄于巴朗山）

277 | 袋果草

Peracarpa carnosa (Wall.) Hook. f.
et Thoms.

桔梗科　Campanulaceae

　　纤细草本。茎肉质，直径约1毫米或不及1毫米，长5～15厘米，无毛。叶多集中于茎上部，具长3～15毫米的叶柄，叶片膜质或薄纸质，卵圆形或圆形，基部平钝或浅心形，顶端圆钝或多少急尖，长8～25毫米，宽7～20毫米，两面无毛或上面疏生贴伏的短硬毛，边缘波状，但弯缺处有短刺；茎下部的叶疏离而较小。花梗细长而常伸直，长可达6厘米，但有时短至1厘米；花萼无毛，筒部倒卵状圆锥形，裂片三角形至条状披针形；花冠白色或紫蓝色，裂片条状椭圆形。果倒卵状，长4～5毫米；种子棕褐色，长1.7毫米。花期3～5月，果期4～11月。

　　产于西藏、云南、四川、贵州、湖北、江苏、浙江、台湾。克什米尔地区、尼泊尔、不丹、印度（东部、锡金）、泰国、菲律宾、日本和俄罗斯远东地区也有分布。生于海拔3000米以下的林下及沟边潮湿岩石上。保护区内见于梯子沟、邓生、英雄沟、魏家沟、卧龙镇、三江等周边山区。

拍摄者：朱淑霞

278 | 和尚菜

Adenocaulon himalaicum Edgew.　　　　　　菊科　Compositae

　　草本，根状茎匍匐。茎直立，高30~100厘米。根生叶或有时下部的茎叶花期凋落；下部茎叶肾形或圆肾形，长3~8厘米，宽4~12厘米，基部心形，顶端急尖或钝，边缘有不等形的波状大牙齿，叶柄长5~17厘米，有狭或较宽的翼；中部茎叶三角状圆形，长7~13厘米，宽8~14厘米，向上的叶渐小，最上部的叶长约1厘米，披针形或线状披针形。头状花序排成狭或宽大的圆锥状花序，花梗短，花后花梗伸长，2~6厘米。总苞半球形，宽2.5~5毫米；总苞片5~7个，宽卵形，长2~3.5毫米，全缘，果期向外反曲；雌花白色，长1.5毫米，檐部比管部长，裂片卵状长椭圆形，两性花淡白色，长2毫米，檐部短于管部2倍。瘦果棍棒状，被多数头状具柄的腺毛。花果期6~11月。

　　广布种。生于海拔3400米以下的河岸、湖旁、峡谷、阴湿密林下。保护区内见于英雄沟、梯子沟、邓生、正河、西河、三江等周边山区。

拍摄者：叶建飞

279 | 长穗兔儿风

Ainsliaea henryi Diels

菊科 Compositae

　　多年生草本。茎直立，不分枝，高40~80厘米。叶基生，密集，莲座状，长卵形或长圆形，连基部楔状渐狭而成的2~5厘米翅柄则呈长倒卵形，长3~8厘米，宽2~3厘米，顶端钝短尖，基部楔状长渐狭成翅柄，边缘具波状圆齿，凹缺中间具胼胝体状细齿；茎生叶极少而小，苞片状。头状花序含花3朵，长10~16毫米，直径约3毫米，常2~3聚集成近无梗的小聚伞花序；总苞圆筒形，直径约2毫米；总苞片约5层，顶端具长尖头，外层卵形，长1.5~2毫米，中层卵状披针形，长4~6毫米，最内层线形，长可达16毫米，上部常带紫红色；花全部两性，闭花受精的花冠圆筒形，隐藏于冠毛之中，长约3.2毫米。瘦果圆柱形，有粗纵棱，冠毛污白至污黄色，羽毛状，长约8毫米。花期7~9月。

　　产于云南、贵州、四川、湖北、湖南、广西、广东、海南、福建及台湾。生于海拔700~2100米的坡地或林下沟边。保护区内主要见于英雄沟、三江等地。

拍摄者：叶建飞

280 | 铺散亚菊

Ajania khartensis (Dunn) Shih

菊科　Compositae

　　多年生铺散草本，高10~20厘米，须根系。花茎和不育茎多数，被稠密或稀疏的柔毛。叶全形圆形、半圆形、扇形或宽楔形，长0.8~1.5厘米，宽1~1.8厘米，或更小，二回掌状或掌状3~5全裂，末回裂片椭圆形，接花序下部的叶和下部或基部的叶通常3裂；叶有长达5毫米的叶柄，两面被密柔毛。头状花序稍大，少数或多达15个在茎顶排成伞房花序，少有植株带单生头状花序的；总苞宽钟状，直径6~10毫米，总苞片4层，外层披针形或线状披针形，长3~4毫米，中内层宽披针形、长椭圆形至倒披针形，长4~5毫米，全部苞片被稠密或稀疏的柔毛，边缘棕褐或黑褐或暗灰褐色宽膜质；边缘雌花6~8个，细管状，顶端3~4钝裂或深裂齿。瘦果长1.2毫米。花果期7~9月。

　　产于宁夏、甘肃、青海、四川、云南和西藏。生于海拔2500~5300米的山坡。保护区内主要分布于巴朗山高山草甸和高山流石滩。

拍摄者：叶建飞（摄于巴朗山）

281 | 淡黄香青

Anaphalis flavescens Hand.-Mazz.　　　　　　菊科　Compositae

多年生草本。根状茎稍细长，木质。茎高10~22厘米，被灰白色蛛丝状绵毛稀白色厚绵毛。莲座状叶倒披针状长圆形，长1.5~5厘米，宽0.5~1厘米，下部渐狭成长柄；基部叶在花期枯萎，下部及中部叶长圆状披针形或披针形，长2.5~5厘米，宽0.5~0.8厘米，基部沿茎下延成狭翅，具褐色枯焦状长尖头，上部叶较小，狭披针形；全部叶被灰白色或黄白蛛丝状绵毛或白色厚绵毛。头状花序6~16个密集呈伞房或复伞房状；花序梗长3~5毫米；总苞宽钟状，长8~10毫米，宽约10毫米；总苞片4~5层，稍开展，外层椭圆形，黄褐色，长约6毫米，内层披针形，长达10毫米；雌株头状花序外围有多层雌花，中央有3~12个雄花；雄株头状花序有多层雄花，外层有10~25个雌花；花冠长4.5~5.5毫米，冠毛较花冠稍长，雄花冠毛上部稍粗厚，有锯齿。瘦果长圆形，长1.5~1.8毫米，被密乳头状凸起。花期8~9月，果期9~10月。

产于青海、甘肃、陕西、四川西部及西藏东部和南部。生于海拔2800~4700米的高山、亚高山坡地、坪地、草地及林下。保护区主要分布于巴朗山。

拍摄者：叶建飞（摄于巴朗山）

282 | 珠光香青

Anaphalis margaritacea (L.) Benth. et Hook. f.　　菊科　Compositae

　　多年生草本。根状茎横走或斜升，木质。茎直立，高30～60厘米，稀达100厘米。下部叶在花期常枯萎，顶端钝；中部叶开展，线形或线状披针形，长5～9厘米，宽0.3～1.2厘米，稀更宽，基部多少抱茎，不下延，边缘平，顶端渐尖，上部叶渐小；全部叶稍革质，上面被蛛丝状毛，下面被灰白色至红褐色厚棉毛。头状花序多数，在茎和枝端排列成复伞房状；花序梗长4～17毫米；总苞宽钟状或半球状，长5～8毫米，径8～13毫米；总苞片5～7层，外层长达总苞全长的1/3，卵圆形，被棉毛，内层卵圆形至长椭圆形，最内层线状倒披针形，有爪；花托蜂窝状；雌株头状花序外围有多层雌花，中央有3～20雄花；雄株头状花全部有雄花或外围有极少数雌花；花冠长3～5毫米，冠毛较花冠稍长，在雌花中细丝状，在雄花上部较粗厚，有细锯齿。瘦果长椭圆形，有小腺点。花果期8～11月。

　　广布种。生于海拔300～3400米的亚高山或低山草地、石砾地、山沟及路旁。保护区内常见。

拍摄者：叶建飞（摄于巴朗山）

283 | 牛蒡

Arctium lappa L.

菊科 Compositae

二年生草本。具粗大的肉质直根，有分枝支根。茎直立，高达2米，有多数高起的条棱。基生叶宽卵形，长达30厘米，宽达21厘米，边缘稀疏的浅波状凹齿或齿尖，基部心形，有长达32厘米的叶柄；茎生叶与基生叶同形或近同形，接花序下部的叶小，基部平截或浅心形。头状花序多数或少数在茎枝顶端排成疏松的伞房花序或圆锥状伞房花序，花序梗粗壮；总苞卵形或卵球形，直径1.5~2厘米；总苞片多层，外层三角状或披针状钻形，宽约1毫米，中内层披针状或线状钻形；全部苞片近等长，约1.5厘米，顶端有软骨质钩刺；小花紫红色，花冠长1.4厘米，细管部长8毫米，檐部长6毫米，花冠裂片长约2毫米。瘦果倒长卵形或偏斜倒长卵形，两侧压扁，有多数细脉纹，有深褐色的色斑或无色斑；冠毛多层，浅褐色；冠毛刚毛糙毛状，基部不连合成环，分散脱落。花果期6~9月。

广布种。生于海拔750~3500米的山坡、山谷、林缘、林中、灌木丛中、河边潮湿地、村庄路旁或荒地。保护区内见于巴朗山至耿达一带周边山区。

果实入药，疏散风热，宜肺透疹、散结解毒；根入药，有清热解毒、疏风利咽之效。

拍摄者：朱淑霞

284 | 三脉紫菀

Aster ageratoides Turcz.

菊科　Compositae

多年生草本。根状茎粗壮。茎直立，高40～100厘米，有棱及沟。下部叶在花期枯落；中部叶椭圆形或长圆状披针形，长5～15厘米，宽1～5厘米，中部以上急狭成楔形具宽翅的柄，顶端渐尖，边缘有3～7对浅或深锯齿；上部叶渐小，有离基三出脉。头状花序径1.5～2厘米，排列成伞房或圆锥伞房状，花序梗长0.5～3厘米；总苞倒锥状或半球状，径4～10毫米，长3～7毫米；总苞片3层，覆瓦状排列，线状长圆形，有短缘毛；舌状花约10余个，管部长2毫米，舌片线状长圆形，长达11毫米，宽2毫米，紫色、浅红色或白色；管状花黄色，长约5毫米，管部长1.5毫米，裂片长1～2毫米；花柱附片长达1毫米；冠毛浅红褐色或污白色，长3～4毫米。瘦果倒卵状长圆形，有边肋，一面常有肋，被短粗毛。花果期7～12月。

广布种。生于海拔100～3400米的林下、林缘、灌丛及山谷湿地。保护区内常见。

拍摄者：叶建飞〔摄于卧龙镇〕

285 | 小舌紫菀

Aster albescens (DC.) Hand.-Mazz.

菊科　Compositae

　　灌木，高30～180厘米。老枝褐色，有圆形皮孔。叶卵圆、椭圆或长圆状，披针形，长3～17厘米，宽1～3厘米稀达7厘米，基部楔形或近圆形，全缘或有浅齿，顶端尖或渐尖，上部叶小，多少披针形。头状花序径约5～7毫米，多数在茎和枝端排列成复伞房状；花序梗长5～10毫米，有钻形苞叶；总苞倒锥状，长约5毫米，上部径4～7毫米；总苞片3～4层，线状披针形，覆瓦状排列；舌状花15～30个，管部长2.5毫米，舌片白色、浅红色或紫红色，长4～5毫米，宽0.6～1.2毫米；管状花黄色，长4.5～5.5毫米，管部长2毫米，裂片长0.5毫米，常有腺；花柱附片宽三角形，0.5毫米；冠毛污白色，后红褐色，1层，有多数近等长的微糙毛。瘦果长圆形，有4～6肋，被白色短绢毛。花期6～9月，果期8～10月。

　　广布种。生于海拔500～4100米的林下及灌丛中。保护区内常见。

拍摄者：叶建飞（摄于邓生）

286 | 须弥紫菀

Aster himalaicus C. B. Clarke.　　　　菊科　Compositae

　　多年生草本。根状茎粗壮。茎下部弯曲，从莲座状叶丛的基部斜升，高8～25厘米。莲座状叶倒卵形、倒披针形或宽椭圆形，长2～4.5厘米，宽1～2.5厘米，下部渐狭成具宽翅的柄，全缘或有1～2对小尖头状齿；茎基部叶在花期枯萎，下部叶倒卵圆形、长圆形，稀近披针形，长1.5～3.5厘米，宽0.5～1.2厘米，基部稍狭，半抱茎，全缘或有齿。头状花序在茎端单生，径4～4.5厘米；总苞半球形，径1.5～2厘米，长1.1～1.3厘米；总苞片2层，长圆披针形，长达12毫米，宽2.5～3.5毫米；舌状花50～70个，管部长1.5～2毫米，舌片蓝紫色，长13～17毫米，宽1.5～2毫米；管状花紫褐色或黄色，长6～8毫米，管部长2毫米，有短毛，裂片长1.5毫米；花柱附片长0.5毫米；冠毛白色，长5.5毫米，有不等长的微糙毛，有时有少数短毛或膜片。瘦果倒卵圆形，扁，有2肋，被绢毛，上部有腺。花期7～8月。

　　产于西藏南部和东部、云南西北部。生于海拔3600～4800米的高山草甸、针叶林下。保护区内主要分布于巴朗山高山草甸。

拍摄者：叶建飞（摄于巴朗山）

287 金挖耳

Carpesium divaricatum Sieb. et Zucc.

菊科 Compositae

　　多年生草本。茎直立，高25～150厘米。基生叶于开花前凋萎，下部叶卵形或卵状长圆形，长5～12厘米，宽3～7厘米，先端锐尖或钝，基部圆形或稍呈心形，有时呈阔楔形，边缘具粗大具胼胝尖的牙齿；叶柄较叶片短或近等长，与叶片连接处有狭翅；中部叶长椭圆形，先端渐尖，基部楔形，叶柄较短，无翅，上部叶渐变小。头状花序单生茎端及枝端；苞叶3～5，披针形至椭圆形，其中2枚较大，较总苞长2～5倍，密被柔毛和腺点；总苞卵状球形，基部宽，上部稍收缩，长5～6毫米，直径6～10毫米，苞片4层，覆瓦状排列，向内逐层增长，广卵形，干膜质或先端稍带草质；雌花狭筒状，长1.5～2毫米，冠檐4～5齿裂，两性花筒状，长3～3.5毫米，向上稍宽，冠檐5齿裂，筒部在放大镜下可见极少数柔毛。瘦果长3～3.5毫米。

　　产于我国华东、华南、华中、西南和东北各地。生于路旁及山坡灌丛中。保护区内在海拔2000米以下山区常见。

　　民间药用，主治感冒发热、咽喉肿痛、牙痛、蛔虫腹痛、急性肠炎、痢疾、尿道感染、淋巴结结核；外用治疮疖肿毒、乳腺炎、带状疱疹、毒蛇咬伤。

拍摄者：叶建飞（摄于正河）

288 | 魁蓟

Cirsium leo Nakai et Kitag.　　　　　菊科　Compositae

多年生草本，高40～100厘米。茎直立，有条棱，被多细胞长节毛。基部和下部茎叶长椭圆形或倒披针状长椭圆形，长10～25厘米，宽4～7厘米，羽状深裂，叶柄长达5厘米或无柄，侧裂片8～12对，半椭圆形、长椭圆形或斜三角形，中部侧裂片较大，全部侧裂片边缘三角形刺齿不等大，齿顶长针刺；向上的叶渐小，与基部和下部茎叶同形或长披针形并等样分裂，无柄或基部扩大半抱茎。头状花序在茎枝顶端排成伞房花序，极少单生茎顶；总苞钟状，直径达4厘米；总苞片8层，镊合状排列，边缘或上部边缘有平展或向下反折的针刺；小花紫色或红色，花冠长2.4厘米，檐部长1.4厘米，不等大5浅裂，细管部长1厘米。瘦果灰黑色，偏斜椭圆形，长约5毫米，压扁；冠毛污白色，多层，基部连合成环，冠毛刚毛长羽毛状，长达2.2厘米，向顶端渐细。花果期5～9月。

分布于宁夏、山西、河北、河南、陕西、甘肃及四川西北部。生于海拔700～3400米的山谷、山坡草地、林缘、河滩及石滩地，或岩石缝隙中或溪旁、河旁或路边潮湿地及田间。保护区内在海拔3200米以下山区常见。

拍摄者：叶建飞（摄于巴朗山）

289 | 喜马拉雅垂头菊

Cremanthodium decaisnei C. B. Clarke　　　　菊科　Compositae

多年生草本。根肉质，多数。茎单生，直立，高6～25厘米。丛生叶与茎基部叶具长柄，柄长3～14厘米，光滑，基部有窄鞘，叶片肾形或圆肾形，长5～45毫米，宽9～50毫米，先端圆形，边缘具不整齐浅圆钝齿，齿端具骨质小尖头，下面有密的褐色有节柔毛，叶脉掌状；茎中上部叶常1～2，有柄或无柄，叶片小或减退而无叶片。头状花序单生，下垂，辐射状；总苞半球形，稀钟形，被密的褐色有节柔毛，长7～15毫米，宽1～2厘米；总苞片8～12，2层，外层狭披针形，内层长圆状披针形，具宽膜质的边缘，全部总苞片先端渐尖，有小尖头。舌状花黄色，舌片狭椭圆形或长圆形，长1～2厘米，宽3～6毫米，先端急尖，具3齿；管状花多数，长5～7毫米，管部长1～2毫米，冠毛白色，与花冠等长。瘦果长圆形，长3～5毫米，光滑。花果期7～9月。

产于西藏、云南西北部、四川西南部至西北部、青海西南部、甘肃西南部。生于海拔3500～5400米的草地、高山草甸、高山流石滩。保护区内主要分布于巴朗山。

拍摄者：叶建飞（摄于巴朗山高山草甸）

290 | 矮垂头菊

***Cremanthodium humile* Maxim.**

菊科 Compositae

多年生草本。根肉质，生于地下茎的节上。地上部分的茎直立，单生，高5~20厘米；地下部分的茎横生或斜生。无丛生叶丛；茎下部叶具柄，叶柄长2~14厘米，基部略呈鞘状，叶片卵形或卵状长圆形，有时近圆形，长0.7~6厘米，宽1~4厘米，先端钝或圆形，全缘或具浅齿，下面被密的白色柔毛；茎中上部叶无柄或有短柄，叶片卵形至线形，向上渐小，全缘或有齿。头状花序单生，下垂，辐射状；总苞半球形，长0.7~1.3厘米，宽1~3厘米；总苞片8~12，1层，基部合生成浅杯状，分离部分线状披针形。舌状花黄色，舌状椭圆形，长1~2厘米，宽3~4毫米，先端急尖，管部长约3毫米；管状花黄色，多数，长7~9毫米，管部长约3毫米，檐部狭楔形，冠毛白色，与花冠等长。瘦果长圆形，长3~4毫米，光滑。花果期7~11月。

产于西藏东部、云南西北部、四川西南至西北部、青海、甘肃。生于海拔3500~5300米的高山流石滩。保护区内见于巴朗山流石滩。

拍摄者：叶建飞（摄于巴朗山流石滩）

291 | 多舌飞蓬

Erigeron multiradiatus (Lindl.) Benth.　　　　　　菊科　Compositae

多年生草本。根状茎木质，斜升或横卧。茎数个或单生，高20～60厘米，基部或全部紫色，具条纹。基部叶密集，莲座状，在花期常枯萎，长圆状倒披针形或倒披针形，长5～15厘米，宽0.7～1.5毫米，全缘或具数个齿；下部叶与基部叶同形，具短柄；中部和上部叶无柄，卵状披针形或长圆状披针形，或少有狭披针形，长4～6厘米，宽0.6～2厘米，全缘或少有疏齿，基部扩大，半抱茎；最上部叶极小。头状花序径3～4厘米，或更大，通常2至数个伞房状排列，或单生于茎枝的顶端；总苞半球形，长8～10毫米，宽15～20毫米；总苞片3层，线状披针形，宽约1毫米，外层较短；外围的雌花舌状，3层，长约为总苞的2倍，舌片开展，紫色，管部长1.5～2毫米，顶端全缘；中央的两性花管状，黄色，长4～4.5毫米，管部1～1.5毫米，檐部窄漏斗状，裂片短三角形，无毛。瘦果长圆形，扁压，背面具1肋，被疏短毛；冠毛2层，污白色或淡褐色，刚毛状。花期7～9月。

产于西藏、云南、四川。常生长于海拔2500～4600米的亚高山和高山草地、山坡和林缘。印度、阿富汗、尼泊尔也有分布。保护区内见于巴朗山高山草甸。

拍摄者：叶建飞（摄于巴朗山）

292 | 异叶泽兰

Eupatorium heterophyllum DC.

菊科　Compositae

　　多年生草本或小半灌木状，高1～2米。茎枝直立，淡褐色或紫红色。叶对生，中部茎叶较大，3全裂、深裂或浅裂，总叶柄长0.5～1厘米；中裂片大，长椭圆形或披针形，长7～10厘米，宽2～3.5厘米，基部楔形，顶端渐尖，侧裂片与中裂片同形但较小；或中部或全部茎叶不分裂，长圆形、长椭圆状披针形或卵形。头状花序多数，在茎枝顶端排成复伞房花序，花序径达25厘米；总苞钟状；总苞片3层，外层短，长2毫米，卵形，中内层苞片长8～9毫米，长椭圆形，全部苞片紫红色或淡紫红色；花白色或微带红色，花冠长约5毫米，外面疏被黄色腺点。瘦果黑褐色，长椭圆状，5棱，散布黄色腺体，无毛；冠毛白色，长约5毫米。花果期4～10月。

　　产于我国西南部。生于海拔1700～3000米的山坡林下、林缘、草地及河谷中。保护区内在海拔2700以下山区常见。

　　根用于防治感冒；茎或全草用于治疗跌打损伤或妇女病；叶可敷刀伤。

拍摄者：朱淑霞〔摄于卧龙镇瞭望台麓坡〕

293 | 美头火绒草

Leontopodium calocephalum (Franch.) Beauv.　　　菊科　Compositae

　　多年生草本。茎从膝曲的基部直立，不分枝，高10～50厘米。基部叶在花期枯萎宿存；叶直立或稍开展，下部叶与不育茎的叶披针形、长披针形或线状披针形，长2～15厘米，稀20厘米，宽0.2～1.2厘米；中部或上部叶渐短，卵圆披针形，抱茎，无柄；全部叶下面被白色或边缘被银灰色的茸毛；苞叶多数，与茎上部叶等长或较长，从鞘状宽大的基部向上渐狭，尖三角形，较花序长2～5倍，开展成密集的苞叶群。头状花序5～20，径5～12毫米；总苞长4～6毫米，被白色柔毛；总苞片约4层，深褐色或黑色。小花异形，有1或少数雄花和雌花，或雌雄异株；花冠长3～4毫米，雄花花冠狭漏斗状管状，有卵圆形裂片，雌花花冠丝状；冠毛白色，基部稍黄色，雄花冠毛全部粗厚，上部稍棒锤状，有钝齿，雌花冠毛较细，下部有细齿。瘦果被短粗毛。花期7～9月，果期9～10月。

　　产于青海、甘肃、四川、云南。生于海拔2800～4500米的高山和亚高山草甸、石砾坡地、湖岸、沼泽地、灌丛、冷杉和其他针叶林下或林缘较常见。保护区主要分布于巴朗山一带高海拔地区。

拍摄者：叶建飞（摄于巴朗山）

294 | 川甘火绒草

Leontopodium chuii Hand.-Mazz.　　　　　菊科　Compositae

多年生草本。花茎细，木质，长12~42厘米，被灰白色蛛丝状茸毛。根出条的叶倒披针形，顶端钝，基部狭窄成柄状；花茎基部叶密集成莲座状；下部叶在花期常枯萎，中部叶开展，倒披针状线形，长1.5~3厘米，宽2~2.5毫米，无鞘部，下面被密茸毛；苞叶多数，约与茎上部叶同长，披针形或线形，上面被灰白色，下面被黄褐色密茸毛，较花序长2倍，开展成疏散的径达5.5厘米的复苞叶群。头状花序约10~15个，径约5毫米；总苞长约4毫米，被灰白长柔毛状茸毛；总苞片约3层；小花异形，外围有少数或多数雌花，其余是雄花；花冠长3毫米；雄花花冠管状，上部漏斗状，有小裂片；雌花花冠丝状，有细齿。冠毛较花冠稍长，白色，基部有时稍黄色；雄花冠毛稍粗，稍有齿；雌花冠毛细丝状。不育的子房和瘦果近无毛。花期7~8月。

产于四川西部和北部、甘肃南部。生于海拔2000~3000米的亚高山的草地、灌丛和黄土坡地。保护区内见于梯子沟、巴朗山等中高海拔山区。

拍摄者：叶建飞（摄于梯子沟山顶）

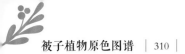

295 | 华火绒草

Leontopodium sinense Hemsl.　　　　菊科　Compositae

多年生草本。根状茎木质，常成球茎状。茎直立，高30～70厘米，当年生的茎被白色密茸毛，第二年枝无毛，全部有相当密集的叶。下部叶常较短，在花期枯萎，常宿存；中部叶长圆状线形，长1.8～6.5厘米，宽0.3～0.7厘米或更宽，基部狭耳形，无柄，边缘多少反卷，上面被蛛丝状毛或疏茸毛，下面被白色或黄白色厚茸毛；上部叶的基部渐狭；苞叶多数，椭圆状线形至椭圆状披针形，两面被白色或上面带绿色的厚茸毛，径约2.5～7.5厘米的苞叶群。头状花序7～20个疏松排列或稍密集，径3.5～5毫米；总苞长3～4毫米，被白色茸毛，总苞片约3层；小花异型，有少数雄花，或雌雄异株；花冠长2.5～3毫米，雄花花冠管状漏斗状，有小裂片，雌花花冠丝状，基部稍扩大；冠毛白色，基部稍黄色，雄花冠毛稍粗，上部渐加厚，有齿或毛状细锯齿，雌花冠毛细丝状，有细锯齿或近全缘。不育的子房无毛，瘦果有乳头状凸起。花期7～11月。

产于四川、云南及贵州。生于海拔2000～3100米的亚高山干旱草地、草甸、沙地灌丛和针叶林中。保护区内主要分布在巴朗山。

拍摄者：叶建飞（摄于巴朗山）

296 | 川西火绒草

Leontopodium wilsonii Beauv.

菊科　Compositae

　　多年生草本。花茎细长，直立，长达25厘米或更长，稍木质，无分枝。下部叶在花期常枯萎；叶开展，狭披针形，长2～4厘米，宽2～3.5毫米，上部渐狭，边缘平或稍反折，基部狭，无柄，下面被白色薄层密茸毛；苞叶多数，与上部叶等长或较短，但较宽，上面被白色厚密的茸毛，下面稍灰绿色，被薄茸毛，密集，开展成径约6厘米的苞叶群。头状花序7～11个疏散，径4～5毫米；总苞长约4毫米，被白色长柔毛；总苞片2～3层，顶端稍钝，小花雌雄异株，花冠长3毫米，雄花花冠管状，上部漏斗状，雌花花冠丝状；冠毛白色，粗厚，下部有锯齿，雄花冠毛上部较粗，有齿，雌花冠毛上部近无齿。不育的子房和瘦果无毛。花期6～9月。

　　产于四川西部和西北部。生于海拔2000～3000米的高山山谷岩石上或石缝中。保护区内见于英雄沟、银厂沟、梯子沟、巴朗山等周边山区。

拍摄者：朱淑霞（摄于英雄沟）

297 | 大黄橐吾

Ligularia duciformis (C. Winkl.) Hand.-Mazz.　　　菊科　Compositae

　　多年生草本。根肉质，多数簇生。茎直立，高达170厘米，具明显的条棱。丛生叶与茎下部叶具柄，柄长达31厘米，无翅，基部具鞘，叶片肾形或心形，长5~16厘米，宽50~75厘米，先端圆形，边缘有不整齐的齿，基部弯缺，叶脉掌状；茎中部叶叶柄长4~9.5厘米，被密的黄绿色有节短柔毛，基部具极为膨大的鞘，叶片肾形，长4~10厘米，宽8~20厘米，先端凹形，边缘具小齿；最上部叶常仅有叶鞘。复伞房状聚伞花序长达20厘米，分枝开展；苞片与小苞片极小，线状钻形；花序梗长达1厘米，密被黄色有节短柔毛；头状花序多数，盘状，总苞狭筒形，总苞片5，2层，长圆形，先端三角状急尖；小花5~7，全部管状，黄色，长6~9毫米，管部与檐部等长，冠毛白色与花冠管部等长。瘦果圆柱形，长达10毫米，光滑，幼时有纵的皱折。花果期7~9月。

　　产于云南西北部、四川西南部至北部、湖北西部、甘肃南部等。生于海拔1900~4000米的河边、林下、草地及高山草地。保护区内主要分布于巴朗山高山草甸。

拍摄者：叶建飞（摄于巴朗山）

298 | 侧茎橐吾

Ligularia pleurocaulis (Franch.) Hand.-Mazz.   菊科　Compositae

多年生灰绿色草本。根肉质，近似纺锤形。茎直立，高25～100厘米。丛生叶与茎基部叶近无柄，叶鞘常紫红色，叶片线状长圆形至宽椭圆形，长8～30厘米，宽1～7厘米，先端急尖，全缘，基部渐狭；茎生叶小，椭圆形至线形，无柄。圆锥状总状花序或总状花序长达20厘米，常疏离；苞片披针形至线形，长达8厘米；花序梗长达10.5厘米，一般长0.5～3厘米；头状花序多数，辐射状，常偏向花序轴的一侧；小苞片线状钻形；总苞陀螺形，长5～14毫米，宽5～15毫米，总苞片7～9，2层，卵形或披针形，宽2～7毫米，先端急尖，背部光滑，内层边缘膜质；舌状花黄色，舌片宽椭圆形或卵状长圆形，长7～14毫米，宽3～6毫米，先端急尖，管部长约2毫米；管状花多数，长5～6毫米，冠毛白色与花冠等长。瘦果倒披针形，具肋。花果期7～11月。

产于云南西北部、四川西南部至西北部。生于海拔3000～4700米的山坡、溪边、灌丛及草甸。保护区内主要分布于巴朗山。

拍摄者：叶建飞（摄于巴朗山）

299 | 掌叶橐吾

Ligularia przewalskii (Maxim.) Diels

菊科　Compositae

　　多年生草本。根肉质，细而多。茎直立，高30～130厘米。丛生叶与茎下部叶具柄，柄细瘦，长达50厘米，基部具鞘，叶片轮廓卵形，掌状4～7裂，长4.5～10厘米，宽8～18厘米，裂片3～7深裂，中裂片二回3裂，小裂片边缘具条裂齿，叶脉掌状；茎中上部叶少而小，掌状分裂，常有膨大的鞘。总状花序长达48厘米；苞片线状钻形；花序梗纤细，长3～4毫米，光滑；头状花序多数，辐射状；小苞片常缺；总苞狭筒形，总苞片3～7，2层，线状长圆形；舌状花2～3，黄色，舌片线状长圆形，长达17毫米，宽2～3毫米，透明，管部长6～7毫米；管状花常3个，长10～12毫米，管部与檐部等长，花柱细长，冠毛紫褐色，长约4毫米。瘦果长圆形，具短喙。花果期6～10月。

　　广布种。生于海拔1100～3700米的河滩、山麓、林缘、林下及灌丛。保护区内较常见。

拍摄者：朱淑霞（摄于英雄沟）

300 | 离舌橐吾

Ligularia veitchiana (Hemsl.) Greenm.

菊科　Compositae

　　多年生草本。根肉质，多数。茎直立，高60～120厘米。丛生叶和茎下部叶具柄，柄长15～47厘米，基部具窄鞘，叶片三角状或卵状心形，有时近肾形，长7～17厘米，宽12～26厘米，先端圆形或钝，边缘有整齐的尖齿，基部近戟形，叶脉掌状；茎中上部叶与下部者同形，较小，具短柄或无柄，鞘膨大，全缘。总状花序长13～40厘米；苞片常位于花序梗的中部，宽卵形至卵状披针形，长0.8～3厘米，宽达2.4厘米，向上渐小；花序梗长0.5～3.5厘米，向上渐短；头状花序多数，辐射状；小苞片狭披针形至线形；总苞钟形或筒状钟形，总苞片7～9，2层，长圆形，宽2～3毫米；舌状花6～10，黄色，疏离，舌片狭倒披针形，长13～22毫米，宽约2毫米，先端圆形，管部长5～11毫米；管状花多数，长9～15毫米，管部长5～8毫米，檐部裂片先端密被乳突，冠毛黄白色，有时污白色，与管部等长或长为管部的1/2。花期7～9月。

　　产于云南、四川、贵州、湖北西部、甘肃西南部、陕西南部。生于海拔1400～3300米的河边、山坡及林下。保护区内见于巴朗山、梯子沟、英雄沟等周边山区。

拍摄者：朱淑霞〔摄于梯子沟〕

301 | 粘冠草

Myriactis wightii DC.

一年生草本，高20～90厘米。叶互生，常有腋生枝或叶簇。中部茎叶宽卵形、卵形或长卵形，长5～8厘米，宽3～6厘米，少有近大头羽裂状的，而顶裂片与非裂叶的叶片同形，边缘有深圆锯齿或锯齿或缺刻状锯齿，接花序下部的叶或侧裂片常无齿，下部沿叶柄下延成狭翅，基部扩大贴茎；向上叶渐小，有时植株全部叶较小。头状花序在茎枝顶端排成疏散的伞房状花序或伞房状圆锥花序，有长花梗，梗长5厘米，或排成稀疏的总状花序，头状花序少数（通常3个）而花序梗亦短；头状花序径达1.2厘米，半球形；总苞片2层，近等长，长4毫米，狭长圆形；外围舌状雌花约2层，舌片线形，顶端2裂；中央两性花管状，檐部宽钟状，顶端5齿裂。瘦果压扁，倒披针形，边缘脉状加厚，顶端有短喙，喙顶有黏质分泌物。花果期6～11月。

产于云南、四川、贵州、西藏。生于海拔2100～3600米的山坡林下或山坡草地、溪旁或沟边近水处。保护区内在海拔2000米以上山区较常见。

拍摄者：朱淑霞

302 | 秋分草（林荫菊　大鱼鳅串）

Rhynchospermum verticillatum Reinw.　　　　菊科　Compositae

　　多年生草本，高25～100厘米。叶两面被稍稀疏的贴伏短柔毛；基部叶花期脱落稀生存；下部的茎叶倒披针形或长椭圆形，稀匙形，长4.5～14厘米，宽2.5～4厘米，顶端急尖，有小尖头，基部楔形渐狭，有长的具翼叶柄，边缘自中部以上有波状的锯齿；中部茎叶稠密，披针形，有短叶柄，全缘或有波状圆锯齿或尖齿；上部叶渐小，全缘或有尖齿。头状花序单生叉状分枝顶端或单生叶腋或近总状排列，直径4～5毫米，果期增大，有短花序梗；总苞宽钟状或果期半球状，宽3～4毫米；总苞片稍不等长，长椭圆形，边缘膜质，撕裂；雌花2～3层，花冠长1.2毫米，管部极短；两性花花冠长2毫米。雌花瘦果压扁，长椭圆形，喙较长，有脉状加厚的边缘，被棕黄色小腺点；两性花瘦果喙短或无喙。冠毛纤细，易脱落。花果期8～11月。

　　长江以南广布。生于海拔400～2500米的沟边、水旁、林缘、林下以及杂木林下阴湿处。保护区内见于三江。

拍摄者：叶建飞（摄于三江）

303 | 柳叶菜风毛菊

Saussurea epilobioides Maxim.

菊科 Compositae

　　多年生草本，高25~60厘米。茎直立，不分枝，无毛，单生。基生叶花期脱落；下部及中部茎叶无柄，叶片线状长圆形，长8~10厘米，宽1~2厘米，顶端长渐尖，基部渐狭成深心形而半抱茎的小耳，边缘有长尖头的深密齿，上面有短糙毛，下面有小腺点；上部茎叶小，与下部茎叶同形，但渐小。头状花序多数，在茎端排成密集的伞房花序，有短花序梗；总苞钟状或卵状钟形，直径6~8毫米；总苞片4~5层，外层宽卵形，顶端有黑绿色长钻状马刀形附属物，附属物反折或稍弯曲，中层长圆形，顶端有黑绿色钻状马刀形附属物，附属物反折或稍弯曲，内层长圆形或线状长圆形，顶端急尖或稍钝，全部总苞片几无毛；小花紫色，长1~1.1厘米。瘦果圆柱状，无毛，长3~4毫米。冠毛污白色，2层，外层短，糙毛状；内层长，羽毛状。花果期8~9月。

　　分布于甘肃、青海、宁夏、四川。生于海拔2600~4000米的山坡。主要分布于巴朗山一带周边山区。

拍摄者：叶建飞（摄于巴朗山）

304 | 球花雪莲

Saussurea globosa Chen

菊科 Compositae

　　多年生草本，高10～60厘米。茎直立，上部有稀疏或稠密的白色长柔毛和头状腺毛。基生叶有柄，叶柄长达14厘米，叶片长椭圆形、披针形或长圆状披针形，长13～20厘米，宽1.5～3厘米，顶端钝、急尖或长渐尖，基部楔形渐狭，边缘有小尖齿；茎生叶渐小，线状披针形或线形，无柄，基部沿茎下沿；上部苞叶卵状，舟形，紫色，长4～6厘米，宽1～2厘米，膜质，顶端渐尖，边缘全缘。头状花序多数在茎顶排成伞房状总花序，有长的小花梗；总苞钟状或球形，直径1～1.5厘米；总苞片3～4层，顶部长急尖，全部或边缘紫红色，外面被白色长柔毛和腺毛，外层卵状或卵状披针形，内层线状披针形；小花紫色，长1.6厘米，管部长5毫米，檐部长1.1厘米。瘦果长圆形。冠毛白色，2层，外层糙毛状，内层羽毛状。花果期7～9月。

　　分布于青海、甘肃、陕西、四川。生于海拔2100～4500米的高山草坡及草坪、山顶、荒坡、草甸。保护区内主要分布于巴朗山高山草甸。

拍摄者：叶建飞（摄于巴朗山高山草甸）

305 | 槲叶雪兔子

Saussurea quercifolia W. W. Smith   菊科　Compositae

多年生草本。茎直立，高4～20厘米，被白色绒毛。基生叶椭圆形或长椭圆形，长2～4.5厘米，宽1～1.3厘米，基部楔形渐狭成长1.5～3厘米的柄或扁柄，顶端急尖，边缘有粗齿，上面被薄蛛丝毛，下面被稠密的白色绒毛；上部叶渐小，反折，披针形或线状披针形，顶端渐尖，边缘有疏齿或近全缘。头状花序多数，无小花梗，在茎端集成直径达5厘米的半球形的总花序；总苞长圆形，直径8毫米；总苞片3～4层，近等长，椭圆形或披针形，紫红色或上部紫红色，边缘透明膜质；小花蓝紫色，长8.5毫米，细管部长4.5毫米，檐部长4毫米。瘦果褐色，圆柱状。冠毛鼠灰色，2层，外层短，糙毛状；内层长，羽毛状。花果期7～10月。

分布于青海、四川、云南。生于海拔3300～4800米的高山灌丛草地、流石滩、岩坡。保护区内主要分布于巴朗山高山草甸和流石滩。

拍摄者：叶建飞（摄于巴朗山高山草甸和流石滩）

306 | 柳叶风毛菊

Saussurea salicifolia (L.) DC.　　　　　菊科　Compositae

　　多年生草本，高15~40厘米。根粗壮，纤维状撕裂。茎直立，有棱，被蛛丝毛或短柔毛。叶线形或线状披针形，长2~10厘米，宽3~5毫米，顶端渐尖，基部楔形渐狭，有短柄或无柄，边缘近全缘，下面白色，被白色稠密的绒毛。头状花序多数或少数，在茎枝顶端排成狭窄的帚状伞房花序或伞房花序，有花序梗；总苞圆柱状，直径4~7毫米；总苞片4~5层，紫红色，外面被稀疏蛛丝毛，外层卵形，内层线状披针形或宽线形；小花粉红色，长1.5厘米，细管部长8毫米，檐部长7毫米。瘦果褐色，长3.5毫米，无毛。冠毛2层，白色，外层短，糙毛状，长2毫米；内层长，羽毛状，长10毫米。花果期8~9月。

　　分布于河北、内蒙古、黑龙江、吉林、辽宁、甘肃、新疆、四川。生于海拔1600~3800米的高山灌丛、草甸、山沟阴湿处。保护区主要分布于巴朗山。

拍摄者：叶建飞（摄于巴朗山）

307 | 毡毛莲雪

Saussurea velutina W. W. Smith

菊科　Compositae

　　多年生草本，高17～35厘米。茎直立，被黄褐色长柔毛。基生叶早落；下部茎叶有叶柄，柄长2.5厘米；叶片线状披针形或披针形，长9～12厘米，宽0.7～1.5厘米，顶端渐尖，基部渐狭，边缘疏生小锯齿，两面密被黄褐色绒毛；中部茎叶渐小，无柄；最上部茎叶苞叶状，倒卵形，紫红色，长3～4厘米，宽1.5～2.2厘米，膜质，两面被淡黄色绒毛，半包围头状花序。头状花序单生茎顶，有长5毫米的小花梗；总苞半球形，直径2.5厘米；总苞片4层，披针形至线形，黑紫色或边缘黑紫色，外面被黄褐色长柔毛；小花紫红色，长1厘米，管部长3毫米，檐部长7毫米。瘦果长圆形。冠毛污白色，2层，外层短，糙毛状，长4毫米；内层长，羽毛状，长1.9厘米。花果期7～9月。

　　分布于四川、云南、西藏。生于海拔5000米的高山草地、灌丛及流石滩。保护区内主要分布于巴朗山高山草甸和高山流石滩。

拍摄者：叶建飞（摄于巴朗山高山草甸和流石滩）

308 | 牛耳风毛菊

Saussurea woodiana Hemsl.　　　　　　　　菊科　Compositae

　　多年生矮小草本，高4~8厘米。根状茎被膜质叶柄残迹。茎直立，黑褐色，无毛。基生叶莲座状，宽椭圆形、长圆形或倒披针形，长5.5~20厘米，宽1.3~7厘米，顶端钝或稍急尖，基部渐狭成短翼柄，边缘有稀疏的锯齿或全缘，齿端有小尖头，两面异色，上面绿色，被腺毛，下面白色或褐色，密被绒毛；茎生叶1~3，与基生叶同形。头状花序单生茎顶；总苞钟状或卵状钟形，直径2~2.5厘米；总苞片5~6层，边缘紫色，外面被稠密的淡黄色长柔毛，顶端长渐尖，外层卵状披针形或线状披针形，长0.8~2厘米，宽3~5毫米，中层卵状披针形，长1.9~2.3厘米，宽4~6毫米，内层线状披针形，长2.8厘米，宽3毫米；小花紫色，长3.2厘米，管部长1.4厘米，檐部长1.8厘米。瘦果圆柱状，无毛，长4毫米。冠毛浅褐色，2层，外层糙毛状，内层羽毛状。花果期7~8月。

　　分布于四川。生于海拔3000~4100米的山坡草地及山顶。保护区内主要分布于巴朗山高山草甸。

拍摄者：叶建飞（摄于巴朗山高山草甸）

309 | 双花华蟹甲

Sinacalia davidii (Franch.) Koyama

菊科　Compositae

　　多年生草本。茎粗壮，具粗厚块状根状茎。茎中空，高达150厘米，干时具明显条沟。基部及下部茎叶花期凋落，具柄，中部茎叶叶片三角形或五角形，长8～15厘米，宽9～20厘米，基部截形或浅心形，边缘具小尖头齿，具3～5条基生掌状脉；叶柄较粗壮，长3～5厘米，基部扩大且半抱茎；上部茎叶渐小。头状花小，多数排成顶生复圆锥状花序，花序轴及总花梗被黄褐色短柔毛；花序梗短，长2～5毫米，通常具2～3线形或线状披针形小苞片；总苞圆柱形，长8～10毫米，宽1.5～2毫米；总苞片4～5，线状长圆形；舌状花2，黄色，管部5.5毫米；舌片长圆状线形，长10～12毫米，宽0.5～1.5毫米，顶端具2小齿；管状小花2，稀4，花冠黄色，长8毫米，管部长2毫米，檐部漏斗状，裂片披针形，长1.5毫米；花药基部具短尾；花柱分枝外弯，具乳头状微毛。瘦果圆柱形，具4肋，无毛。冠毛白色，稀变红色，长5～6毫米。花期7～8月。

　　产于陕西、四川、云南、西藏。常生于海拔900～3200米的草坡、悬崖、路边及林缘。保护区内常见。

拍摄者：叶建飞〔摄于英雄沟〕

310 | 皱叶绢毛苣

Soroseris hookeriana (C. B. Clarke) Stebbins   菊科   Compositae

多年生草本。根倒圆锥状。几无茎，高1~8厘米。叶稠密，集中排列在团伞花序下部，线形或长椭圆形，长1~2厘米，宽1~4毫米，皱波状羽状浅裂或深裂，叶柄宽扁，长达1厘米，叶柄与叶片被长硬毛，极少无毛。头状花序多数在茎端排成团伞状花序，团伞花序直径2~9厘米，花序梗长5毫米；总苞狭圆柱状，直径2毫米；总苞片2层，外层2，线形，长6~12毫米，内层4，近等长，长椭圆形，长约7毫米，顶端钝或圆形；舌状小花黄色，4枚。瘦果长倒圆锥状，微压扁，下部收窄，顶端截形，具多条粗细不等的纵肋。冠毛鼠灰色或浅黄色，细锯齿状。花果期7~8月。

分布于甘肃、陕西、西藏。生于海拔4900~5400米的高山草甸或灌丛中或冰川石缝中。保护区内见于巴朗山高山草甸和流石滩。

拍摄者：叶建飞（摄于巴朗山高山草甸和流石滩）

311 | 卵叶韭

Allium ovalifolium Hand.-Mazz.

百合科 Liliaceae

拍摄者：朱淑霞（摄于英雄沟）

多年生草本。鳞茎单一或2~3枚聚生，近圆柱状；鳞茎外皮灰褐色至黑褐色，破裂成纤维状。叶2，靠近或近对生状，极少3，披针状矩圆形至卵状矩圆形，长6~15厘米，宽2~7厘米，先端渐尖或近短尾状，基部圆形至浅心形；叶柄明显，长1厘米以上，连同叶片的两面和叶缘常具乳头状凸起。花葶圆柱状，高30~60厘米，下部被叶鞘；总苞2裂，宿存，稀早落；伞形花序球状，具多而密集的花；小花梗近等长，为花被片长的1.5~4倍，果期伸长；花白色，稀淡红色；花被片长3.5~6毫米，内轮的披针状矩圆形至狭矩圆形，外轮的较宽而短，狭卵形、卵形或卵状矩圆形；花丝等长，比花被片长1/4~1/2，基部合生并与花被片贴生，内轮的狭长三角形，外轮的锥形；子房具3圆棱，基部收狭成长约0.5毫米的短柄，每室1胚珠。花果期7~9月。

产于云南、贵州、四川、青海、甘肃、陕西和湖北。生于海拔1500~4000米的林下、阴湿山坡、湿地或林缘。保护区内见于英雄沟、邓生、野牛沟、正河等周边山区。

嫩叶可食用。

312 | 野黄韭

Allium rude J. M. Xu

百合科　Liliaceae

　　多年生草本。具短的直生根状茎。鳞茎单生，圆柱状至狭卵状圆柱形，粗0.5～1.5厘米；鳞茎外皮灰褐色至淡棕色，薄革质，片状破裂。叶条形，扁平，实心，光滑，稀边缘具细糙齿，伸直或略呈镰状弯曲，比花葶短或近等长，宽0.3～0.5（～0.8）厘米。花葶圆柱状，中空，高20～50厘米，下部被叶鞘；总苞2～3裂，近与花序等长，具极短的喙，宿存；伞形花序球状，具多而密集的花；小花梗近等长，从等长于直至比花被片长1.5倍，基部无小苞片；花淡黄色至绿黄色；花被片矩圆状椭圆形至矩圆状卵形，长5～6毫米，宽2～2.5（～3）毫米，等长，或内轮的略长，先端钝圆；花丝等长，比花被片长1/4～1/3，锥形，基部合生并与花被片贴生；子房卵状至卵球状，腹缝线基部具凹陷的蜜穴；花柱伸出花被外。花果期7月底至9月。

　　产于西藏、四川、甘肃和青海。生于海拔3000～4600米的草甸或潮湿山坡。

拍摄者：叶建飞（摄于巴朗山）

313 | 高山韭

Allium sikkimense Baker

百合科　Liliaceae

多年生草本。鳞茎数枚聚生，圆柱状，粗3～5毫米；鳞茎外皮暗褐色，破裂成纤维状，下部近网状，稀条状破裂。叶狭条形，扁平，比花葶短，宽2～5毫米。花葶圆柱状，高15～40厘米，有时矮到5厘米，下部被叶鞘；总苞单侧开裂，早落；伞形花序半球状，具多而密集的花；小花梗近等长，比花被片短或与其等长，基部无小苞片；花钟状，天蓝色；花被片卵形或卵状矩圆形，先端钝，长6～10毫米，宽3～4.5毫米，内轮的边缘常具1至数枚疏离的不规则小齿，且常比外轮的稍长而宽；花丝等长，为花被片长度的1/2～2/3，基部合生并与花被片贴生，合生部分高约1毫米，内轮的基部扩大，有时每侧各具1齿，外轮的基部也常扩大，有时每侧亦各具1齿；子房近球状，腹缝线基部具明显的有窄帘的凹陷蜜穴；花柱比子房短或近等长。花果期7～9月。

产于宁夏、陕西、甘肃、青海、四川、西藏和云南。生于海拔2400～5000米的山坡、草地、林缘或灌丛下。印度、尼泊尔、不丹也有分布。

拍摄者：朱淑霞（摄于巴朗山）

314 | 齿被韭

Allium yuanum Wang et Tang 百合科 Liliaceae

多年生草本。鳞茎单生或数枚聚生，圆柱状；鳞茎外皮破裂成纤维状，呈近网状。叶条形，背面呈龙骨状隆起，枯后常扭卷，短于或略长于花葶，宽1.5～3毫米。花葶圆柱状，高13～53厘米，粗1～2.5毫米，下部被叶鞘；总苞2裂，有时单侧开裂，有时3裂，宿存；伞形花序半球状，具多而密集的花；小花梗近等长，短于或近等长于花被片，基部无小苞片；花天蓝色；花被片6枚大小相等，卵形，向先端渐尖，边缘具不整齐小齿，或外轮的全缘，内轮的具齿，长7.5～10毫米，宽3～4毫米；花丝约为花被片长度的1/2，基部合生并与花被片贴生，锥形，或内轮的基部扩大，无齿；子房近球状，腹缝线基部具有帘的凹陷蜜穴；花柱等长于或略长于子房，不伸出花被外；柱头3浅裂。花期9月。

产于四川西北部。生于海拔2600～3500米的草坡、林缘或林间草地。

拍摄者：叶建飞（摄于巴朗山）

315 | 大百合

Cardiocrinum giganteum (Wall.) Makino   百合科 Liliaceae

　　多年生草本。小鳞茎卵形，高3.5～4厘米，直径1.2～2厘米，干时淡褐色。茎直立，中空，高1～2米，直径2～3厘米，无毛。基生叶卵状心形或近宽矩圆状心形，茎生叶卵状心形，下面的长15～20厘米，宽12～15厘米，叶柄长15～20厘米，向上渐小，靠近花序的几枚为船形。总状花序有花10～16，无苞片；花狭喇叭形，白色，里面具淡紫红色条纹；花被片条状倒披针形，长12～15厘米，宽1.5～2厘米；雄蕊长6.5～7.5厘米，花丝向下渐扩大，扁平，花药长椭圆形；子房圆柱形，花柱长5～6厘米，柱头膨大，微3裂。蒴果近球形，长3.5～4厘米，宽3.5～4厘米，顶端有1小尖凸，基部有粗短果柄，具6钝棱和多数细横纹，3瓣裂；种子呈扁钝三角形，红棕色，长4～5毫米，宽2～3毫米，周围具淡红棕色半透明的膜质翅。花期6～7月，果期9～10月。

　　产于西藏、四川、陕西、湖南和广西。生于海拔1450～2300米的林下草丛中。也见于印度、尼泊尔、不丹等地。保护区内见于白岩沟、英雄沟、核桃坪等周边山区。

　　鳞茎供药用。

拍摄者：叶建飞（摄于英雄沟）

316 | 长蕊万寿竹

Disporum bodinieri (Levl. et Vaniot.)
Wang et Y. C. Tang

百合科　Liliaceae

　　草本。根状茎横出，呈结节状。茎高30～100厘米，上部有分枝。叶厚纸质，椭圆形、卵形至卵状披针形，长5～15厘米，宽2～6厘米，先端渐尖至尾状渐尖，下面脉上和边缘稍粗糙，基部近圆形；叶柄长0.5～1厘米。伞形花序有花2～6，生于茎和分枝顶端；花梗长1.5～2.5厘米，有乳头状凸起；花被片白色或黄绿色，倒卵状披针形，长10～19毫米，先端尖，基部有长1（～2）毫米的短距；花丝等长或稍长于花被片，花药长3毫米，露出于花被外；花柱连同3裂柱头4～5倍长于子房，明显高出花药之上。浆果直径5～10毫米，有3～6颗种子。种子珠形或三角状卵形，直径3～4毫米，棕色，有细皱纹。花期3～5月，果期6～11月。

　　分布于贵州、云南、四川、湖北、陕西（秦岭以南）、甘肃（南部）和西藏。保护区内见于三江、耿达等周边低海拔山区，生于灌丛、竹林中或林下。

　　根可供药用。

拍摄者：朱淑霞〔摄于英雄沟〕

317 | 甘肃贝母

Fritillaria przewalskii Maxim. ex Batal.　　　　　百合科　Liliaceae

　　多年生草本，高20～40厘米。鳞茎由2枚鳞片组成，直径6～13毫米。叶通常最下面的2枚对生，上面的2～3枚散生，条形，长3～7厘米，宽3～4毫米，先端通常不卷曲。花通常单朵，少有2朵的，浅黄色，有黑紫色斑点；叶状苞片1枚，先端稍卷曲或不卷曲；花被片长2～3厘米，内3片宽6～7毫米，蜜腺窝不很明显；雄蕊长约为花被片的1/2；花药近基着，花丝具小乳凸；柱头裂片通常很短，长不及1毫米，极个别的长达2毫米（宝兴标本）。蒴果长约1.3厘米，宽1～1.2厘米，棱上的翅很狭，宽约1毫米。花期6～7月，果期8月。

　　产于甘肃南部、青海东部和南部、四川西部。生于海拔2800～4400米的灌丛中或草地上。

　　本种为药材"川贝"的主要来源之一。

拍摄者：叶建飞（摄于巴朗山）

318 | 宝兴百合

***Lilium duchartrei* Franch.**

百合科　Liliaceae

多年生草本。茎高50~85厘米，有淡紫色条纹。叶散生，披针形至矩圆状披针形，有的边缘有乳头状凸起，腋处具1簇白毛。花单生或数朵排成总状花序或近伞房花序、伞形总状花序；花梗长10~22厘米；花下垂，白色或粉红色，有紫色斑点；花被片反卷。蒴果椭圆形，长2.5~3厘米，宽约2.2厘米；种子扁平，具1~2毫米宽的翅。花期7月，果期9月。

产于四川、云南、西藏和甘肃。生于海拔2300~3500米的高山草地、林缘或灌木丛中。保护区内在海拔1900~3000米的区域比较常见。

拍摄者：叶建飞（摄于耿达喇嘛庙周边山坡）

319 | 假百合

Notholirion bulbuliferum (Lingelsh.) Stearn 　　百合科　Liliaceae

　　多年生草本。小鳞茎多数，卵形，直径3～5毫米，淡褐色。茎高60～150厘米，近无毛。基生叶数枚，带形，长10～25厘米，宽1.5～2厘米；茎生叶条状披针形，长10～18厘米，宽1～2厘米。总状花序具花10～24；苞片叶状，条形，长2～7.5厘米，宽3～4毫米；花梗稍弯曲，长5～7毫米；花淡紫色或蓝紫色；花被片倒卵形或倒披针形，长2.5～3.8厘米，宽0.8～1.2厘米，先端绿色；雄蕊与花被片近等长；子房淡紫色，长1～1.5厘米；花柱长1.5～2厘米，柱头3裂，裂片稍反卷。蒴果矩圆形或倒卵状矩圆形，长1.6～2厘米，宽1.5厘米，有钝棱。花期7月，果期8月。

　　产于西藏、云南、四川、陕西和甘肃。生于海拔3000～4500米的高山草丛或灌木丛中。尼泊尔、不丹和印度也有分布。保护区内见于邓生、巴朗山。

拍摄者：朱淑霞（摄于邓生）

320 | 七叶一枝花

Paris polyphylla Sm.

百合科 Liliaceae

多年生草本，高35～100厘米，无毛。根状茎粗厚，直径达1～2.5厘米，外面棕褐色，密生多数环节和许多须根。茎通常带紫红色，直径0.8～1.5厘米，基部有灰白色干膜质的鞘1～3。叶5～10，矩圆形、椭圆形或倒卵状披针形，长7～15厘米，宽2.5～5厘米，先端短尖或渐尖，基部圆形或宽楔形；叶柄明显，长2～6厘米，带紫红色。花梗长5～16（～30）厘米；外轮花被片绿色，3～6枚，狭卵状披针形，长3～7厘米；内轮花被片狭条形，通常比外轮长；雄蕊8～12，花药短，长5～8毫米，与花丝近等长或稍长，药隔凸出部分长0.5～2毫米；子房近球形，具棱，顶端具1盘状花柱基，花柱粗短，具4～5分枝。蒴果紫色，直径1.5～2.5厘米，3～6瓣裂开；种子多数，具鲜红色多浆汁的外种皮。花期4～7月，果期8～11月。

产于西藏、云南、四川和贵州。生于海拔1800～3200米的林下。不丹、印度（锡金）、尼泊尔和越南也有分布。保护区内较为常见。

拍摄者：叶建飞（摄于正河）

321 | 狭叶重楼

Paris polyphylla var. ***stenophylla*** Franch.

百合科　Liliaceae

多年生草本，高35～100厘米，无毛。根状茎粗厚，直径达1～2.5厘米，外面棕褐色，密生多数环节和许多须根。茎通常带紫红色，直径0.8～1.5厘米，基部有灰白色干膜质的鞘1～3枚。叶8～13（～22）枚轮生，披针形、倒披针形或条状披针形，有时略微弯曲呈镰刀状，长5.5～19厘米，通常宽1.5～2.5厘米，很少为3～8毫米，先端渐尖，基部楔形，具短叶柄。外轮花被片叶状，5～7枚，狭披针形或卵状披针形，长3～8厘米，宽0.5～1.5厘米，先端渐尖头，基部渐狭成短柄；内轮花被片狭条形，远比外轮花被片长；雄蕊7～14，花药长5～8毫米，与花丝近等长；药隔凸出部分极短，长0.5～1毫米；子房近球形，暗紫色，花柱明显，长3～5毫米，顶端具4～5分枝。花期6～8月，果期9～10月。

产于四川、贵州、云南、西藏、广西、湖北、湖南、福建、台湾、江西、浙江、江苏、安徽、山西、陕西和甘肃。生于海拔1000～2700米的林下或草丛阴湿处。印度和不丹也有分布。保护区内见于核桃坪、正河、白岩沟等周边山区。

拍摄者：朱淑霞〔摄于正河〕

322 | 玉竹

Polygonatum odoratum (Mill.) Druce   百合科 Liliaceae

　　多年生草本。根状茎圆柱形，直径5～14毫米。茎高20～50厘米，具7～12叶。叶互生，椭圆形至卵状矩圆形，长5～12厘米，宽3～16厘米，先端尖，下面带灰白色，下面脉上平滑至呈乳头状粗糙。花序具1～4花（在栽培情况下，可多至8朵），总花梗（单花时为花梗）长1～1.5厘米，无苞片或有条状披针形苞片；花被黄绿色至白色，全长13～20毫米，花被筒较直，裂片长约3～4毫米；花丝丝状，近平滑至具乳头状凸起，花药长约4毫米；子房长3～4毫米，花柱长10～14毫米。浆果蓝黑色，直径7～10毫米；种子7～9。花期5～6月，果期7～9月。

　　产于黑龙江、吉林、辽宁、河北、山西、内蒙古、甘肃、青海、山东、河南、湖北、湖南、安徽、江西、江苏、台湾。生于海拔500～3000米的林下或山野阴坡。欧亚大陆温带地区广布。保护区内较为常见。

　　根状茎药用，系中药"玉竹"。关于药材"玉竹"和"黄精"的区别，可参考中药志。

拍摄者：叶建飞（摄于英雄沟）

323 | 鹿药

Smilacina japonica A. Gray

百合科　Liliaceae

　　多年生草本，高30～60厘米。根状茎横走，多少圆柱状，粗6～10毫米，有时具膨大结节。茎中部以上或仅上部具粗伏毛，具叶4～9。叶纸质，卵状椭圆形、椭圆形或矩圆形，长6～13（～15）厘米，宽3～7厘米，先端近短渐尖，两面疏生粗毛或近无毛，具短柄。圆锥花序长3～6厘米，有毛，具花10～20；花单生，白色；花梗长2～6毫米；花被片分离或仅基部稍合生，矩圆形或矩圆状倒卵形，长约3毫米；雄蕊长2～2.5毫米，基部贴生于花被片上，花药小；花柱长0.5～1毫米，与子房近等长，柱头几不裂。浆果近球形，直径5～6毫米，熟时红色；种子1～2。花期5～6月，果期8～9月。

　　产于黑龙江、吉林、辽宁、河北、河南、山东、山西、陕西、甘肃、贵州、四川、湖北、湖南、安徽、江苏、浙江、江西和台湾。生于海拔900～1950米的林下阴湿处或岩缝中。日本、朝鲜和俄罗斯远东地区也有分布。保护区见于三江、卧龙关沟、巴朗山、贝母坪等周边山区。

拍摄者：叶建飞（摄于三江）

324 | 岩菖蒲

Tofieldia thibetica Franch.

百合科　Liliaceae

　　多年生草本。植株大小变化较大，一般较高大。叶长3～22厘米，宽3～7毫米。花葶高8～35厘米；总状花序长2～10厘米；花梗长（3～）5～12毫米；花白色，上举或斜立；花被长2～3毫米；子房矩圆状狭卵形；花柱3，分离，较细，明显超过花药长度。蒴果倒卵状椭圆形，不下垂，上端3裂，分裂一般不到中部；宿存花柱长1～1.5毫米，柱头不明显。种子一侧具一纵贯的白带（种脊）。花期6～7月，果期7～9月。

　　产于四川中部至东部、贵州和云南东北部。生于海拔700～2300米的灌丛下、草坡或沟边的石壁或岩缝中。保护区见于糖房、银厂沟、白岩沟等周边山区。

拍摄者：叶建飞（摄于银厂沟）

325 | 延龄草

Trillium tschonoskii Maxim.　　　　　百合科　Liliaceae

多年生草本。茎丛生于粗短的根状茎上，高15～50厘米。叶菱状圆形或菱形，长6～15厘米，宽5～15厘米，近无柄。花梗长1～4厘米；外轮花被片卵状披针形，绿色，长1.5～2厘米，宽5～9毫米，内轮花被片白色，少有淡紫色，卵状披针形，长1.5～2.2厘米，宽4～6（～10）毫米；花柱长4～5毫米；花药长3～4毫米，短于花丝或与花丝近等长，顶端有稍凸出的药隔；子房圆锥状卵形，长7～9毫米，宽5～7毫米。浆果圆球形，直径1.5～1.8厘米，黑紫色；种子多数。花期4～6月，果期7～8月。

产于西藏、云南、四川、陕西、甘肃、安徽。生于海拔1600～3200米的林下、山谷阴湿处、山坡或路旁岩石下。不丹、印度、朝鲜和日本也有分布。保护区内较为常见。

拍摄者：朱淑霞（摄于英雄沟）

326 | 藜芦

Veratrum nigrum L.

百合科 Liliaceae

　　多年生草本，高可达1米。通常粗壮，基部的鞘枯死后残留为有网眼的黑色纤维网。叶椭圆形、宽卵状椭圆形或卵状披针形，大小常有较大变化，通常长22～25厘米，宽约10厘米，薄革质，先端锐尖或渐尖，基部无柄或生于茎上部的具短柄，两面无毛。圆锥花序密生黑紫色花；侧生总状花序近直立伸展，长4～22厘米，通常具雄花；顶生总状花序常较侧生花序长2倍以上，几乎全部着生两性花；总轴和枝轴密生白色绵状毛；小苞片披针形，边缘和背面有毛；生于侧生花序上的花梗长约5毫米，约等长于小苞片，密生绵状毛；花被片开展或在两性花中略反折，矩圆形，长5～8毫米，宽约3毫米，先端钝或浑圆，基部略收狭，全缘；雄蕊长为花被片的1/2；子房无毛。蒴果长1.5～2厘米，宽1～1.3厘米。花果期7～9月。

　　产于东北地区及河北、山东、河南、山西、陕西、内蒙古、甘肃、湖北（房县）、四川和贵州。生于海拔1200～3300米的山坡林下或草丛中。亚洲北部和欧洲中部也有分布。保护区见于巴朗山、邓生等周边山区。

拍摄者：叶建飞（摄于巴朗山）

327 | 毛叶藜芦

Veratrum grandiflorum (Maxim.) Loes. f.　　　　百合科　Liliaceae

　　多年生草本，植株高大，高达1.5米，基部具无网眼的纤维束。叶宽椭圆形至矩圆状披针形，下部的叶较大，长约15厘米，最长可达26厘米，通常宽6～9（～16）厘米，先端钝圆至渐尖，无柄，基部抱茎，背面密生褐色或淡灰色短柔毛。圆锥花序塔状，长20～50厘米，侧生总状花序直立或斜升，长5～10（～14）厘米，顶生总状花序较侧生的长约1倍；花大，密集，绿白色；花被片宽矩圆形或椭圆形，长11～17毫米，宽约6毫米，先端钝，基部略具柄，边缘具啮蚀状牙齿，外花被片背面尤其中下部密生短柔毛；花梗短，长2～3（～5）毫米，较小苞片短，密生短柔毛或几无毛；雄蕊长约为花被片的3/5；子房长圆锥状，密生短柔毛。蒴果长1.5～2.5厘米，宽1～1.5厘米。花果期7～8月。

　　产于江西、浙江、台湾、湖南、湖北、四川和云南。生于海拔2600～4000米的山坡林下或湿生草丛中。保护区见于巴朗山、邓生等周边山区。

拍摄者：叶建飞（摄于巴朗山）

328 | 长葶鸢尾

Iris delavayi Mich.

鸢尾科　Iridaceae

多年生草本。叶灰绿色，剑形或条形，长50～80厘米，宽0.8～1.5厘米，顶端长渐尖，基部鞘状，无明显的中脉。花茎中空，光滑，高60～120厘米，直径5～7毫米，顶端有1～2个短侧枝，中下部有3～4枚披针形的茎生叶；苞片2～3，膜质，绿色，略带红褐色，宽披针形，长7～11厘米，宽1.8～2厘米，顶端长渐尖，内包含有2朵花；花深紫色或蓝紫色，具暗紫色及白色斑纹，直径约9厘米；花梗长3～6厘米；花被管长1.5～1.8厘米，外花被裂片倒卵形，长约7厘米，宽约3厘米，顶端微凹，花被裂片上有白色及深紫色的斑纹，爪部楔形，中央下陷呈沟状，无附属物，内花被裂片倒披针形，长约5.5厘米；花药乳黄色，花丝淡紫色，花柱分枝淡紫色，长约5厘米，宽约1.6厘米，顶端裂片长圆形，子房柱状三棱形，长1.8～2厘米，直径约7毫米。蒴果柱状长椭圆形，长5～6.5厘米，直径1.5～2.5厘米，无喙。花期5～7月，果期8～10月。

分布于四川、云南、西藏。生于海拔2700～3100米的水沟旁湿地或林缘草地。保护区内见于野牛沟、邓生等周边山区。

拍摄者：朱淑霞（摄于邓生）

329 | 天南星

Arisaema heterophyllum Blume

天南星科　Araceae

　　多年生草本。块茎扁球形，顶部扁平，周围生根。叶常单一，叶片鸟足状分裂，裂片13～19，有时更少或更多，倒披针形、线状长圆形，基部楔形，先端骤狭渐尖，全缘，中裂片无柄或具长15毫米的短柄，比侧裂片几短1/2；侧裂片长7～31厘米，宽0.7～6.5厘米，排列成蝎尾状。佛焰苞管部圆柱形，长3～8厘米，粗1～2.5厘米，粉绿色，内面绿白色，喉部截形，外缘稍外卷；檐部卵形或卵状披针形，宽2.5～8厘米，长4～9厘米，下弯几成盔状，先端骤狭渐尖。肉穗花序两性和雄花序单性；两性花序：下部雌花序，上部雄花序，大部分不育，有的退化为钻形中性花；单性雄花序其附属器至佛焰苞喉部以外"之"字形上升；雌花球形，花柱明显，柱头小，胚珠3～4，直立于基底胎座上；雄花具柄，花药2～4，白色，顶孔横裂。浆果黄红色、红色，圆柱形，长约5毫米，内有棒头状种子1枚，不育胚珠2～3；种子黄色，具红色斑点。花期4～5月，果期7～9月。

　　广布种。生于海拔2700米以下的林下、灌丛或草地。保护区内见于海拔2600米以下山区。

　　块茎有毒，不可食用。入药称天南星，能解毒消肿、祛风定惊、化痰散结；主治面神经麻痹、半身不遂、小儿惊风、破伤风、癫痫；外用治疗疮肿毒、毒蛇咬伤、灭蝇蛆。

拍摄者：叶建飞

330 象南星

Arisaema elephas Buchet

多年生草本。块茎近球形，密生长达10余厘米的纤维状须根。叶单一，叶柄长20～30厘米，光滑或多少具疣状凸起；叶片3全裂，裂片具0.5～1厘米的柄或无柄，中裂片倒心形，顶部平截，中央下凹；侧裂片较大，长6.5～13厘米，宽5.5～13厘米，宽斜卵形，骤狭短渐尖，基部圆形，内侧楔形或圆形。花序柄短于叶柄，绿色或淡紫色，具细疣状凸起或否。佛焰苞青紫色，基部黄绿色，管部具白色条纹，向上隐失，上部全为深紫色，喉部边缘斜截形；檐部长圆披针形，由基部稍内弯，先端骤狭渐尖。肉穗花序单性，雄花序长1.5～3厘米，附属器从佛焰苞喉部附近下弯，然后之字形上升或弯转360°后上升或蜿蜒下垂；雌花序长1～2.5厘米，附属器基部骤然扩大，余同雄序附属器；雄花具长柄，柄长2～2.5毫米，花药2～5，药室顶部漏合，马蹄形开裂；雌花：子房长卵圆形，先端渐狭为短的花柱，柱头盘状，密被短绒毛，1室，胚珠多数（6～10）。浆果砖红色，椭圆状，长约1厘米，种子5～8，卵形，淡褐色，具喙。花期5～6月，果熟期8月。

我国特有，产于西藏（南部、东南部）、云南北纬25°以北至四川（西部、南部）及贵州西部。生于海拔1800～4000米的河岸、山坡林下、草地或荒地。保护区内较常见。

块茎入药，剧毒，可治腹痛，仅能用微量。

拍摄者：朱淑霞

331 | 香附子

Cyperus rotundus L.

莎草科 Cyperaceae

　　多年生草本。匍匐根状茎长，具椭圆形块茎。秆锐三棱形，高15~95厘米。叶较多，短于秆，宽2~5毫米，平张；鞘棕色，常裂成纤维状。叶状苞片2~5枚，常长于花序，或有时短于花序；长侧枝聚伞花序简单或复出，具2~10个辐射枝；辐射枝最长达12厘米。穗状花序轮廓为陀螺形，稍疏松，具3~10个小穗；小穗斜展开，线形，长1~3厘米，宽约1.5毫米，具花8~28；小穗轴具较宽的、白色透明的翅；鳞片稍密的覆瓦状排列，膜质，卵形或长圆状卵形，长约3毫米，顶端急尖或钝，无短尖，中间绿色，两侧紫红色或红棕色，具5~7条脉；雄蕊3，花药长，线形，暗血红色，药隔凸出于花药顶端；花柱长，柱头3，细长，伸出鳞片外。小坚果长圆状倒卵形，三棱形，长为鳞片的1/3~2/5，具细点。花果期5~11月。本种分布很广，因而变化较大，有时小穗长达6.5厘米。

　　产于陕西、甘肃、山西、河南、河北、山东、江苏、浙江、江西、安徽、云南、贵州、四川、福建、广东、广西、台湾等地。生于山坡荒地草丛中或水边潮湿处。广布于世界各地。保护区内见于耿达等周边山坡草地。

　　块茎名为香附子，除能作健胃药外，还可以治疗妇科各症。

拍摄者：叶建飞

332 | 流苏虾脊兰

Calanthe alpina Hook. f. ex Lindl.

兰科 Orchidaceae

多年生草本，高达50厘米。假鳞茎短小，狭圆锥状。假茎不明显或有时长达7厘米，具3枚鞘。叶3，在花期全部展开，椭圆形或倒卵状椭圆形，长11～26厘米，宽3～9厘米，先端圆钝并具短尖或锐尖，基部收狭为鞘状短柄。花葶从叶间抽出，通常1个，直立，高出叶层之外；总状花序长3～12厘米，疏生3～10余朵花；花苞片宿存，狭披针形；花梗和子房长约2厘米，子房稍粗并多少弧曲；花被全体无毛；萼片和花瓣白色带绿色先端或浅紫堇色；中萼片近椭圆形，长1.5～2厘米，宽5～6毫米；侧萼片卵状披针形，等长于中萼片，但较宽；花瓣狭长圆形至卵状披针形，长12～13毫米，宽约4毫米；唇瓣，前部具紫红色条纹，与蕊柱中部以下的蕊柱翅合生，半圆状扇形，不裂，长约8毫米，前端边缘具流苏，先端微凹并具细尖；距浅黄色或浅紫堇色，劲直，长1.5～3.5厘米；蕊柱白色，长约8毫米，上端扩大；蕊喙2裂，裂片近镰刀状；花粉团倒卵球形，具短的花粉团柄。花期6～9月，果期11月。

产于陕西、甘肃、台湾、四川、云南和西藏。生于海拔1500～3500米的山地林下和草坡上。保护区内较常见。

拍摄者：朱淑霞

333 | 反瓣虾脊兰

Calanthe reflexa (Kuntze) Maxim.

兰科 Orchidaceae

多年生草本。假鳞茎粗短，或有时不明显。假茎长2～3厘米，具1～2枚鞘和4～5枚叶。叶椭圆形，通常长15～20厘米，宽3～6.5厘米，先端锐尖，基部收狭为长2～4厘米的柄，两面无毛。花葶1～2个，直立，远高出叶层之外，被短毛；总状花序长5～20厘米；花苞片狭披针形，长1.8～2.4厘米；花梗纤细，连同子房长约2厘米；花粉红色，开放后萼片和花瓣反折并与子房平行；中萼片卵状披针形，长15～20毫米，宽约5毫米；侧萼片斜卵状披针形，与中萼片等大，先端尾状急尖；花瓣线形，短于或约等长于萼片，宽1～3毫米；唇瓣基部与蕊柱中部以下的翅合生，3裂，无距；侧裂片长圆状镰刀形，与中裂片近等宽，全缘，先端钝；中裂片近椭圆形或倒卵状楔形，前端边缘具不整齐的齿；蕊柱长约6毫米，在上端两侧各具1枚长约0.7毫米的齿凸；蕊喙3裂；裂片狭镰刀状，中裂片较短而呈尖牙状。花期5～6月。

产于安徽、浙江、江西、台湾、湖北、湖南、广东、广西、四川、贵州和云南。生于海拔600～2500米的常绿阔叶林下、山谷溪边或生有苔藓的湿石上。保护区见于西河流域。

拍摄者：叶建飞（摄于西河）

334 | 大花杓兰

Cypripedium macranthum Sw.   兰科 Orchidaceae

多年生草本，植株高25～50厘米。具粗短的根状茎。茎直立，基部具数枚鞘，鞘上方具3～4枚叶。叶片椭圆形或椭圆状卵形，长10～15厘米，宽6～8厘米，先端渐尖，边缘有细缘毛。花序顶生，具1花，极罕2花；花序柄被短柔毛或变无毛；花苞片叶状，通常椭圆形，较少椭圆状披针形，长7～9厘米，宽4～6厘米，先端短渐尖，两面脉上通常被微柔毛；花梗和子房长3～3.5厘米；花大，紫色、红色或粉红色，通常有暗色脉纹，极罕白色；中萼片宽卵状椭圆形或卵状椭圆形，长4～5厘米，宽2.5～3厘米；合萼片卵形，长3～4厘米，宽1.5～2厘米，先端2浅裂；花瓣披针形，长4.5～6厘米，宽1.5～2.5厘米，先端渐尖，不扭转，内表面基部具长柔毛；唇瓣深囊状，近球形或椭圆形，长4.5～5.5厘米；囊口较小，囊底有毛；退化雄蕊卵状长圆形，长1～1.4厘米，宽7～8毫米，基部无柄，背面无龙骨状凸起。蒴果狭椭圆形，长约4厘米，无毛。花期6～7月，果期8～9月。

产于黑龙江、吉林、辽宁、内蒙古、河北、山东和台湾。生于海拔400～2400米的林下、林缘或草坡上腐殖质丰富和排水良好之地。保护区见于卧龙关沟、觉磨沟等周边山区。

拍摄者：朱大海

335 | 大叶火烧兰

Epipactis mairei Schltr.

多年生草本，高30～70厘米。根状茎粗短，有时不明显。茎直立，上部和花序轴被锈色柔毛，下部无毛，基部具2～3枚鳞片状鞘。叶5～8，互生，叶片卵圆形、卵形至椭圆形，长7～16厘米，宽3～8厘米，先端渐尖，基部延伸成鞘状，抱茎，茎上部的叶多为卵状披针形，向上逐渐过渡为花苞片。总状花序具花10～20；花苞片椭圆状披针形；子房和花梗长1.2～1.5厘米，被黄褐色或绣色柔毛；花黄绿带紫色、紫褐色或黄褐色，下垂；中萼片椭圆形或倒卵状椭圆形，舟形，长13～17毫米，宽4～7.5毫米；侧萼片斜卵状披针形或斜卵形，长14～20毫米，宽5～9毫米，先端具小尖头；花瓣长椭圆形或椭圆形，长11～17毫米，宽5～9毫米；唇瓣中部稍缢缩而成上下唇；下唇长6～9毫米，两侧裂片近斜三角形，近直立，高5～6毫米，顶端钝圆，中央具2～3条鸡冠状褶片；上唇肥厚，卵状椭圆形、长椭圆形或椭圆形，长5～9毫米，宽3～6毫米；蕊柱连花药长7～8毫米。花期6～7月，果期9月。

产于陕西、甘肃、湖北、湖南、四川西部、云南西北部、西藏。生于海拔1200～3200米的山坡灌丛中、草丛中、河滩阶地等地。保护区内较常见。

拍摄者：朱淑霞

336 | 天麻

Gastrodia elata Bl.

多年生腐生直立草本，植株高30～100厘米，有时可达2米。根状茎肥厚，块茎状，椭圆形至近哑铃形，肉质，具较密的节，节上被许多三角状宽卵形的鞘。茎直立，橙黄色、黄色、灰棕色或蓝绿色，无绿叶，下部被数枚膜质鞘。总状花序长5～50厘米，通常具花30～50；花苞片长圆状披针形，长1～1.5厘米，膜质；花梗和子房长7～12毫米；花扭转，橙黄、淡黄、蓝绿或黄白色，近直立；萼片和花瓣合生成的花被筒长约1厘米，直径5～7毫米，近斜卵状圆筒形，顶端具5枚裂片，筒的基部向前方凸出；外轮裂片卵状三角形，先端钝；内轮裂片近长圆形，较小；唇瓣长圆状卵圆形，长6～7毫米，宽3～4毫米，3裂，基部贴生于蕊柱足末端与花被筒内壁上并有1对肉质胼胝体；蕊柱长5～7毫米，有短的蕊柱足。蒴果倒卵状椭圆形，长1.4～1.8厘米，宽8～9毫米。花果期5～7月。

广布种。生于海拔1000～3200米的疏林下、林中空地、林缘、灌丛边缘。由于被大量采挖，现在保护区内偶见。

天麻是名贵中药，用于治疗头晕目眩、肢体麻木、小儿惊风等症。

拍摄者：朱大海

337 | 小斑叶兰

Goodyera repens (L.) R. Br.

兰科 Orchidaceae

　　草本，植株高10～25厘米。根状茎伸长，茎状，匍匐，具节。茎直立，具叶5～6。叶片卵形或卵状椭圆形，长1～2厘米，宽5～15毫米，上面深绿色具白色斑纹，背面淡绿色，先端急尖，基部钝或宽楔形，叶柄长5～10毫米，基部扩大成抱茎的鞘。花茎直立，被白色腺状柔毛，具3～5枚鞘状苞片；总状花序具几朵至10余朵，密生，稍偏向一侧的花，长4～15厘米；花苞片披针形，长5毫米，先端渐尖；子房圆柱状纺锤形，连花梗长4毫米，被疏的腺状柔毛；花小，白色或带绿色或带粉红色，半张开；中萼片卵形或卵状长圆形，长3～4毫米，宽1.2～1.5毫米，先端钝，与花瓣粘合呈兜状；侧萼片斜卵形、卵状椭圆形，长3～4毫米，宽1.5～2.5毫米；花瓣斜匙形，长3～4毫米，宽1～1.5毫米；唇瓣卵形，长3～3.5毫米，基部凹陷呈囊状，宽2～2.5毫米，前部短舌状，略外弯；蕊柱短；蕊喙直立，叉状2裂；柱头较大，位于蕊喙之下。花期7～8月。

　　广布种。生于海拔700～3800米的山坡、沟谷林下。保护区内见于梯子沟。

拍摄者：朱大海

338 | 手参

Gymnadenia conopsea (L.) R. Br.

兰科　Orchidaceae

草本，植株高20～60厘米。块茎椭圆形，肉质，下部掌状分裂。茎直立，圆柱形，基部具2～3枚筒状鞘，其上具叶4～5，上部具1至数枚苞片状小叶。叶片线状披针形、狭长圆形或带形，长5.5～15厘米，宽1～2.5厘米，先端渐尖或稍钝，基部收狭成抱茎的鞘。总状花序具多数密生的花，长5.5～15厘米；花苞片披针形，直立伸展，先端长渐尖成尾状，长于或等长于花；子房纺锤形，顶部稍弧曲，连花梗长约8毫米；花粉红色，罕为粉白色；中萼片宽椭圆形，长3.5～5毫米，宽3～4毫米，先端急尖，略呈兜状；侧萼片斜卵形，反折，边缘向外卷，较中萼片稍长或几等长；花瓣直立，斜卵状三角形，与中萼片等长，边缘具细锯齿；唇瓣向前伸展，宽倒卵形，长4～5毫米，前部3裂，中裂片较侧裂片大，三角形；距细而长，狭圆筒形，下垂，长约1厘米，稍向前弯；花粉团卵球形，具细长的柄和黏盘，黏盘线状披针形。花期6～8月。

产于黑龙江、吉林、辽宁、内蒙古、河北、山西、陕西、甘肃东南部、四川西部至北部、云南西北部、西藏东南部（察隅）。生于海拔265～4700米的山坡林下、草地或砾石滩草丛中。保护区内主要分布于巴朗山。

拍摄者：朱淑霞（摄于巴朗山高山草甸）

339 | 西南手参

Gymnadenia orchidis Lindl.

兰科　Orchidaceae

　　草本，植株高17～35厘米。块茎肉质，下部掌状分裂。茎直立，较粗壮，圆柱形，基部具2～3枚筒状鞘，其上具叶3～5，上部具1至数枚苞片状小叶。叶片椭圆形或椭圆状长圆形，长4～16厘米，宽3～4.5厘米，先端钝或急尖，基部收狭成抱茎的鞘。总状花序具多数密生的花，长4～14厘米；花苞片披针形，直立伸展，先端渐尖，最下部的明显长于花；子房纺锤形，顶部稍弧曲，连花梗长7～8毫米；花紫红色或粉红色，极罕为带白色；中萼片直立，卵形，长3～5毫米，宽2～3.5毫米；侧萼片反折，斜卵形，较中萼片稍长和宽，边缘向外卷；花瓣直立，斜宽卵状三角形，较侧萼片稍狭，边缘具波状齿；唇瓣向前伸展，宽倒卵形，长3～5毫米，前部3裂，中裂片较侧裂片稍大或等大，三角形；距细而长，下垂，稍向前弯，通常长于子房或等长；花粉团卵球形，具细长的柄和黏盘，黏盘披针形。花期7～9月。

　　产于陕西、甘肃、青海、湖北、四川、云南、西藏。生于海拔2800～4100米的山坡林下、灌丛下和高山草地中。保护区内主要分布于巴朗山高山草甸。

拍摄者：朱淑霞（摄于巴朗山高山草甸）

340 | 对叶兰

Listera puberula Maxim.

兰科　Orchidaceae

　　小草本，植株高10～20厘米，具细长的根状茎。茎纤细，近基部处具2枚膜质鞘，近中部处具2枚对生叶。叶片心形、宽卵形或宽卵状三角形，长1.5～2.5厘米，宽度通常稍超过长度，先端急尖或钝，基部宽楔形或近心形，边缘常多少呈皱波状。总状花序长2.5～7厘米，被短柔毛，疏生4～7朵花；花苞片披针形，长1.5～3.5毫米，先端急尖；花梗长3～4毫米，具短柔毛；子房长约6毫米；花绿色；中萼片卵状披针形，长约2.5毫米，中部宽约1.2毫米；侧萼片斜卵状披针形，与中萼片近等长；花瓣线形，长约2.5毫米，宽约0.5毫米；唇瓣窄倒卵状楔形或长圆状楔形，通常长6～8毫米，中部宽约1.7毫米，外侧边缘多少具乳突状细缘毛，先端2裂；裂片长圆形，长2～2.5毫米，宽约1毫米；蕊柱长2～2.5毫米；蕊喙大，宽卵形，短于花药。蒴果倒卵形。花期7～9月，果期9～10月。

　　产于黑龙江、吉林南部（抚松、长白山）、辽宁、内蒙古、河北西北部（小五台山）、山西北部（宁武、五台山）、甘肃中部（榆林）、青海东部（大通）、四川西北部和贵州。生于海拔1400～2600米的密林下阴湿处。保护区内见于核桃坪、白岩沟等周边山区。

拍摄者：叶建飞

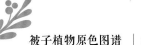

341 | 广布红门兰

Orchis chusua D. Don

兰科 Orchidaceae

　　草本，植株高5～45厘米。块茎长圆形或圆球形，肉质，不裂。茎直立，圆柱状，基部具1～3枚筒状鞘，鞘之上具叶1～5。叶片长圆状披针形、披针形或线状披针形，长3～15厘米，宽0.2～3厘米，先端急尖或渐尖，基部收狭成抱茎的鞘。花序具1～20余朵花，多偏向一侧；花苞片披针形或卵状披针形；子房圆柱形，扭转，无毛，连花梗长7～15毫米；花紫红色或粉红色；中萼片长圆形或卵状长圆形，直立，凹陷呈舟状，长5～8毫米，宽2.5～5毫米，与花瓣靠合呈兜状；侧萼片向后反折，偏斜，卵状披针形，长6～9毫米，宽3～5毫米；花瓣直立，斜狭卵形、宽卵形或狭卵状长圆形，长5～7毫米，宽3～4毫米，前侧近基部边缘稍鼓出或明显鼓出；唇瓣向前伸展，3裂，中裂片长圆形、四方形或卵形，边缘全缘或稍具波状，侧裂片扩展，镰状长圆形或近三角形，与中裂片等长或短多；距圆筒状或圆筒状锥形，向后斜展或近平展，常长于子房。花期6～8月。

　　主产于我国横断山区。生于海拔500～4500米的山坡林下、灌丛下、高山灌丛草地或高山草甸中。保护区内比较常见。

拍摄者：朱淑霞〔摄于英雄沟〕

342 | 尾瓣舌唇兰

Platanthera mandarinorum Rchb. f.　　　　　兰科　Orchidaceae

　　多年生草本，植株高18～45厘米。根状茎指状或膨大呈纺锤形，肉质。茎直立，细长，下部具1～2枚大叶，大叶之上具2～4枚小的苞片状披针形的小叶。大叶片椭圆形、长圆形，少为线状披针形，向上伸展，长5～10厘米，宽1.5～2.5厘米，先端急尖，基部成抱茎的鞘。总状花序具7～20余朵较疏生的花，长6～22厘米；花苞片披针形，长10～16毫米；子房圆柱状纺锤形，扭转，稍弓曲，连花梗长10～14毫米；花黄绿色；中萼片宽卵形至心形，凹陷，长4～4.5毫米，宽3～4毫米；侧萼片反折，偏斜，长圆状披针形至宽披针形，长6.5～7毫米，宽2～3毫米；花瓣长5～6毫米，下半部为斜卵形，宽2.8～3.2毫米，上半部骤狭成线形，尾状，增厚，向外张开，不与中萼片靠合；唇瓣下垂，披针形至舌状披针形，长7～8毫米，宽约1毫米；距细圆筒状，长2～3厘米，向后斜伸；药室叉开，药隔顶部微凹；花粉团椭圆形，具长的柄和近圆形的黏盘；退化雄蕊2个，显著；蕊喙宽正三角形；柱头凹陷，位于蕊喙之下穴内。花期4～6月。

　　广布种。生于海拔300～2100米的山坡林下或草地。保护区内偶见于卧龙镇和三江周边中低海拔山区。

拍摄者：叶建飞

343 | 独蒜兰

Pleione bulbocodioides (Franch.) Rolfe　　　　兰科　Orchidaceae

半附生草本。假鳞茎卵形至卵状圆锥形，上端有明显的颈，顶端具1枚叶。叶在花期尚幼嫩，长成后狭椭圆状披针形或近倒披针形，纸质，长10～25厘米，宽2～5.8厘米，先端通常渐尖，基部渐狭成柄；叶柄长2～6.5厘米。花葶从无叶的老假鳞茎基部发出，直立，长7～20厘米，下半部包藏在3枚膜质的圆筒状鞘内，顶端具1花；花苞片线状长圆形，长2～4厘米，先端钝；花梗和子房长1～2.5厘米；花粉红色至淡紫色，唇瓣上有深色斑；中萼片近倒披针形，长3.5～5厘米，宽7～9毫米，先端急尖或钝；侧萼片稍斜歪，狭椭圆形或长圆状倒披针形，与中萼片等长，常略宽；花瓣倒披针形，稍斜歪，长3.5～5厘米，宽4～7毫米；唇瓣倒卵形，长3.5～4.5厘米，宽3～4厘米，不明显3裂，上部边缘撕裂状，基部楔形并多少贴生于蕊柱上，通常具4～5条啮蚀状褶片；蕊柱两侧具翅；翅自中部以下甚狭，向上渐宽，在顶端围绕蕊柱，有不规则齿缺。蒴果近长圆形，长2.7～3.5厘米。花期4～6月。

主产于我国长江以南各省区。生于海拔900～3600米的常绿阔叶林下或灌木林缘腐植质丰富的土壤上或苔藓覆盖的岩石上。保护区内见于正河。

拍摄者：叶建飞（摄于正河吊桥附近）

344 | 缘毛鸟足兰

Satyrium ciliatum Lindl.

兰科　Orchidaceae

　　草本，植株高14～32厘米，地下具块茎。茎直立，基部具1～3枚膜质鞘，鞘的上方具1～2枚叶和1～2枚叶状鞘。叶片卵状披针形至狭椭圆状卵形，下面的1枚长6～15厘米，宽2～5厘米，上面的较小，先端渐尖或急尖，边缘略皱波状，基部的鞘抱茎。总状花序长3～13厘米，密生20余朵或更多的花；花苞片卵状披针形，反折，在花序下部的长1.5～2厘米；花梗和子房长6～8毫米；花粉红色，通常两性，较少雄蕊退化而成为雌性；中萼片狭椭圆形，长5～6毫米，宽约1.3毫米，近先端边缘具细缘毛；侧萼片长圆状匙形，与中萼片等长，宽约1.8毫米；花瓣匙状倒披针形，长4～5毫米，宽约1.2毫米，先端常有不甚明显的齿缺或裂缺；唇瓣位于上方，兜状，半球形，宽约6毫米，先端急尖并具不整齐齿缺，背面有明显的龙骨状凸起；距2个，通常长4～6毫米，较少缩短而成囊状或完全消失；蕊柱向后弯曲；蕊喙唇3裂。蒴果椭圆形，长5～6毫米，宽3～4毫米。花果期8～10月。

　　产于湖南、四川西部、贵州、云南和西藏。生于海拔1800～4100米的草坡上、疏林下或高山松林下。保护区内主要分布于巴朗山。

拍摄者：朱淑霞（摄于巴朗山高山草甸）

345 | 绶草

Spiranthes sinensis (Pers.) Ames

兰科 Orchidaceae

　　草本，植株高13～30厘米。根数条，指状，肉质，簇生于茎基部。茎较短，近基部生2～5枚叶。叶片宽线形或宽线状披针形，直立伸展，长3～10厘米，宽5～10毫米，先端急尖或渐尖，基部收狭具柄状抱茎的鞘。花茎直立，长10～25厘米；总状花序具多数密生的花，长4～10厘米，呈螺旋状扭转；花苞片卵状披针形，先端长渐尖，下部的长于子房；子房纺锤形，扭转，被腺状柔毛，连花梗长4～5毫米；花小，紫红色、粉红色或白色，在花序轴上呈螺旋状排列；萼片的下部靠合，中萼片狭长圆形，舟状，长4毫米，宽1.5毫米，与花瓣靠合呈兜状；侧萼片偏斜，披针形，长5毫米，宽约2毫米，先端稍尖；花瓣斜菱状长圆形，先端钝，与中萼片等长但较薄；唇瓣宽长圆形，凹陷，长4毫米，宽2.5毫米，先端极钝，前半部上面具长硬毛且边缘具强烈皱波状啮齿，唇瓣基部凹陷呈浅囊状，囊内具2枚胼胝体。花期7～8月。

　　广布种。生于海拔200～3400米的山坡林下、灌丛下、草地或河滩沼泽草甸中。保护区内较常见。

　　全草民间作药用。

拍摄者：叶建飞（摄于正河）